#상위권문제유형의기준
#상위권진입교재
#응용유형연습
#사고력향상

최고수준S

Chunjae
Makes
Chunjae

▼

[최고수준S] 초등 수학

기획총괄	박금옥
편집개발	지유경, 정소현, 조선영, 최윤석, 김장미, 유혜지, 남솔
디자인총괄	김희정
표지디자인	윤순미, 이주영, 김주은
내지디자인	박희춘
제작	황성진, 조규영

발행일	2022년 11월 1일 초판 2023년 7월 15일 2쇄
발행인	(주)천재교육
주소	서울시 금천구 가산로9길 54
신고번호	제2001-000018호
고객센터	1577-0902

상위권 진입비결

최고수준 S

5-1

구성과 특징🔍

본책

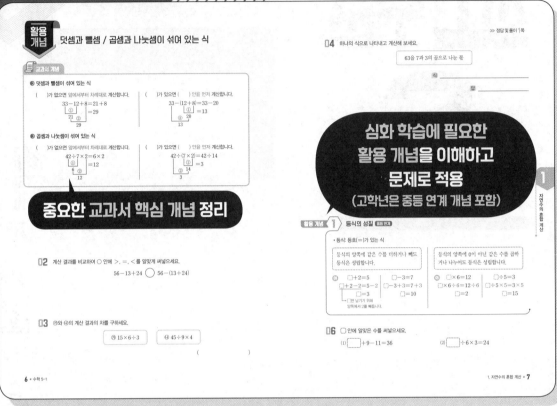

심화 학습에 필요한
활용 개념을 이해하고
문제로 적용
(고학년은 중등 연계 개념 포함)

중요한 교과서 핵심 개념 정리

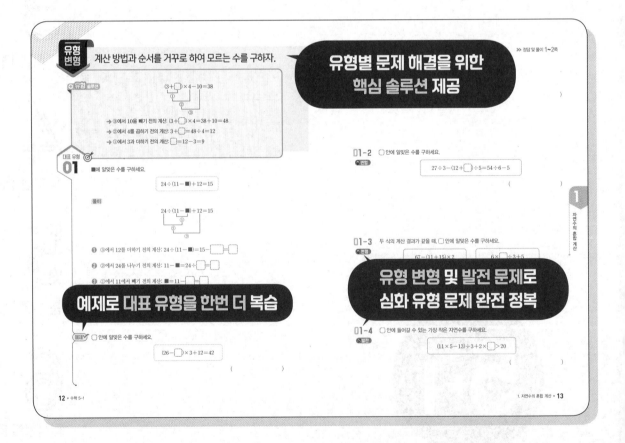

유형별 문제 해결을 위한
핵심 솔루션 제공

유형 변형 및 발전 문제로
심화 유형 문제 완전 정복

예제로 대표 유형을 한번 더 복습

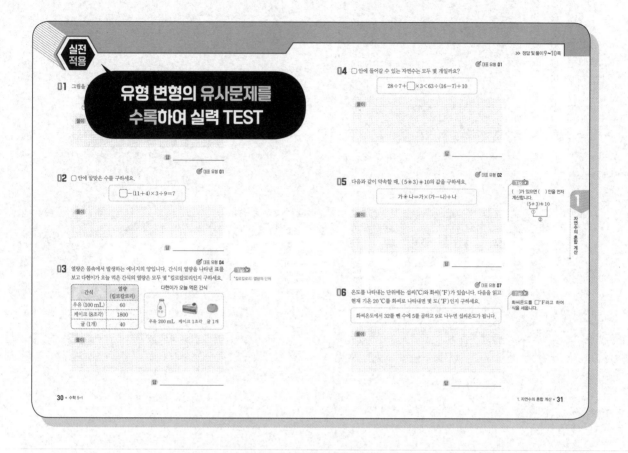

실전
적용

유형 변형의 유사문제를 수록하여 실력 TEST

01 그림을

풀이

답 _____

02 ☐ 안에 알맞은 수를 구하세요. ◎ 대표 유형 01

$$☐-(11+4)×3÷9=7$$

풀이

답 _____

03 열량은 몸속에서 발생하는 에너지의 양입니다. 간식의 열량을 나타낸 표를 보고 다현이가 오늘 먹은 간식의 열량은 모두 몇 *킬로칼로리인지 구하세요. ◎ 대표 유형 04

*킬로칼로리: 열량의 단위

다현이가 오늘 먹은 간식

간식	열량 (킬로칼로리)
우유 (100 mL)	60
케이크 (8조각)	1800
귤 (1개)	40

우유 200 mL   케이크 1조각   귤 1개

풀이

>> 정답 및 풀이 9~10쪽

04 ☐ 안에 들어갈 수 있는 자연수는 모두 몇 개일까요? ◎ 대표 유형 01

$$28÷7+☐×3<63÷(16-7)+10$$

풀이

답 _____

05 다음과 같이 약속할 때, (5◈3)◈10의 값을 구하세요. ◎ 대표 유형 02

$$가◈나=가×(가-나)+나$$

풀이

답 _____

06 온도를 나타내는 단위에는 섭씨(℃)와 화씨(℉)가 있습니다. 다음을 읽고 현재 기온 20 ℃를 화씨로 나타내면 몇 도(℉)인지 구하세요. ◎ 대표 유형 07

화씨온도에서 32를 뺀 수에 5를 곱하고 9로 나누면 섭씨온도가 됩니다.

풀이

답 _____

Tip!
( )가 있으면 ( )안을 먼저 계산합니다.
(5◈3)◈10
    ①
  ②

Tip!
화씨온도를 ☐ ℉라고 하여 식을 세웁니다.

1

자연수의 혼합 계산

30 • 수학 5-1   1. 자연수의 혼합 계산 • 31

유형 변형 마지막 문제의 유사문제 반복학습

복습책

유형
변형하기

1. 자

본문 '유형 변형'의 반복학습입니다.

대표 유형 01
1 ☐ 안에 들어갈 수 있는 가장 작은 자연수를 구하세요.

$$(12×4+6)÷3+5×$$

대표 유형 02
2 다음과 같이 약속할 때, 7▲(16◉4)의 값을 구하세요.

가▲나=가×(가—
가◉나=(가+나)÷

대표 유형 03

실전 적용의 유사문제 반복학습

실전
적용하기

1. 자연수의 혼합 계산

>> 정답 및 풀이 58쪽

본문 '실전 적용'의 반복학습입니다.

1 그림을 보고 ㉠에서 ㉡까지의 길이는 몇 cm인지 구하세요.

46 cm   59 cm   27 cm
㉠   22 cm   ㉡

(   )

2 ☐ 안에 알맞은 수를 구하세요.

$$☐+(25-13)×6÷8=20$$

(   )

3 열량은 몸속에서 발생하는 에너지의 양입니다. 간식의 열량을 나타낸 표를 보고 재민이가 오늘 먹은 간식의 열량은 모두 몇 *킬로칼로리인지 구하세요.

1

자연수의 혼합 계산

유형 변형 〈대표 유형〉

01 계산 방법과 순서를 거꾸로 하여 모르는 수를 구하자.
□ 안에 알맞은 수 구하기

02 약속에 따라 식을 세우자.
약속에 따라 식을 세워 계산하기

03 겹치는 만큼 줄어든다.
이어 붙인 색 테이프의 전체 길이 구하기

04 각 부분을 나타낸 식을 하나의 식으로 나타내자.
혼합 계산식 세우기

05 (   )의 위치에 따라 계산 결과가 달라진다.
식이 성립하도록 ( )로 묶어 보기

06 결과가 가장 크려면 큰 수끼리 곱하고 작은 수는 빼자.
계산 결과가 가장 클(작을) 때의 값 구하기

07 모르는 수를 기호로 나타내 식을 세우자.
어떤 수 구하기

08 (물건값)＝(물건 한 개의 값) × (개수)
물건값 구하기

09 먼저 공 한 개의 무게를 구하자.
빈 상자의 무게 구하기

덧셈과 뺄셈 / 곱셈과 나눗셈이 섞여 있는 식

교과서 개념

● **덧셈과 뺄셈이 섞여 있는 식**

( )가 없으면 앞에서부터 차례대로 계산합니다.

$$33-12+8=21+8$$
$$\underset{21}{\underbrace{\text{①}}}\underset{\text{②}}{\quad}=29$$
$$29$$

( )가 있으면 ( ) 안을 먼저 계산합니다.

$$33-(12+8)=33-20$$
$$\underset{\text{②}\quad 20}{\underbrace{\text{①}}}=13$$
$$13$$

● **곱셈과 나눗셈이 섞여 있는 식**

( )가 없으면 앞에서부터 차례대로 계산합니다.

$$42\div7\times2=6\times2$$
$$\underset{6}{\underbrace{\text{①}}}\underset{\text{②}}{\quad}=12$$
$$12$$

( )가 있으면 ( ) 안을 먼저 계산합니다.

$$42\div(7\times2)=42\div14$$
$$\underset{\text{②}\quad 14}{\underbrace{\text{①}}}=3$$
$$3$$

01 계산해 보세요.

(1) $15+7-4+22$

(2) $9\div3\times10\div2$

02 계산 결과를 비교하여 ○ 안에 $>$, $=$, $<$를 알맞게 써넣으세요.

$$56-13+24 \bigcirc 56-(13+24)$$

03 ㉮와 ㉯의 계산 결과의 차를 구하세요.

| ㉮ $15\times6\div3$ | ㉯ $45\div9\times4$ |

( )

04 하나의 식으로 나타내고 계산해 보세요.

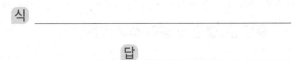

> 63을 7과 3의 곱으로 나눈 몫

식 _____

답 _____

05 자전거 대여점에 자전거가 41대 있었습니다. 그중에서 25대를 대여했고 8대가 반납됐다면 지금 대여점에 있는 자전거는 몇 대일까요?

(   )

활용 개념 1 **등식의 성질** 중등 연계

- 등식: 등호(=)가 있는 식

등식의 양쪽에 같은 수를 더하거나 빼도 등식은 성립합니다.	등식의 양쪽에 0이 아닌 같은 수를 곱하 거나 나누어도 등식은 성립합니다.

예
$$\square + 2 = 5 \qquad \square - 3 = 7$$
$$\square + 2 - 2 = 5 - 2 \qquad \square - 3 + 3 = 7 + 3$$
$$\square = 3 \qquad \square = 10$$
→ □만 남기기 위해
양쪽에서 2를 빼줍니다.

예
$$\square \times 6 = 12 \qquad \square \div 5 = 3$$
$$\square \times 6 \div 6 = 12 \div 6 \qquad \square \div 5 \times 5 = 3 \times 5$$
$$\square = 2 \qquad \square = 15$$

06 □ 안에 알맞은 수를 써넣으세요.

(1) $\boxed{} + 9 - 11 = 36$

(2) $\boxed{} \div 6 \times 3 = 24$

자연수의 혼합 계산

1

 교과서 개념

● 덧셈, 뺄셈, 곱셈이 섞여 있는 식

( )가 없으면 곱셈을 먼저 계산합니다.

$$30-2\times3+8=30-6+8$$
$$=24+8$$
$$=32$$

( )가 있으면 ( ) 안을 먼저 계산합니다.

$$30-2\times(3+8)=30-2\times11$$
$$=30-22$$
$$=8$$

● 덧셈, 뺄셈, 나눗셈이 섞여 있는 식

( )가 없으면 나눗셈을 먼저 계산합니다.

$$13+20-8\div4=13+20-2$$
$$=33-2$$
$$=31$$

( )가 있으면 ( ) 안을 먼저 계산합니다.

$$13+(20-8)\div4=13+12\div4$$
$$=13+3$$
$$=16$$

01 계산해 보세요.

(1) $72+21-11\times5$

(2) $48-36\div3+9$

02 보기 와 같이 계산 순서를 나타내고 계산해 보세요.

보기

$$7+(50-5)\div9=7+45\div9$$
$$=7+5$$
$$=12$$

$$8+60\div(15-3)$$

03 계산 결과를 비교하여 ○ 안에 >, =, <를 알맞게 써넣으세요.

$$43+15-7\times5 \bigcirc 43+(15-7)\times5$$

04 ☐ 안에 들어갈 수 있는 자연수 중에서 가장 작은 수를 구하세요.

$$4+72\div8-5<\boxed{}$$

( )

05 사탕 27개를 남학생 5명과 여학생 4명에게 각각 2개씩 나누어 주었습니다. 남은 사탕은 몇 개일까요?

( )

활용 개념 **1** 분배법칙 중등 연계

( ) 안의 두 수를 각각 곱하거나 나누어도 계산 결과는 같습니다.

$(a+b)\times c=a\times c+b\times c$

예 $\underline{(3+4)\times2}=\underline{3\times2+4\times2}$
  └─ $7\times2=14$ └─ $6+8=14$

$(a-b)\div c=a\div c-b\div c$

예 $\underline{(9-6)\div3}=\underline{9\div3-6\div3}$
  └─ $3\div3=1$ └─ $3-2=1$

06 계산 결과가 <u>다른</u> 하나를 찾아 기호를 써 보세요.

$\boxed{\qquad\text{㉠ } (7+4)\times3 \qquad\text{㉡ } 7\times3-4\times3 \qquad\text{㉢ } 7\times3+4\times3 \qquad}$

( )

덧셈, 뺄셈, 곱셈, 나눗셈이 섞여 있는 식

● 덧셈, 뺄셈, 곱셈, 나눗셈이 섞여 있는 식

( )가 없으면 곱셈과 나눗셈을 먼저 계산합니다.

$$6 \times 4 + 16 \div 2 - 15 = 24 + 16 \div 2 - 15$$
$$= 24 + 8 - 15$$
$$= 32 - 15$$
$$= 17$$

① 24 ② 8
③ 32
④ 17

( )가 있으면 ( ) 안을 먼저 계산합니다.

$$6 \times (4 + 16) \div 2 - 15 = 6 \times 20 \div 2 - 15$$
$$= 120 \div 2 - 15$$
$$= 60 - 15$$
$$= 45$$

① 20
② 120
③ 60
④ 45

01 계산 순서에 맞게 차례대로 기호를 써 보세요.

$$54 - 5 \times 6 \div 3 + 17$$
$$\uparrow \quad \uparrow \quad \uparrow \quad \uparrow$$
$$㉠ \quad ㉡ \quad ㉢ \quad ㉣$$

( )

02 계산해 보세요.

(1) $27 \div 3 + 19 - 7 \times 2$

(2) $75 \div (17 + 8) \times 8 - 11$

03 잘못 계산한 곳을 찾아 바르게 계산해 보세요.

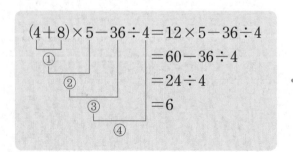

$$(4 + 8) \times 5 - 36 \div 4 = 12 \times 5 - 36 \div 4$$
$$= 60 - 36 \div 4$$
$$= 24 \div 4$$
$$= 6$$

① ② ③ ④

→

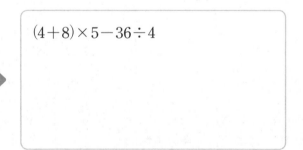

$$(4 + 8) \times 5 - 36 \div 4$$

04 ㉮와 ㉯의 계산 결과의 차를 구하세요.

㉮ $30 \div (2+8) \times 7 - 20$

㉯ $30 \div 2 + 8 \times 7 - 20$

(   )

05 하나의 식으로 나타내고 계산해 보세요.

25와 16의 차를 3으로 나눈 몫에 2와 4의 곱을 더한 수

식 _____

답 _____

1

자연수의 혼합 계산

활용 개념 **1**   **하나의 식으로 나타내기**

주어진 식에서 공통인 수를 찾아 그 수 대신 식을 넣어 하나의 식으로 나타냅니다.

예 $5+3 = 8,\ 32 \div 8 = 4$ $32 \div (5+3) = 4$
8 대신 5+3을 넣습니다.

06 두 식을 하나의 식으로 나타내 보세요.

$14 \times 3 + 9 = 51,\ 100 - 51 \div 17 = 97$

식 _____

계산 방법과 순서를 거꾸로 하여 모르는 수를 구하자.

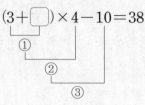

→ ③에서 10을 빼기 전의 계산: $(3+\boxed{}) \times 4 = 38 + 10 = 48$

→ ②에서 4를 곱하기 전의 계산: $3 + \boxed{} = 48 \div 4 = 12$

→ ①에서 3과 더하기 전의 계산: $\boxed{} = 12 - 3 = 9$

대표 유형 01

■에 알맞은 수를 구하세요.

$$24 \div (11 - \blacksquare) + 12 = 15$$

풀이

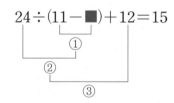

❶ ③에서 12를 더하기 전의 계산: $24 \div (11 - \blacksquare) = 15 - \boxed{} = \boxed{}$

❷ ②에서 24를 나누기 전의 계산: $11 - \blacksquare = 24 \div \boxed{} = \boxed{}$

❸ ①에서 11에서 빼기 전의 계산: $\blacksquare = 11 - \boxed{} = \boxed{}$

❹ ■에 알맞은 수: $\boxed{}$

답 _____

예제 ☑ ☐ 안에 알맞은 수를 구하세요.

$$(26 - \boxed{}) \times 3 + 12 = 42$$

(   )

01-1
변형

☐ 안에 알맞은 수를 구하세요.

$$51-(\square+3\times7-28)=48$$

(   )

01-2
변형

☐ 안에 알맞은 수를 구하세요.

$$27\div3-(12+\square)\div5=54\div6-5$$

(   )

01-3
변형

두 식의 계산 결과가 같을 때, ☐ 안에 알맞은 수를 구하세요.

$$67-(11+15)\times2$$

$$6\times\square\div3+5$$

(   )

01-4
발전

☐ 안에 들어갈 수 있는 가장 작은 자연수를 구하세요.

$$(11\times5-13)\div3+2\times\square>20$$

(   )

1

자연수의 혼합 계산

약속에 따라 식을 세우자.

＋유형 솔루션

가★나＝가×2＋나÷2일 때 3★8＝?

↓

가 대신 3을, 나 대신 8을 넣어 식을 세우자.

↓

$$3★8＝3×2＋8÷2$$
$$＝6＋4$$
$$＝10$$

대표 유형 02

다음과 같이 약속할 때, 10 ◎ 5의 값을 구하세요.

$$가◎나＝(가－나)×나＋가$$

풀이

❶ 가 대신 10을, 나 대신 ☐ 를 넣어 식을 세웁니다.

❷ $10◎5＝(10－☐)×☐＋10$

$＝☐×☐＋10$

$＝☐＋10$

$＝☐$

답 _____

예제 다음과 같이 약속할 때, 9 ♥ 6의 값을 구하세요.

$$가♥나＝(가＋나)÷(가－나)$$

(   )

>> 정답 및 풀이 **2~3**쪽

02-1

변형

다음과 같이 약속할 때, (21▲15)▲10의 값을 구하세요.

$$가 ▲ 나 = (가 - 나) × 5$$

(   )

02-2

변형

다음과 같이 약속할 때, 2★(6★9)의 값을 구하세요.

$$가 ★ 나 = 가 × (나 - 4)$$

(   )

02-3

변형

다음과 같이 약속할 때, 12♣□=75에서 □ 안에 알맞은 수를 구하세요.

$$가 ♣ 나 = (가 + 3) × (나 - 3)$$

(   )

02-4

발전

다음과 같이 약속할 때, 5◆(24◆6)의 값을 구하세요.

$$가 ◆ 나 = 가 × (가 + 나)$$
$$가 ◈ 나 = (가 - 나) ÷ 나$$

(   )

겹치는 만큼 줄어든다.

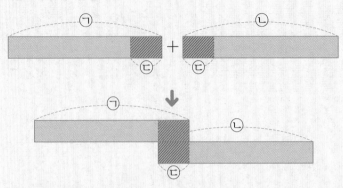

(이어 붙인 색 테이프의 전체 길이)=㉠+㉡−㉢

대표 유형
03

길이가 27 cm인 색 테이프를 3등분 한 것 중의 한 도막과 길이가 14 cm인 색 테이프를 2 cm가 겹치도록 이어 붙였습니다. 이어 붙인 색 테이프의 전체 길이는 몇 cm일까요?

풀이

❶ 길이가 27 cm인 색 테이프를 3등분 한 것 중의 한 도막의 길이: 27÷☐ (cm)

❷ (이어 붙인 색 테이프의 전체 길이)

　＝(두 색 테이프의 길이의 합)−(겹치는 부분의 길이)

　＝27÷☐＋14−☐

　＝☐＋☐−☐＝☐ (cm)

답 _____

예제✔ 길이가 10 cm인 색 테이프와 길이가 75 cm인 색 테이프를 5등분 한 것 중의 한 도막을 3 cm가 겹치도록 이어 붙였습니다. 이어 붙인 색 테이프의 전체 길이는 몇 cm일까요?

(　　　　　　　　　)

>> 정답 및 풀이 **3~4**쪽

03-1
변형
길이가 72 cm인 색 테이프를 6등분 한 것 중의 한 도막과 길이가 120 cm인 색 테이프를 8등분 한 것 중의 한 도막을 5 cm가 겹치도록 이어 붙였습니다. 이어 붙인 색 테이프의 전체 길이는 몇 cm일까요?

( )

03-2
발전
그림과 같이 길이가 14 cm인 색 테이프 5장을 3 cm씩 겹치도록 이어 붙였습니다. 이어 붙인 색 테이프의 전체 길이는 몇 cm일까요?

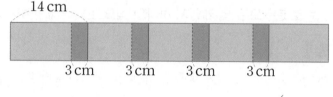

( )

03-3
발전
그림과 같이 길이가 20 cm인 색 테이프 10장을 4 cm씩 겹치도록 이어 붙였습니다. 이어 붙인 색 테이프의 전체 길이는 몇 cm일까요?

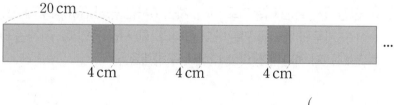

( )

각 부분을 나타낸 식을 하나의 식으로 나타내자.

유형 솔루션

남학생 12명은 4명씩 한 모둠을 만들고
①

여학생 15명은 3명씩 한 모둠을 만들 때,
②

만든 전체 모둠 수 구하기
③

① 남학생의 모둠 수

$12 \div 4$

↓

② 여학생의 모둠 수

$15 \div 3$

↓

③ 만든 전체 모둠 수

$12 \div 4 + 15 \div 3$

대표 유형
04

로봇을 조립하는 공장에서 같은 빠르기로 ㉮ 기계는 4시간 동안 240개의 로봇을 조립하고, ㉯ 기계는 5시간 동안 260개의 로봇을 조립한다고 합니다. 두 기계를 한 시간씩 작동시키면 조립할 수 있는 로봇은 모두 몇 개인지 하나의 식으로 나타내 구하세요.

풀이

① ㉮ 기계가 한 시간 동안 조립할 수 있는 로봇의 수: 240 ÷ ☐ (개)

② ㉯ 기계가 한 시간 동안 조립할 수 있는 로봇의 수: 260 ÷ ☐ (개)

③ (두 기계가 한 시간 동안 조립할 수 있는 로봇의 수) = 240 ÷ ☐ + 260 ÷ ☐

= ☐ + ☐ = ☐ (개)

답 _____

예제 공장에서 같은 빠르기로 ㉮ 기계는 6시간 동안 360자루의 연필을 만들고, ㉯ 기계는 3시간 동안 165자루의 연필을 만든다고 합니다. 한 시간 동안 ㉮ 기계는 ㉯ 기계보다 연필을 몇 자루 더 많이 만드는지 하나의 식으로 나타내 구하세요.

식 ____ 360 ÷ ☐ − ☐ ÷ ☐ = ☐

답 _____

04-1 **변형**

웅이네 반 학생은 5명씩 4모둠입니다. 한 묶음에 20장씩 묶여 있는 색종이 3묶음을 학생들에게 똑같이 나누어 주려고 합니다. 한 학생이 색종이를 몇 장씩 가질 수 있는지 하나의 식으로 나타내 구하세요.

식 _____

답 _____

04-2 **변형**

연우는 12살이고 동생은 연우보다 3살이 더 적습니다. 아버지의 나이는 동생 나이의 5배보다 2살이 더 적습니다. 아버지의 나이는 몇 살인지 하나의 식으로 나타내 구하세요.

식 _____

답 _____

04-3 **변형**

지민이는 매일 800원씩 10일 동안 저금하였고, 선아는 매일 500원씩 2주 동안 저금하였습니다. 지민이가 저금한 돈은 선아가 저금한 돈보다 얼마나 더 많은지 하나의 식으로 나타내 구하세요.

식 _____

답 _____

04-4 **발전**

무게가 같은 감자 3개의 무게는 150 g, 고구마 한 개의 무게는 65 g, 무게가 같은 양파 2개의 무게는 90 g입니다. 감자 한 개와 고구마 한 개의 무게의 합은 양파 한 개의 무게보다 몇 g 더 무거운지 하나의 식으로 나타내 구하세요.

식 _____

답 _____

( )의 위치에 따라 계산 결과가 달라진다.

$$20 \div 4 - 2 + 3$$

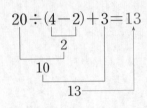

$$20 \div (4-2)+3=13$$
      2
   10
     13

$$20 \div 4 - (2+3)=0$$
 5   5
   0

$$20 \div (4-2+3)=4$$
     2
    5
   4

대표 유형 05

식이 성립하도록 ( )로 묶어 보세요.

$$3+3 \times 9-4=18$$

풀이

❶ $3+3 \times 9-4=\boxed{}$ 으로 식이 성립하지 않으므로 계산 결과가 달라질 수 있는 곳을 ( )로 묶어 계산해 봅니다.

❷

$$(3+3) \times 9-4=\boxed{}$$

$$3+3 \times (9-4)=\boxed{}$$

❸ 식이 성립하도록 ( )로 묶어 보기: $3+3 \times 9-4=18$

답 $3+3 \times 9-4=18$

예제 식이 성립하도록 ( )로 묶어 보세요.

$$7 \times 9 \div 3+4=49$$

05-1 ㉮와 ㉯의 계산 결과가 같도록 ㉮의 계산식을 (   )로 묶어 보세요.
변형

㉮ $14 - 3 \times 4 \div 2 + 1$

㉯ $(40 + 55) \div 5 + 4$

05-2 계산 결과가 가장 크게 되도록 (   )로 묶고, 계산해 보세요.
변형

$5 \times 4 + 14 - 12 \div 2$

(   )

05-3 계산 결과가 가장 작게 되도록 (   )로 묶고, 계산해 보세요.
변형

$8 + 72 \div 4 \times 6 + 12$

(   )

05-4 계산 결과가 가장 작게 되도록 2군데를 (   )로 묶고, 계산해 보세요.
발전

$25 + 35 \div 5 \times 3 + 5$

(   )

결과가 가장 크려면 큰 수끼리 곱하고 작은 수는 빼자.

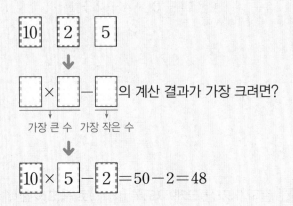

유형 솔루션

10 2 5

↓

☐ × ☐ − ☐ 의 계산 결과가 가장 크려면?

↗ 가장 큰 수 가장 작은 수

↓

10 × 5 − 2 = 50 − 2 = 48

대표 유형
06

수 카드 2 , 3 , 6 을 한 번씩 사용하여 다음과 같이 식을 만들려고 합니다. 계산 결과가 가장 클 때의 값을 구하세요.

72 ÷ (☐ × ☐) + ☐

풀이

① 계산 결과가 가장 크려면 72를 나누는 수가 가장 (작아야 , 커야) 합니다.

② 계산 결과가 가장 클 때: 72 ÷ (☐ × ☐) + ☐ = ☐

답 _____

예제 수 카드 2 , 4 , 8 을 한 번씩 사용하여 다음과 같이 식을 만들려고 합니다. 계산 결과가 가장 작을 때의 값을 구하세요.

36 ÷ (☐ − ☐) + ☐

(_____)

>> 정답 및 풀이 6쪽

06-1 수 카드 3, 5, 7을 한 번씩 사용하여 다음과 같이 식을 만들려고 합니다. 계산 결과가
변형 가장 클 때와 가장 작을 때의 값은 얼마인지 각각 구하세요.

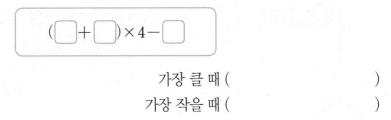

가장 클 때 (   )

가장 작을 때 (   )

06-2 수 카드 1, 3, 6, 8을 한 번씩 사용하여 다음과 같이 식을 만들려고 합니다. 계산
변형 결과가 가장 클 때와 가장 작을 때의 값은 얼마인지 각각 구하세요.

$$\square \times (\square - \square) + \square$$

가장 클 때 (   )

가장 작을 때 (   )

06-3 5장의 수 카드와 +, −, ×, ÷를 한 번씩 모두 사용하여 계산 결과가 가장 큰 자연수가 되
발전 는 식을 만들려고 합니다. 계산 결과가 가장 클 때의 값을 구하세요.

(단, ( )는 사용하지 않습니다.)

1   2   4   8   9

(   )

1

자연수의 혼합 계산

모르는 수를 기호로 나타내 식을 세우자.

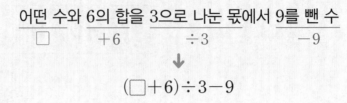

어떤 수와 6의 합을 3으로 나눈 몫에서 9를 뺀 수
□   +6   ÷3   −9

↓

$(\square + 6) \div 3 - 9$

대표 유형 07

어떤 수와 3의 합에 5를 곱한 후 10을 2로 나눈 몫을 뺐더니 30이 되었습니다. 어떤 수를 구하세요.

풀이

❶ 어떤 수를 ■라 하면

$(\blacksquare + 3) \times 5 - 10 \div \boxed{} = \boxed{}$

$(\blacksquare + 3) \times 5 - \boxed{} = \boxed{}$

$(\blacksquare + 3) \times 5 = \boxed{}$

$\blacksquare + 3 = \boxed{}$

$\blacksquare = \boxed{}$

❷ 어떤 수: $\boxed{}$

답

예제 13과 17의 합을 어떤 수로 나눈 몫에 2와 7의 곱을 더했더니 19가 되었습니다. 어떤 수를 구하세요.

(   )

07-1
변형
5와 6의 곱에서 어떤 수를 뺀 값은 24에서 18을 3으로 나눈 몫을 빼고 7을 더한 값과 같습니다. 어떤 수를 구하세요.

(   )

07-2
변형
어떤 수를 14로 나눈 몫에 3과 4의 곱을 더했더니 15가 되었습니다. 어떤 수와 15의 차를 9로 나눈 몫을 구하세요.

(   )

07-3
발전
어떤 수에서 56을 4로 나눈 몫을 뺀 값에 5를 더해야 할 것을 잘못하여 어떤 수에 56을 4로 나눈 몫을 더한 후 5를 뺐더니 31이 되었습니다. 바르게 계산한 값을 구하세요.

(   )

07-4
발전
20과 어떤 수의 차에 5를 곱하고 3으로 나누어야 할 것을 잘못하여 20과 어떤 수의 합을 5로 나눈 몫에 3을 곱했더니 15가 되었습니다. 바르게 계산한 값을 구하세요.

(   )

(물건값)＝(물건 한 개의 값)×(개수)

: 1500원

3권

→ (　　한 권의 값)＝1500÷3(원)

→ (5권의 값)＝1500÷3×5(원)

대표 유형

08

선호는 문구점에서 3자루에 2100원인 연필 2자루와 4개에 1200원인 지우개 3개를 사고 3000원을 냈습니다. 선호가 받은 거스름돈은 얼마일까요?

(단, 연필 한 자루와 지우개 한 개의 값은 각각 같습니다.)

풀이

❶ 연필 2자루의 값: $2100 \div 3 \times \boxed{}$(원)

❷ 지우개 3개의 값: $1200 \div \boxed{} \times \boxed{}$(원)

❸ (거스름돈)＝(낸 돈)－(연필 2자루의 값)－(지우개 3개의 값)

$\quad ＝3000-2100 \div 3 \times \boxed{} -1200 \div \boxed{} \times \boxed{}$

$\quad ＝3000-\boxed{}-\boxed{}=\boxed{}$(원)

답 _____

예제 ✔ 희원이는 문구점에서 5장에 3000원인 종이봉투 8장과 6개에 7200원인 상자 4개를 사고 10000원을 냈습니다. 희원이가 받은 거스름돈은 얼마일까요?

(단, 종이봉투 한 장과 상자 한 개의 값은 각각 같습니다.)

(　　　　　　　　)

08-1 아인이는 한 자루에 600원인 형광펜 4자루와 한 타에 6000원인 연필 7자루를 사려고 합니다. 아인이가 5500원을 가지고 있다면 *적어도 얼마가 더 있어야 할까요?

변형

*적어도: 아무리 적게 잡아도

(단, 연필 한 타는 12자루이고 연필 한 자루의 값은 같습니다.)

(   )

08-2 서준이는 마트에서 5개에 4500원인 사탕 3개와 과자 한 봉지를 사고 5000원을 냈습니다. 거스름돈으로 800원을 받았다면 과자 한 봉지의 값은 얼마일까요?

발전

(단, 사탕 한 개의 값은 같습니다.)

(   )

08-3 가게에서 사과 3개는 2400원이고, 배 2개는 2000원입니다. 강현이는 사과 4개와 배 몇 개를 사고 10000원을 냈더니 거스름돈으로 1800원을 받았습니다. 강현이가 산 배는 몇 개일까요? (단, 사과와 배 한 개의 값은 각각 같습니다.)

발전

(   )

1

자연수의 혼합 계산

먼저 공 한 개의 무게를 구하자.

유형 솔루션

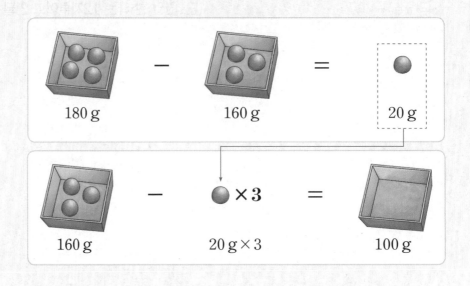

대표 유형

09

똑같은 공 5개가 들어 있는 상자의 무게를 재어 보니 740 g이었습니다. 여기에 똑같은 공 1개를 더 넣은 후 무게를 재어 보니 860 g이었습니다. 빈 상자의 무게는 몇 g일까요?

풀이

❶ 공 한 개의 무게: 860 — ⬜ (g)

❷ (빈 상자의 무게)=(공 5개가 들어 있는 상자의 무게)—(공 5개의 무게)

=740—(860— ⬜)× ⬜

=740— ⬜ × ⬜

=740— ⬜ = ⬜ (g)

답 _____

예제 ✔ 똑같은 비누 3개가 들어 있는 상자의 무게를 재어 보니 455 g이었습니다. 여기에서 비누 한 개를 뺀 후 무게를 재어 보니 345 g이었습니다. 빈 상자의 무게는 몇 g일까요?

( )

09-1
변형

똑같은 인형 4개가 들어 있는 상자의 무게를 재어 보니 1130 g이었습니다. 여기에 똑같은 인형 2개를 더 넣은 후 무게를 재어 보니 1570 g이었습니다. 빈 상자의 무게는 몇 g일까요?

( )

09-2
변형

똑같은 책 10권이 들어 있는 상자의 무게를 재어 보니 2120 g이었습니다. 여기에서 책 3권을 뺀 후 무게를 재어 보니 1580 g이었습니다. 빈 상자의 무게는 몇 g일까요?

( )

09-3
발전

똑같은 음료수 7개가 들어 있는 상자의 무게를 재어 보니 3090 g이었습니다. 여기에 똑같은 음료수 2개를 더 넣은 후 무게를 재어 보니 3930 g이었습니다. 같은 빈 상자에 무게가 같은 빵 5봉지를 넣고 상자의 무게를 재어 보니 4700 g일 때, 빵 한 봉지의 무게는 몇 g일까요?

( )

1

자연수의 혼합 계산

01 그림을 보고 ㉠에서 ㉡까지의 길이는 몇 cm인지 구하세요. 🎯 대표 유형 **03**

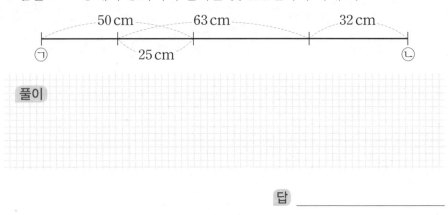

풀이

답 _____

02 ☐ 안에 알맞은 수를 구하세요. 🎯 대표 유형 **01**

$$☐-(11+4)×3÷9=7$$

풀이

답 _____

03 열량은 몸속에서 발생하는 에너지의 양입니다. 간식의 열량을 나타낸 표를 보고 다현이가 오늘 먹은 간식의 열량은 모두 몇 *킬로칼로리인지 구하세요. 🎯 대표 유형 **04**

Tip 🗂
*킬로칼로리: 열량의 단위

간식	열량 (킬로칼로리)
우유 (100 mL)	60
케이크 (8조각)	1800
귤 (1개)	40

다현이가 오늘 먹은 간식

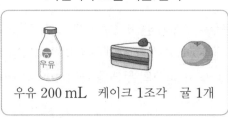

우유 200 mL   케이크 1조각   귤 1개

풀이

답 _____

>> 정답 및 풀이 **9~10**쪽

04 🎯 대표 유형 **01**

◻ 안에 들어갈 수 있는 자연수는 모두 몇 개일까요?

$$28 \div 7 + \boxed{} \times 3 < 63 \div (16 - 7) + 10$$

Tip
자연수: 1, 2, 3, ...과 같은 수

풀이

답 _____

05 🎯 대표 유형 **02**

다음과 같이 약속할 때, (5◆3)◆10의 값을 구하세요.

$$가 ◆ 나 = 가 \times (가 - 나) + 나$$

Tip
( )가 있으면 ( ) 안을 먼저
계산합니다.

풀이

답 _____

06 🎯 대표 유형 **07**

온도를 나타내는 단위에는 섭씨(℃)와 화씨(℉)가 있습니다. 다음을 읽고
현재 기온 20 ℃를 화씨로 나타내면 몇 도(℉)인지 구하세요.

화씨온도에서 32를 뺀 수에 5를 곱하고 9로 나누면 섭씨온도가 됩니다.

Tip
화씨온도를 ◻ ℉라고 하여
식을 세웁니다.

풀이

답 _____

🎯 대표 유형 06

07 ○ 안에 ＋, －, ×, ÷를 한 번씩 써넣어 계산 결과가 가장 클 때의 값을 구하세요.

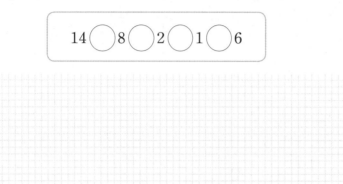

$$14 \bigcirc 8 \bigcirc 2 \bigcirc 1 \bigcirc 6$$

풀이

답 ＿＿＿＿＿＿＿＿＿＿

🎯 대표 유형 05

08 왼쪽 식에 ( )를 한 번만 넣어 계산했을 때, 계산 결과가 될 수 없는 수를 보기 에서 찾아 써 보세요.

$$240 \div 12 - 4 + 2$$

보기
14, 18, 22, 24, 32

Tip ⬆
( )로 묶을 수 있는 모든 경우를 생각하여 계산합니다.

풀이

답 ＿＿＿＿＿＿＿＿＿＿

🎯 대표 유형 08

09 수영이는 알뜰 시장에서 5개에 2500원인 고무공 2개와 퍼즐 한 개를 사고 3000원을 냈습니다. 거스름돈으로 500원을 받았다면 퍼즐 한 개의 값은 얼마일까요? (단, 고무공 한 개의 값은 같습니다.)

Tip ⬆
(퍼즐 한 개의 값)
＝(낸 돈)－(고무공 2개의 값)
　－(거스름돈)

풀이

답 ＿＿＿＿＿＿＿＿＿＿

10 🎯 대표 유형 **07**

어떤 수에서 12를 뺀 값을 11과 5의 합으로 나누어야 할 것을 잘못하여 어떤 수와 12의 합을 11과 5의 차로 나누었더니 12가 되었습니다. 바르게 계산하면 얼마일까요?

Tip

잘못 계산한 식을 세워 먼저 어떤 수를 구합니다.

풀이

답 _____

11 🎯 대표 유형 **07**

소윤이네 반 학생들에게 과자를 나누어 주려고 합니다. 한 사람에게 6개씩 나누어 주면 11개가 모자라고, 5개씩 나누어 주면 13개가 남습니다. 과자는 몇 개일까요?

Tip

(6개씩 나누어 줄 때의 과자 수)
=(5개씩 나누어 줄 때의 과자 수)

풀이

답 _____

1

자연수의 혼합 계산

12 🎯 대표 유형 **09**

무게가 같은 사과 6개가 들어 있는 바구니의 무게를 재어 보니 3300 g이었습니다. 여기에서 사과 2개를 뺀 후 무게를 재어 보니 2400 g이었습니다. 같은 빈 바구니에 무게가 같은 오렌지 3개를 넣고 바구니의 무게를 재어 보니 1650 g일 때, 오렌지 한 개의 무게는 몇 g일까요?

Tip

먼저 빈 바구니의 무게를 구합니다.

풀이

답 _____

2

약수와 배수

약수와 배수, 약수와 배수의 관계

● 약수와 배수

- 약수: 어떤 수를 나누어떨어지게 하는 수

  예 4의 약수 구하기

  $4 \div 1 = 4$, $4 \div 2 = 2$, $4 \div 4 = 1$

  → 4의 약수: 1, 2, 4

- 배수: 어떤 수를 1배, 2배, 3배, … 한 수

  예 3의 배수 구하기

  $3 \times 1 = 3$, $3 \times 2 = 6$, $3 \times 3 = 9$, …

  → 3의 배수: 3, 6, 9, 12, …

● 약수와 배수의 관계

┌ 8은 1, 2, 4, 8의 배수입니다.
└ 1, 2, 4, 8은 8의 약수입니다.

---

01 약수를 모두 구하세요.

(1) 6의 약수

(   )

(2) 15의 약수

(   )

---

02 다음 중 8의 배수가 <u>아닌</u> 것은 어느 것일까요? (   )

① 8   ② 18   ③ 24

④ 40   ⑤ 56

---

03 식을 보고 ◯ 안에 알맞은 수를 써넣으세요.

$$21 = 1 \times 21 \qquad 21 = 3 \times 7$$

(1) 21은 1, ☐, ☐, ☐의 배수입니다.

(2) 1, ☐, ☐, ☐은 21의 약수입니다.

활용 개념 1 두 수의 약수와 배수의 관계

> 큰 수가 작은 수로 나누어떨어지면 두 수는 약수와 배수의 관계입니다.
>
> 예 (35, 7)에서 35÷7＝5이므로 35는 7로 나누면 나누어떨어집니다.
> → 7은 35의 약수, 35는 7의 배수입니다.

04 두 수가 약수와 배수의 관계인 것을 찾아 기호를 써 보세요.

> ㉠ (3, 19)   ㉡ (4, 27)   ㉢ (24, 8)

(   )

05 보기 에서 약수와 배수의 관계인 수를 모두 찾아 써 보세요.

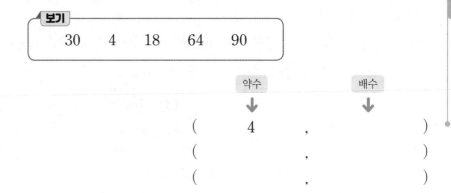

보기
| 30 | 4 | 18 | 64 | 90 |

약수   배수
↓   ↓
(4   ,   )
(,   )
(,   )

06 왼쪽 수는 오른쪽 수의 배수입니다. ☐ 안에 들어갈 수 있는 수를 모두 구하세요.

(27, ☐)

(   )

07 두 수가 약수와 배수의 관계일 때, ☐ 안에 들어갈 수 있는 두 자리 수는 모두 몇 개일까요?

(☐ , 42)

(   )

2
약수와 배수

공약수와 최대공약수

공약수와 최대공약수

• 공약수: 두 수의 공통된 약수

• 최대공약수: 두 수의 공약수 중에서 가장 큰 수

예 12와 18의 공약수와 최대공약수

┌ 12의 약수: ①, ②, ③, 4, ⑥, 12

├ 18의 약수: ①, ②, ③, ⑥, 9, 18

├ 12와 18의 공약수: 1, 2, 3, 6

└ 12와 18의 최대공약수: 6

공약수 중 가장 작은 수는 항상 1이므로 최소공약수는 생각하지 않습니다.

최대공약수 구하는 방법

예 12와 18의 최대공약수

방법1 여러 수의 곱으로 나타내 구하기

$$12 = 2 \times 3 \times 2 \qquad 18 = 2 \times 3 \times 3$$

↓ ↓

12와 18의 최대공약수: $2 \times 3 = 6$

방법2 공통으로 나눌 수 있는 수로 나누어 구하기

$$
\begin{array}{r}
\text{12와 18의 공약수} \leftarrow 2\,)\,\underline{12 \quad 18} \\
\text{6과 9의 공약수} \leftarrow 3\,)\,\underline{6 \quad 9} \\
2 \quad 3
\end{array}
$$

→ 12와 18의 최대공약수: $2 \times 3 = 6$

---

01 14와 28의 공약수와 최대공약수를 구하려고 합니다. 물음에 답하세요.

(1) 14와 28의 약수를 각각 구하세요.

14의 약수	
28의 약수	

(2) 14와 28의 공약수와 최대공약수를 각각 구하세요.

┌ 14와 28의 공약수: ＿＿＿＿＿＿＿＿＿

└ 14와 28의 최대공약수: ＿＿＿＿＿＿＿＿＿

---

02 16과 40의 최대공약수를 두 가지 방법으로 구하세요.

방법1	방법2
→ 16과 40의 최대공약수:	→ 16과 40의 최대공약수:
□ × □ × □ = □	□ × □ × □ = □

>> 정답 및 풀이 **11**쪽

활용 개념 1 **공약수와 최대공약수의 관계**

두 수의 공약수는 두 수의 최대공약수의 약수와 같습니다.

예 18과 30의 공약수: **1, 2, 3, 6**
18과 30의 최대공약수: 6
18과 30의 최대공약수인 6의 약수: **1, 2, 3, 6**

같습니다.

03 어떤 두 수의 최대공약수는 20입니다. 이 두 수의 공약수는 몇 개일까요?

(   )

04 어떤 두 수의 최대공약수는 32입니다. 다음 중 어떤 두 수의 공약수가 <u>아닌</u> 수를 찾아 기호를 써 보세요.

㉠ 2   ㉡ 4   ㉢ 8   ㉣ 10

(   )

활용 개념 2 **세 수의 최대공약수** 중등 연계

예 20, 24, 36의 최대공약수

20, 24, 36의 공약수 ← 2)20 24 36
10, 12, 18의 공약수 ← 2)10 12 18
                        5   6   9 →세 수를 공통으로 나눌 수 없을 때까지 나눕니다.

➔ 20, 24, 36의 최대공약수: 2×2＝4

05 세 수의 최대공약수를 구하세요.

18   24   30

(   )

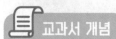

공배수와 최소공배수

○ 공배수와 최소공배수

- 공배수: 두 수의 공통된 배수

- 최소공배수: 두 수의 공배수 중에서 가장 작은 수

예 8과 12의 공배수와 최소공배수

- 8의 배수: 8, 16, 24, 32, 40, 48, …

- 12의 배수: 12, 24, 36, 48, 60, …

- 8과 12의 공배수: 24, 48, …

- 8과 12의 최소공배수: 24

공배수는 무수히 많으므로
최대공배수는 생각하지 않습니다.

○ 최소공배수 구하는 방법

예 8과 12의 최소공배수

방법1 여러 수의 곱으로 나타내 구하기

$$8 = 2 \times 2 \times 2 \qquad 12 = 2 \times 2 \times 3$$

➜ 8과 12의 최소공배수:

$$2 \times 2 \times 2 \times 3 = 24$$

방법2 공통으로 나눌 수 있는 수로 나누어 구하기

8과 12의 공약수 ← $2 \underline{)8 \quad 12}$
4와 6의 공약수 ← $2 \underline{)4 \quad 6}$
$\qquad\qquad\qquad\qquad 2 \quad 3$

➜ 8과 12의 최소공배수:

$$2 \times 2 \times 2 \times 3 = 24$$

---

01 6과 9의 공배수와 최소공배수를 구하려고 합니다. 물음에 답하세요.

(1) 6과 9의 배수를 작은 수부터 차례로 각각 9개씩 써 보세요.

6의 배수	
9의 배수	

(2) 6과 9의 공배수와 최소공배수를 각각 구하세요.

- 6과 9의 공배수: _____

- 6과 9의 최소공배수: _____

---

02 15와 30의 최소공배수를 두 가지 방법으로 구하세요.

방법1

➜ 15와 30의 최소공배수:

$\boxed{} \times \boxed{} \times \boxed{} = \boxed{}$

방법2

➜ 15와 30의 최소공배수:

$\boxed{} \times \boxed{} \times \boxed{} \times \boxed{} = \boxed{}$

>> 정답 및 풀이 11쪽

활용 개념 1 공배수와 최소공배수의 관계

두 수의 공배수는 두 수의 최소공배수의 배수와 같습니다.

예 9와 12의 공배수: 36, 72, 108, …
9와 12의 최소공배수: 36
9와 12의 최소공배수인 36의 배수: 36, 72, 108, …
→ 같습니다.

03 어떤 수와 18의 최소공배수가 90일 때 두 수의 공배수를 작은 수부터 차례로 3개 써 보세요.

( )

04 어떤 두 수의 최소공배수는 28입니다. 이 두 수의 공배수 중에서 가장 큰 두 자리 수를 구하세요.

( )

활용 개념 2 세 수의 최소공배수 중등 연계

예 16, 20, 24의 최소공배수

16, 20, 24의 공약수 ← 2) 16 20 24
8, 10, 12의 공약수 ← 2) 8 10 12
4와 6의 공약수 ← 2) 4 5 6
2 5 3

→ 16, 20, 24의 최소공배수: $2 \times 2 \times 2 \times 2 \times 5 \times 3 = 240$

2로 나누어떨어지지 않으므로 그대로 씁니다.

05 세 수의 최소공배수를 구하세요.

20 30 40

( )

남김없이 똑같이 나누어 담는 방법을 약수로 구하자.

유형 솔루션

• 사과 6개를 남김없이 봉지에 똑같이 나누어 담는 방법
  └6의 약수: 1, 2, 3, 6
              ┌ 6개씩 1봉지 ┐
              │ 3개씩 2봉지 │ → 모두 4가지
              │ 2개씩 3봉지 │
              └ 1개씩 6봉지 ┘

대표 유형

01

사탕 10개를 남김없이 바구니에 똑같이 나누어 담으려고 합니다. 나누어 담을 수 있는 방법은 모두 몇 가지일까요? (단, 나누어 담는 바구니는 1개보다 많습니다.)

풀이

❶ 10개를 남김없이 똑같이 나누어 담을 수 있는 방법은 ▢의 약수로 구합니다.

→ 10의 약수: 1, ▢, ▢, 10

❷ 10＝1×10 → 사탕 1개씩 10개의 바구니

 10＝2×5 → 사탕 2개씩 ▢개의 바구니

 10＝5×2 → 사탕 5개씩 ▢개의 바구니

 10＝10×1 → 사탕 10개씩 ▢개의 바구니에 나누어 담을 수 있습니다.

→ 1개보다 많은 바구니에 똑같이 나누어 담을 수 있는 방법: ▢가지

답 _____

예제 색종이 24장을 남김없이 친구에게 똑같이 나누어 주려고 합니다. 나누어 줄 수 있는 방법은 모두 몇 가지일까요? (단, 나누어 가지는 친구는 1명보다 많습니다.)

( )

>> 정답 및 풀이 **11~12**쪽

01-1
변형
수건 36장을 남김없이 10명보다 많은 학생에게 똑같이 나누어 주려고 합니다. 나누어 줄 수 있는 방법은 모두 몇 가지일까요?

(   )

01-2
변형
약과 52개를 남김없이 10명보다 적은 학생에게 똑같이 나누어 주려고 합니다. 나누어 줄 수 있는 방법은 모두 몇 가지일까요?

(   )

01-3
변형
장미 28송이를 남김없이 10명보다 많고 15명보다 적은 학생에게 똑같이 나누어 주려고 합니다. 몇 명의 학생에게 나누어 줄 수 있을까요?

(   )

01-4
발전
민주네 가족이 주말 농장에서 수확한 고추 48개와 고구마 32개를 남김없이 상자에 똑같이 나누어 담으려고 합니다. 상자에 나누어 담는 방법은 모두 몇 가지일까요?
(단, 나누어 담는 상자는 1개보다 많고, 고추와 고구마를 함께 담습니다.)

(   )

주어진 범위에서 배수의 개수를 구하자.

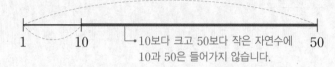

⊕ 유형 솔루션

· 10보다 크고 50보다 작은 자연수 중에서 6의 배수의 개수 구하기

```
    1       10          10보다 크고 50보다 작은 자연수에      50
                        10과 50은 들어가지 않습니다.
```

(1부터 10까지의 자연수 중에서 6의 배수의 개수)=10÷6=1…4 ➡ 1개
(1부터 ㊾까지의 자연수 중에서 6의 배수의 개수)=49÷6=8…1 ➡ 8개
   └ (50-1)

➡ 8-1=7(개)

대표 유형
02

100보다 크고 200보다 작은 자연수 중에서 9의 배수는 모두 몇 개일까요?

풀이

❶ · 1부터 100까지의 자연수 중에서 9의 배수의 개수:

100÷9= ☐ … ☐ ➡ ☐ 개

· 1부터 199까지의 자연수 중에서 9의 배수의 개수:

199÷9= ☐ … ☐ ➡ ☐ 개

❷ 100보다 크고 200보다 작은 자연수 중에서 9의 배수의 개수:

☐ - ☐ = ☐ (개)

답 _____

예제✔ 200보다 크고 400보다 작은 자연수 중에서 11의 배수는 모두 몇 개일까요?

(   )

>> 정답 및 풀이 **12~13**쪽

02-1
변형

200부터 500까지의 자연수 중에서 25의 배수인 수는 모두 몇 개일까요?

(   )

02-2
변형

16의 배수 중에서 180에 가장 가까운 수를 구하세요.

(   )

02-3
변형

200보다 작은 자연수 중에서 14의 배수이면서 21의 배수인 수는 모두 몇 개일까요?

(   )

2

약수와 배수

02-4
발전

다음 조건 을 만족하는 자연수는 모두 몇 개일까요?

조건
· 110보다 크고 700보다 작습니다.
· 15의 배수이면서 20의 배수입니다.

(   )

직사각형을 정사각형으로 만들자.

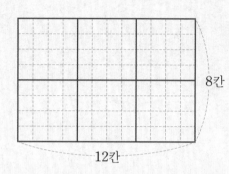

(가장 큰 정사각형의 한 변)
=(12와 8의 최대공약수)
=4칸

8칸

12칸

대표 유형
03

그림과 같은 직사각형 모양의 종이를 남는 부분 없이 크기가 같은 정사각형 모양 여러 개로 자르려고 합니다. 자를 수 있는 가장 큰 정사각형의 한 변의 길이는 몇 cm일까요?

48 cm

18 cm

풀이

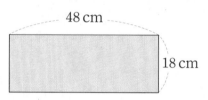

❶ 2) 48   18

☐) ☐   ☐

☐ ☐   → 48과 18의 최대공약수: 2×☐=☐

❷ 자를 수 있는 가장 큰 정사각형의 한 변의 길이: ☐ cm

답 _____

예제✔ 오른쪽 그림과 같은 직사각형 모양의 종이를 남는 부분 없이 크기가 같은
정사각형 모양 여러 개로 자르려고 합니다. 자를 수 있는 가장 큰 정사각형의
한 변의 길이는 몇 cm일까요?

27 cm

45 cm

(   )

>> 정답 및 풀이 **13~14**쪽

03-1
변형
가로가 30 cm, 세로가 20 cm인 직사각형 모양의 종이를 남는 부분 없이 크기가 같은 정사각형 모양 여러 개로 자르려고 합니다. 자를 수 있는 가장 큰 정사각형의 한 변의 길이는 몇 cm일까요?

(   )

03-2
변형
오른쪽 직사각형 모양의 종이를 남는 부분 없이 크기가 같은 가장 큰 정사각형 모양 여러 개로 자르려고 합니다. 정사각형을 모두 몇 개 만들 수 있을까요?

(   )

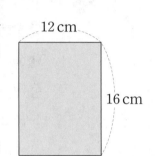
12 cm
16 cm

2
약수와 배수

03-3
변형
가로가 30 cm, 세로가 18 cm인 직사각형 모양의 종이를 남는 부분 없이 크기가 같은 정사각형 모양 여러 개로 자르려고 합니다. 자른 정사각형의 한 변의 길이가 ■ cm일 때, ■가 될 수 있는 자연수는 모두 몇 개일까요?

(   )

03-4
발전
가로가 24 cm, 세로가 36 cm인 직사각형 모양의 종이를 겹치지 않게 이어 붙여서 정사각형을 만들려고 합니다. 만들 수 있는 가장 작은 정사각형의 한 변의 길이는 몇 cm일까요?

(   )

최대공약수와 최소공배수를 이용하여 어떤 수를 구하자.

⊕ 유형 솔루션

• 두 수 ■와 ▲를 나누어떨어지게 하는 수 중에서 가장 큰 수
→ ■와 ▲의 최대공약수 └→두 수의 공약수

• ●로 나누어도, ♥로 나누어도 나누어떨어지는 수 중에서 가장 작은 수
→ ●와 ♥의 최소공배수 └→두 수의 공배수

대표 유형
04

42와 66을 어떤 수로 나누었더니 모두 나누어떨어졌습니다. 어떤 수가 될 수 있는 수 중에서 1보다 큰 수를 모두 구하세요.

풀이

❶ 어떤 수가 될 수 있는 수: 42와 66의 (공약수 , 공배수)

```
2 ) 42    66
  )
```

→ 42와 66의 최대공약수: $2 \times \boxed{} = \boxed{}$

❷ 42와 66의 공약수는 42와 66의 최대공약수인 $\boxed{}$의 약수 1, $\boxed{}$, $\boxed{}$, $\boxed{}$이므로

이 중에서 1보다 큰 수: $\boxed{}$, $\boxed{}$, $\boxed{}$

답 _____

예제✔ 40과 70을 어떤 수로 나누었더니 모두 나누어떨어졌습니다. 어떤 수가 될 수 있는 수 중에서 1보다 큰 수를 모두 구하세요.

(   )

04-1
변형 어떤 수로 19와 33을 나누면 나머지가 모두 5입니다. 어떤 수가 될 수 있는 수를 모두 구하세요.

(   )

04-2

변형

어떤 수를 9로 나누어도, 12로 나누어도 나누어떨어집니다. 어떤 수 중에서 100보다 작은 수를 모두 구하세요.

풀이

❶ 어떤 수가 될 수 있는 수: 9와 12의 (공약수 , 공배수)

3) 9 　　 12

□ □ → 9와 12의 최소공배수: 3 × □ × □ = □

❷ 어떤 수는 9와 12의 최소공배수인 □의 배수 36, □, □, ...이므로

이 중에서 100보다 작은 수: □, □

답 _____

04-3

변형

다음을 만족하는 수 중 가장 작은 수를 구하세요.

> • 어떤 수는 8로 나누면 5가 남습니다.
> • 어떤 수는 10으로 나누면 5가 남습니다.

(　　　　　　)

04-4

발전

□ 안에는 같은 수가 들어갑니다. □ 안에 들어갈 수 있는 수 중에서 가장 작은 세 자리 수를 구하세요.

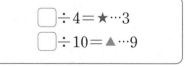

> □ ÷ 4 = ★ ⋯ 3
> □ ÷ 10 = ▲ ⋯ 9

(　　　　　　)

■의 배수인지 알아보자.

— 2의 배수: 일의 자리 숫자가 0, 2, 4, 6, 8인 수(=짝수) 예 12 ← 일의 자리 숫자가 2

— 3의 배수: 각 자리 수의 합이 3의 배수인 수 예 201 ← 2＋0＋1＝3은 3의 배수

— 4의 배수: 끝의 두 자리 수가 00 또는 4의 배수인 수 예 516 ← 16은 4의 배수

— 5의 배수: 일의 자리 숫자가 0 또는 5인 수 예 45 ← 일의 자리 숫자가 5

— 6의 배수: 각 자리 수의 합이 3의 배수이면서 짝수인 수

    예 132 ← 1＋3＋2＝6은 3의 배수이면서 짝수

— 9의 배수: 각 자리 수의 합이 9의 배수인 수 예 234 ← 2＋3＋4＝9는 9의 배수

대표 유형 05

다음 중 3의 배수를 찾아 쓰세요.

| 326 | 418 | 405 |

풀이

❶ 각 자리 수의 합이 3의 배수인 수를 찾아봅니다.

• 326 ➜ 3＋2＋6＝ ☐ ➜ 3의 배수가 (맞습니다 , 아닙니다).

• 418 ➜ 4＋1＋8＝ ☐ ➜ 3의 배수가 (맞습니다 , 아닙니다).

• 405 ➜ 4＋0＋5＝ ☐ ➜ 3의 배수가 (맞습니다 , 아닙니다).

❷ 3의 배수인 수: ☐

답 ＿＿＿＿＿＿＿＿＿

예제 다음 중 6의 배수를 찾아 쓰세요.

| 212 | 522 | 109 |

(   )

>> 정답 및 풀이 **15쪽**

05-1
변형

다음 다섯 자리 수는 5의 배수입니다. ☐ 안에 들어갈 수 있는 숫자 중 가장 큰 수를 구하세요.

3651☐

(   )

05-2
변형

다음 세 자리 수가 4의 배수일 때, ☐ 안에 들어갈 수 있는 숫자는 모두 몇 개일까요?

75☐

(   )

05-3
변형

다음 네 자리 수가 9의 배수일 때, ☐ 안에 들어갈 수 있는 숫자를 구하세요.

254☐

(   )

05-4
발전

다음 네 자리 수가 2의 배수도 되고 3의 배수도 될 때 만들 수 있는 네 자리 수 중 가장 큰 수를 구하세요.

42☐☐

(   )

반복되는 시간의 공배수일 때 동시에 일어난다.

8분마다 출발

| 8분 | 16분 | 24분 | 32분 | 40분 | 48분 |

12분마다 출발

| 12분 | 24분 | 36분 | 48분 | 60분 | 72분 |

→ 8과 12의 최소공배수: 24

두 버스는 24분마다 동시에 출발합니다.

대표 유형
06

어느 버스 터미널에서 강릉행 버스는 20분마다, 충주행 버스는 15분마다 출발합니다. 두 버스가 오전 6시 30분에 동시에 출발하였다면 다음번에 동시에 출발하는 시각은 오전 몇 시 몇 분일까요?

풀이

❶ 두 버스가 몇 분마다 동시에 출발하는지 (최대공약수 , 최소공배수)를 구합니다.

5) 20   15
　　□　　□　→ 20과 15의 최소공배수: 5×□×□=□

→ 두 버스는 □분마다 동시에 출발합니다.

❷ 60분=□시간이므로

(다음번에 동시에 출발하는 시각)=오전 6시 30분+□시간=오전 □시 □분

답 _____

예제 어느 버스 터미널에서 부산행 버스는 10분마다, 포항행 버스는 35분마다 출발합니다. 두 버스가 오전 8시에 동시에 출발하였다면 다음번에 동시에 출발하는 시각은 오전 몇 시 몇 분일까요?

(　　　　　　　　　　　)

>> 정답 및 풀이 15~16쪽

06-1 야구장에 승주는 4일에 한 번씩 가고, 민호는 14일에 한 번씩 갑니다. 4월 1일에 두 사람이
변형 함께 야구장에 갔다면 다음번에 두 사람이 함께 야구장에 가는 날은 몇 월 며칠일까요?

( )

06-2 어느 기차역에서 KTX는 30분마다, 새마을호는 45분마다 출발한다고 합니다. 두 열차가
변형 오후 3시 10분에 첫 번째로 동시에 출발하였다면 세 번째로 동시에 출발하는 시각은 오후
몇 시 몇 분일까요?

( )

06-3 정후와 민호는 공원을 일정한 빠르기로 걷고 있습니다. 정후는 6분마다, 민호는 8분마다 공원
변형 을 한 바퀴 돕니다. 두 사람이 출발점에서 같은 방향으로 동시에 출발할 때, 출발 후 60분 동
안 출발점에서 몇 번 다시 만나는지 구하세요.

( )

06-4 기계 ㉮와 기계 ㉯가 있습니다. 안전 검사를 기계 ㉮는 6일마다, 기계 ㉯는 10일마다 실시합
발전 니다. 3월 2일에 첫 번째로 두 기계를 함께 검사하였다면 세 번째로 두 기계를 동시에 검사
하는 날은 몇 월 며칠일까요?

( )

유형변형 처음에 동시에 켜진 횟수도 포함한다.

⊕ 유형 솔루션

• 두 전구가 8초 동안 동시에 켜지는 횟수

전구	불빛 규칙
㉮	2초마다 한 번
㉯	4초마다 한 번

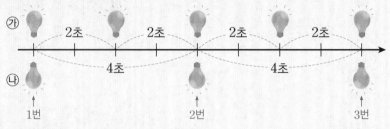

➜ 8초 동안 동시에 켜지는 횟수: 3번

대표 유형 07

㉮, ㉯ 전구는 오른쪽과 같은 규칙으로 켜졌다 꺼집니다. ㉮와 ㉯ 전구가 오후 9시 정각에 동시에 켜졌다면, 오후 9시 정각부터 오후 10시 정각까지 두 전구가 동시에 켜지는 횟수는 모두 몇 번일까요?

전구	불빛 규칙
㉮	10초마다 한 번
㉯	12초마다 한 번

풀이

❶ ☐) 10   12
　　 ☐ ☐ ➜ 10과 12의 최소공배수: ☐×☐×☐=☐

10과 12의 최소공배수인 ☐초마다 두 전구가 동시에 켜집니다.

❷ (오후 9시 정각부터 오후 10시 정각까지의 시간)=1시간 ➜ 3600초

❸ 3600÷☐=☐(번)이고 오후 9시 정각에 동시에 켜진 횟수를 포함해야 하므로

두 전구가 동시에 켜지는 횟수: ☐번

답 _____

예제 ✔ ㉮, ㉯ 전구는 오른쪽과 같은 규칙으로 켜졌다 꺼집니다. ㉮와 ㉯ 전구가 오후 8시 정각에 동시에 켜졌다면, 오후 8시 정각부터 오후 9시 정각까지 두 전구가 동시에 켜지는 횟수는 모두 몇 번일까요?

전구	불빛 규칙
㉮	15초마다 한 번
㉯	20초마다 한 번

(　　　　　　)

07-1
변형
㉮, ㉯ 전구는 다음과 같은 규칙으로 켜졌다 꺼집니다. ㉮와 ㉯ 전구가 오후 9시 정각에 동시에 켜졌다면, 오후 9시 정각부터 오후 11시 정각까지 두 전구가 동시에 켜지는 횟수는 모두 몇 번일까요?

전구	불빛 규칙
㉮	8초마다 한 번
㉯	10초마다 한 번

(   )

07-2
변형
㉮, ㉯ 등대는 다음과 같은 규칙으로 켜졌다 꺼집니다. ㉮와 ㉯ 등대가 오후 7시 정각에 동시에 켜졌다면, 오후 7시 정각부터 오후 10시 정각까지 두 등대가 동시에 켜지는 횟수는 모두 몇 번일까요?

등대	불빛 규칙
㉮	9초마다 한 번
㉯	30초마다 한 번

(   )

2

약수와 배수

07-3
발전
세 전등이 다음과 같은 규칙으로 켜졌다 꺼집니다. 세 전등이 오후 10시 정각에 동시에 켜졌다면, 오후 10시 정각부터 오후 11시 정각까지 세 전등이 동시에 켜지는 횟수는 모두 몇 번일까요?

전등	불빛 규칙
노란 전등	13초마다 한 번
파란 전등	20초마다 한 번
초록 전등	26초마다 한 번

(   )

톱니 수의 공배수만큼 맞물려야 처음 위치이다.

⊕ 유형 솔루션

톱니 수: 20개   톱니 수: 9개

20과 9의 최소공배수: 180

두 톱니가 처음 맞물렸던 곳에서 다시 맞물리려면 두 톱니바퀴의 톱니가 180개 맞물려야 합니다.

→ 톱니바퀴 ㉮의 회전수: $180 \div 20 = 9$(바퀴)

톱니바퀴 ㉯의 회전수: $180 \div 9 = 20$(바퀴)

대표 유형 08

톱니 수가 30개인 톱니바퀴 ㉮와 톱니 수가 45개인 톱니바퀴 ㉯가 맞물려 돌아가고 있습니다. 두 톱니바퀴의 톱니가 처음 맞물렸던 곳에서 다시 맞물리려면 톱니바퀴 ㉮는 적어도 몇 바퀴 돌아야 할까요?

풀이

❶

```
 □ ) 30    45
 □ ) 10    15
    □   □   → 30과 45의 최소공배수: 3 × □ × □ × □ = □
```

두 톱니바퀴의 톱니가 적어도 □ 개 맞물려야 처음 맞물렸던 곳에서 다시 맞물리게 됩니다.

❷ 톱니바퀴 ㉮는 적어도 □ ÷ 30 = □ (바퀴) 돌아야 합니다.

답 _____

예제 ✔ 톱니 수가 45개인 톱니바퀴 ㉮와 톱니 수가 72개인 톱니바퀴 ㉯가 맞물려 돌아가고 있습니다. 두 톱니바퀴의 톱니가 처음 맞물렸던 곳에서 다시 맞물리려면 톱니바퀴 ㉯는 적어도 몇 바퀴 돌아야 할까요?

(   )

>> 정답 및 풀이 **17~18**쪽

08-1
변형
톱니 수가 24개인 톱니바퀴 ㉮와 톱니 수가 28개인 톱니바퀴 ㉯가 맞물려 돌아가고 있습니다. 두 톱니바퀴의 톱니가 처음 맞물렸던 곳에서 첫 번째로 다시 맞물리려면 톱니바퀴 ㉮와 ㉯는 각각 몇 바퀴씩 돌아야 할까요?

㉮ (   )

㉯ (   )

08-2
변형
톱니 수가 75개인 톱니바퀴 ㉮와 톱니 수가 50개인 톱니바퀴 ㉯가 맞물려 돌아가고 있습니다. 두 톱니바퀴의 톱니가 처음 맞물렸던 곳에서 첫 번째로 다시 맞물렸다면 톱니바퀴 ㉯는 톱니바퀴 ㉮보다 몇 바퀴 더 많이 돌았을까요?

(   )

08-3
변형
두 톱니바퀴 ㉮, ㉯가 맞물려 돌아가고 있습니다. 톱니 수는 톱니바퀴 ㉮가 54개, 톱니바퀴 ㉯가 42개입니다. 톱니바퀴 ㉮는 한 바퀴 도는 데 4분이 걸립니다. 두 톱니바퀴의 톱니가 처음 맞물렸던 곳에서 첫 번째로 다시 맞물릴 때는 몇 분 후일까요?

(   )

08-4
발전
톱니바퀴 3개가 맞물려 돌아가고 있습니다. 톱니 수는 각각 톱니바퀴 ㉮가 48개, 톱니바퀴 ㉯가 60개, 톱니바퀴 ㉰가 36개입니다. 세 톱니바퀴의 톱니가 처음에 맞물렸던 자리에서 첫 번째로 다시 만나려면 톱니바퀴 ㉯는 몇 바퀴 돌아야 할까요?

(   )

2
약수와 배수

최대공약수와 최소공배수를 알 때 어떤 수를 구하자.

⊕ 유형 솔루션

• 6과 ■의 최대공약수가 2이고, 최소공배수가 30일 때 ■ 구하기

$$2\overline{)6 \quad ■}$$
$$\quad 3 \quad ▲$$

❶ 최소공배수가 30이므로 $2 \times 3 \times ▲ = 30$, $6 \times ▲ = 30$, $▲ = 5$

❷ 최대공약수가 2이므로 $■ = 2 \times ▲ = 2 \times 5 = 10$

(참고)

두 수의 곱은 최대공약수와 최소공배수의 곱과 같습니다.

두 수 ㉮, ㉯에서 최대공약수를 ㉠이라 하면 $㉮ = ㉠ \times ●$, $㉯ = ㉠ \times ♥$이므로

• 최소공배수: $㉠ \times ● \times ♥$

• 두 수의 곱: $㉠ \times ● \times ㉠ \times ♥ = \underbrace{㉠}_{\text{최대공약수}} \times \underbrace{㉠ \times ● \times ♥}_{\text{최소공배수}}$

대표 유형 09

어떤 수 ㉮와 50의 최대공약수는 25이고, 최소공배수는 250입니다. 어떤 수 ㉮를 구하세요.

$$25\overline{)㉮ \quad 50}$$
$$\quad\; ㉠ \quad 2$$

풀이

❶ 최소공배수가 [ ]이므로 $25 \times ㉠ \times 2 = $ [ ], $50 \times ㉠ = $ [ ], $㉠ = $ [ ]

❷ 최대공약수가 25이므로 $㉮ = 25 \times ㉠ = 25 \times $ [ ] $ = $ [ ]

답 _____

예제 30과 어떤 수 ㉯의 최대공약수는 15이고, 최소공배수는 210입니다. 어떤 수 ㉯를 구하세요.

$$15\overline{)30 \quad ㉯}$$
$$\quad\;\; 2 \quad ㉡$$

(   )

>> 정답 및 풀이 **18~19**쪽

09-1 어떤 수와 36의 최대공약수는 9이고, 최소공배수는 180입니다. 어떤 수를 구하세요.

변형

(   )

09-2 어떤 두 수의 곱은 2160이고, 두 수의 최소공배수는 180입니다. 이 두 수의 공약수를 모두

변형 구하세요.

(   )

09-3 어떤 두 수의 곱은 1350이고, 두 수의 최대공약수는 15입니다. 이 두 수의 공배수 중 가장

변형 작은 세 자리 수를 구하세요.

(   )

09-4 어떤 두 수의 합은 80이고 최대공약수는 8, 최소공배수는 168입니다. 두 수를 각각 구하세요.

발전

(   ), (   )

◎ 대표 유형 **02**

01 80과 120의 공약수 중에서 8의 배수는 모두 몇 개일까요?

Tip

두 수의 공약수는 두 수의 최대 공약수의 약수와 같습니다.

풀이

답 _____

◎ 대표 유형 **02**

02 다음 `조건` 을 만족하는 자연수는 모두 몇 개일까요?

> **조건**
> • 100보다 크고 200보다 작습니다.
> • 14의 배수입니다.

풀이

답 _____

◎ 대표 유형 **03**

03 가로가 12 cm, 세로가 18 cm인 직사각형 모양의 종이를 남는 부분 없이 크기가 같은 가장 큰 정사각형 모양 여러 개로 자르려고 합니다. 정사각형을 모두 몇 개 만들 수 있을까요?

Tip

자를 수 있는 가장 큰 정사각형의 한 변의 길이는 직사각형의 가로와 세로의 최대공약수입니다.

풀이

답 _____

04 민수와 정아가 다음과 같은 규칙으로 각각 구슬을 40개씩 놓을 때 파란색 구슬을 같은 순서에 놓는 경우는 모두 몇 번일까요? ◎ 대표 유형 **07**

풀이

답 _____

05 사과 12개와 배 16개를 남김없이 접시에 똑같이 나누어 담으려고 합니다. 접시에 나누어 담을 수 있는 방법은 모두 몇 가지일까요? ◎ 대표 유형 **01**

(단, 나누어 담는 접시는 1개보다 많고, 사과와 배를 함께 담습니다.)

Tip
두 수의 공약수만큼 접시에 나누어 담을 수 있습니다.

풀이

답 _____

06 어느 기차역에서 밀양역으로 가는 기차는 35분마다, 여수로 가는 기차는 45분마다 출발한다고 합니다. 두 기차가 오전 7시에 동시에 출발하였다면 그 이후부터 오후 6시까지 동시에 출발하는 횟수는 모두 몇 번일까요? ◎ 대표 유형 **06**

Tip
반복되는 시간의 공배수일 때 동시에 출발합니다.

풀이

답 _____

2

약
수
와
배
수

07 ■에 알맞은 수를 모두 구하세요.

◎ 대표 유형 **04**

$$14 \div \blacksquare = \heartsuit \cdots 2$$
$$20 \div \blacksquare = \clubsuit \cdots 2$$

Tip
$(14-2)$와 $(20-2)$는
■로 나누어떨어집니다.

풀이

답 _____

08 다음 네 자리 수는 5의 배수도 되고 9의 배수도 됩니다. 네 자리 수가 될 수 있는 수를 모두 구하세요.

◎ 대표 유형 **05**

$$61\square\square$$

Tip
먼저 5의 배수가 될 수 있는
일의 자리 숫자를 알아봅니다.

풀이

답 _____

09 두 수 ■와 ▲의 모든 공약수의 합을 구하세요.

◎ 대표 유형 **09**

- ■ × ▲ = 4860
- (■와 ▲의 최소공배수) = 270

Tip
(두 수의 곱)
=(최대공약수)×(최소공배수)

풀이

답 _____

10 ㉮, ㉯ 전등은 오른쪽과 같은 규칙으로 켜졌다 꺼집니다. ㉮와 ㉯ 전등이 오후 8시 정각에 동시에 켜졌다면, 오후 8시 정각부터 오후 10시 정각까지 두 전등이 동시에 켜지는 횟수는 모두 몇 번일까요?

◎ 대표 유형 **07**

전등	불빛 규칙
㉮	18초마다 한 번
㉯	30초마다 한 번

Tip
오후 8시 정각부터 오후 10시 정각까지는 2시간입니다.

풀이

답 _____

◎ 대표 유형 **08**

11 두 톱니바퀴 ㉮, ㉯가 맞물려 돌아가고 있습니다. 톱니 수는 톱니바퀴 ㉮가 32개, 톱니바퀴 ㉯가 44개입니다. 톱니바퀴 ㉮는 한 바퀴 도는 데 3분이 걸립니다. 두 톱니바퀴의 톱니가 처음 맞물렸던 곳에서 첫 번째로 다시 맞물릴 때는 몇 분 후일까요?

Tip
두 톱니 수의 공배수만큼 맞물려야 처음 맞물렸던 곳에서 다시 맞물리게 됩니다.

풀이

답 _____

◎ 대표 유형 **09**

12 어떤 두 수 ㉮와 ㉯의 최대공약수가 42이고 최소공배수가 252일 때, ㉮가 될 수 있는 수를 모두 구하세요.(단, ㉮<㉯)

풀이

답 _____

2
약수와 배수

3
규칙과 대응

활용 개념 두 양 사이의 관계 알아보기

교과서 개념

● 두 양 사이의 관계 알아보기

① 표로 나타내기

접시의 수(개)	1	2	3	4	⋯
사과의 수(개)	3	6	9	12	⋯

② 접시의 수가 1개씩 늘어날 때 사과의 수가 3개씩 늘어납니다.

③ 접시의 수와 사과의 수 사이의 대응 관계 알아보기

　┌ 사과의 수는 접시의 수의 3배입니다.
　└ 접시의 수는 사과의 수를 3으로 나눈 몫과 같습니다.

[01~03] 도형의 배열을 보고 물음에 답하세요.

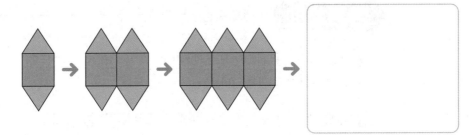

01 위의 빈칸에 알맞은 모양을 그려 보세요.

02 사각형의 수와 삼각형의 수가 어떻게 변하는지 표를 완성해 보세요.

사각형의 수(개)	1	2	3	4	5	⋯
삼각형의 수(개)						⋯

03 사각형의 수와 삼각형의 수 사이의 대응 관계를 써 보세요.

_____

_____

활용 개념 **1** 규칙적인 배열에서 두 양 사이의 관계 알아보기

• 노란색 조각의 수와 보라색 조각의 수 사이의 대응 관계 알아보기

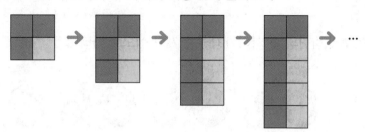

① 표로 나타내기

노란색 조각의 수(개)	1	2	3	4	5	…
보라색 조각의 수(개)	3	4	5	6	7	…

② 노란색 조각의 수와 보라색 조각의 수 사이의 대응 관계 알아보기

┌ 보라색 조각의 수는 **노란색 조각의 수**보다 2만큼 더 **큽니다.**
└ 노란색 조각의 수는 **보라색 조각의 수**보다 2만큼 더 **작습니다.**

3

규칙과 대응

[04~05] 그림을 보고 물음에 답하세요.

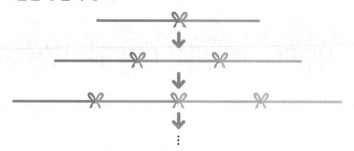

04 끈의 수와 매듭의 수가 어떻게 변하는지 표를 완성해 보세요.

끈의 수(개)	2	3	4	5	…
매듭의 수(개)	1				…

05 끈의 수와 매듭의 수 사이의 대응 관계를 써 보세요.

대응 관계를 식으로 나타내기

● 세발자전거의 수와 바퀴의 수 사이의 대응 관계를 식으로 나타내기

① 표로 나타내기

세발자전거의 수(대)	1	2	3	4	⋯
바퀴의 수(개)	3	6	9	12	⋯

② 세발자전거의 수를 ○, 바퀴의 수를 △라고 할 때, 두 양 사이의 대응 관계를 식으로 나타내기

(세발자전거의 수)×3＝(바퀴의 수) ➔ ○×3＝△

(바퀴의 수)÷3＝(세발자전거의 수) ➔ △÷3＝○

[01~02] 탁자의 수와 의자의 수 사이의 대응 관계를 알아보려고 합니다. 물음에 답하세요.

01 탁자의 수와 의자의 수 사이의 대응 관계를 카드를 사용하여 나타내 보세요.

		＝	의자의 수

		＝	탁자의 수

02 탁자의 수를 □, 의자의 수를 ◎라고 할 때, 두 양 사이의 대응 관계를 식으로 나타내 보세요.

식1 _____

식2 _____

>> 정답 및 풀이 **21**쪽

활용 개념 1 대응 관계를 찾아 알맞은 수 구하기

- ○가 5일 때 △의 값 구하기

○	1	2	3	4	...
△	3	4	5	6	...

① △는 ○보다 2만큼 더 큽니다. ➡ ○＋2＝△

② ○＋2＝△에서 ○가 5이면 5＋2＝△, △＝7이므로 △는 7입니다.

03 ☆과 △ 사이의 대응 관계를 나타낸 표입니다. ☆이 7일 때 △의 값을 구하세요.

☆	1	2	3	4	5	...
△	10	20	30	40	50	...

(   )

활용 개념 2 세 수의 대응 관계를 식으로 나타내기

- ○와 □ 사이의 대응 관계, □와 △ 사이의 대응 관계 알아보기

○	1	2	3	4	...
□	2	4	6	8	...
△	3	5	7	9	...

① ○와 □ 사이의 대응 관계: □는 ○의 2배입니다. ➡ ○×2＝□

② □와 △ 사이의 대응 관계: △는 □보다 1만큼 더 큽니다. ➡ □＋1＝△

04 ○와 ☆ 사이의 대응 관계와 ☆과 ◇ 사이의 대응 관계를 나타낸 표입니다. ○와 ☆ 사이의 대응 관계와 ☆과 ◇ 사이의 대응 관계를 각각 식으로 나타내 보세요.

○	1	2	3	4	5	...
☆	5	10	15	20	25	...
◇	2	7	12	17	22	...

○와 ☆ 사이의 대응 관계: _____

☆과 ◇ 사이의 대응 관계: _____

3

규칙과 대응

수가 커지면 +, ×로 작아지면 −, ÷로 식을 만들자.

유형 솔루션

○	2	5	6	8	10	…
△	3	6	7	9	11	…

2+1=3 5+1=6 6+1=7 8+1=9 10+1=11

수가 커지므로 + 또는 ×를 이용하여 식으로 나타냅니다.

↓

△는 ○보다 1만큼 더 큽니다. → ○+1=△

대표 유형 01

■와 ▲ 사이의 대응 관계를 나타낸 표입니다. ㉠과 ㉡에 알맞은 수의 합을 구하세요.

■	2	3	㉠	7	10	12	…
▲	14	21	35	49	㉡	84	…

풀이

❶ ■와 ▲ 사이의 대응 관계를 식으로 나타내면 ■ × ☐ = ▲

❷ · ㉠ × ☐ = 35 ➡ ㉠ = ☐

  · 10 × ☐ = ㉡ ➡ ㉡ = ☐

❸ ㉠ + ㉡ = ☐ + ☐ = ☐

답 _____

예제 ○와 ☆ 사이의 대응 관계를 나타낸 표입니다. ㉠과 ㉡에 알맞은 수의 차를 구하세요.

○	16	18	20	21	25	㉠	…
☆	3	5	㉡	8	12	25	…

(   )

01-1
변형

◇와 ◎ 사이의 대응 관계를 나타낸 표입니다. ㉠, ㉡, ㉢에 알맞은 수 중 큰 것부터 차례대로 기호를 써 보세요.

◇	6	12	15	㉠	27	39	…
◎	2	4	㉡	7	9	㉢	…

( )

01-2
변형

♣와 ♡ 사이의 대응 관계를 나타낸 표입니다. ㉠×㉡+㉢의 값을 구하세요.

♣	㉠	㉡	6	11	13	17	…
♡	7	10	11	16	㉢	22	…

( )

01-3
발전

◎와 △ 사이의 대응 관계와 △와 □ 사이의 대응 관계를 나타낸 표입니다. ㉠과 ㉡에 알맞은 수의 합을 구하세요.

◎	4	8	16			㉠	…
△	1	2	4	6	10	12	…
□		㉡		13	17	19	…

( )

3

규칙과 대응

수의 순서와 늘어놓은 수 사이의 대응 관계를 찾자.

유형 솔루션

$$4, \ 5, \ 6, \ 7, \ 8, \ \ldots$$

↓

순서	1	2	3	4	5	…
수	4	5	6	7	8	…

↓

순서를 ⊙, 수를 ▽라고 할 때, 순서와 수 사이의 대응 관계를 식으로 나타내기

$$⊙ + 3 = ▽$$

대표 유형 02

일정한 규칙에 따라 수를 늘어놓았습니다. 10번째 수를 구하세요.

$$6, \ 12, \ 18, \ 24, \ 30, \ \ldots$$

풀이

❶ 수의 순서와 늘어놓은 수 사이의 대응 관계를 표로 나타내 봅니다.

순서	1	2	3	4	5	…
수	6					…

❷ 순서를 ●, 수를 ★이라고 할 때, 두 양 사이의 대응 관계를 식으로 나타내면 ● × ☐ = ★

❸ ● = 10일 때 10 × ☐ = ★, ★ = ☐ → 10번째 수: ☐

답 _____

예제 일정한 규칙에 따라 수를 늘어놓았습니다. 22번째 수를 구하세요.

$$12, \ 24, \ 36, \ 48, \ 60, \ \ldots$$

( )

02-1 일정한 규칙에 따라 수를 늘어놓았습니다. 300은 몇 번째 수인지 구하세요.
변형

15, 30, 45, 60, 75, ...

(　　　　　)

02-2 일정한 규칙에 따라 수를 늘어놓았습니다. 13번째 수를 구하세요.
변형

4, 7, 10, 13, 16, ...

(　　　　　)

3

규칙과 대응

02-3 일정한 규칙에 따라 수를 늘어놓았습니다. 처음으로 50보다 큰 수가 놓이는 것은 몇 번째 수
발전   인지 구하세요.

7, 13, 19, 25, 31, ...

(　　　　　)

표를 만들어 두 수 사이의 대응 관계를 찾자.

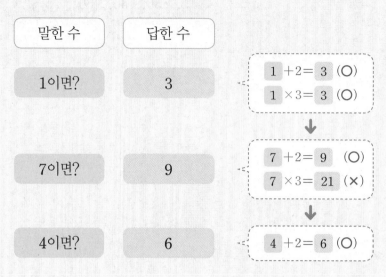

→ 두 수 사이의 대응 관계를 식으로 나타내면 (말한 수)+2=(답한 수)

대표 유형
03

아란이와 준수가 대응 관계 알아맞히기 놀이를 하고 있습니다. 아란이가 6을 말하면 준수는 10이라고 답하고, 아란이가 2를 말하면 준수는 6이라고 답합니다. 또, 아란이가 9를 말하면 준수는 13이라고 답합니다. 아란이가 11을 말하면 준수는 어떤 수를 답해야 할까요?

풀이

❶ 아란이가 말한 수와 준수가 답한 수 사이의 대응 관계를 표로 나타내 봅니다.

아란이가 말한 수	6	2	9	⋯
준수가 답한 수				⋯

❷ 두 수 사이의 대응 관계를 식으로 나타내면 (아란이가 말한 수)+☐=(준수가 답한 수)

❸ 아란이가 11을 말할 때 (준수가 답해야 하는 수)=11+☐=☐

답 _____

예제✔ 유빈이와 대연이가 대응 관계 알아맞히기 놀이를 하고 있습니다. 유빈이가 3을 말하면 대연이는 18이라고 답하고, 유빈이가 7을 말하면 대연이는 42라고 답합니다. 또, 유빈이가 5를 말하면 대연이는 30이라고 답합니다. 유빈이가 15를 말하면 대연이는 어떤 수를 답해야 할까요?

(   )

>> 정답 및 풀이 **22~23**쪽

03-1
변형

라온이와 지우가 수 카드를 사용하여 대응 관계 알아맞히기 놀이를 하고 있습니다. 라온이가 수 카드를 먼저 내면 지우가 대응 관계에 따라 수 카드를 냅니다. 라온이가 10 을 낸다면 지우가 내야 하는 카드의 수는 얼마일까요?

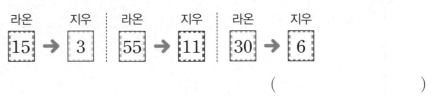

라온		지우	라온		지우	라온		지우
15	→	3	55	→	11	30	→	6

(   )

03-2
변형

하림이와 이준이가 수 카드를 사용하여 대응 관계 알아맞히기 놀이를 하고 있습니다. 하림이가 수 카드를 먼저 내면 이준이가 대응 관계에 따라 수 카드를 냅니다. 하림이가 먼저 어떤 수 카드를 내고 이준이가 10 을 냈다면 하림이가 먼저 낸 카드의 수는 얼마일까요?

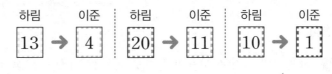

하림		이준	하림		이준	하림		이준
13	→	4	20	→	11	10	→	1

(   )

3
규칙과 대응

03-3
변형

다음과 같이 어떤 상자에 수가 적힌 공을 넣었더니 규칙에 따라 수가 바뀐 공이 나왔습니다. ㉠에 알맞은 수는 얼마일까요?

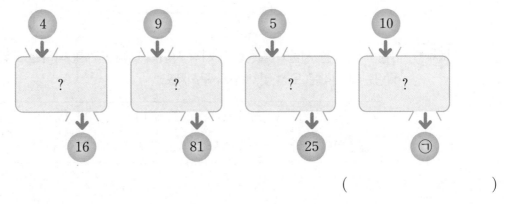

(   )

같은 날 두 도시의 시각 차이는 일정하다.

〈서울〉 2시간 느립니다. 〈방콕〉

오전 10시   오전 8시

2시간 빠릅니다.

→ 서울의 시각과 방콕의 시각은 2시간씩 차이가 납니다.
└ 태국의 수도

대표 유형
04

└ 독일의 수도

11월의 어느 날 서울과 베를린의 시각 사이의 대응 관계를 나타낸 표입니다. 서울이 오후 9시일 때 베를린의 시각은 오후 몇 시인지 구하세요.

서울의 시각	오전 11시	낮 12시	오후 1시	오후 2시	⋯
베를린의 시각	오전 3시	오전 4시	오전 5시	오전 6시	⋯

풀이

❶ 베를린의 시각은 서울의 시각보다 오전 11시─오전 3시=□시간 느립니다.

❷ 서울의 시각과 베를린의 시각 사이의 대응 관계를 식으로 나타내면

(　　　　의 시각)─□=(　　　　의 시각)입니다.

❸ 서울이 오후 9시일 때 베를린의 시각: 오후 9시─□시간=오후 □시

답 _____

┌ 뉴질랜드의 수도

예제 ✓ 8월의 어느 날 서울과 웰링턴의 시각 사이의 대응 관계를 나타낸 표입니다. 서울이 오전 3시일 때 웰링턴의 시각은 오전 몇 시인지 구하세요.

서울의 시각	오전 10시	오전 11시	낮 12시	오후 1시	⋯
웰링턴의 시각	오후 1시	오후 2시	오후 3시	오후 4시	⋯

(　　　　　　　　　　)

▶▶ 정답 및 풀이 23~24쪽

04-1
변형

12월의 어느 날 서울과 런던┌영국의 수도의 시각 사이의 대응 관계를 나타낸 표입니다. 표를 보고 <u>잘못</u> 말한 사람을 찾아 이름을 써 보세요.

서울의 시각	낮 12시	오후 1시	오후 2시	⋯
런던의 시각	오전 3시	오전 4시	오전 5시	⋯

> 승주: 서울의 시각은 런던의 시각보다 9시간 빨라.
> 은우: 서울의 시각과 런던의 시각 사이의 대응 관계를 식으로 나타내면
>   (런던의 시각)-9=(서울의 시각)이야.
> 다영: 런던의 시각이 오후 1시일 때 서울의 시각은 오후 10시야.

(   )

04-2
변형

1월의 어느 날 서울의 시각이 오후 5시일 때 파리┌프랑스의 수도의 시각은 오전 9시입니다. 이날 서울에 사는 서영이가 파리에 있는 친구에게 파리의 시각으로 오후 3시에 전화하려고 합니다. 서영이는 서울의 시각으로 오후 몇 시에 친구에게 전화해야 하는지 구하세요.

(   )

04-3
변형

7월 30일의 서울과 산티아고┌칠레의 수도의 시각 사이의 대응 관계를 나타낸 표입니다. 서울이 7월 30일 오전 7시일 때 산티아고는 몇 월 며칠 오후 몇 시인지 구하세요.

서울의 시각	오후 3시	오후 4시	오후 5시	⋯
산티아고의 시각	오전 2시	오전 3시	오전 4시	⋯

(   )

3

규칙과 대응

도막의 수와 자른 횟수 사이의 대응 관계를 찾자.

유형 솔루션

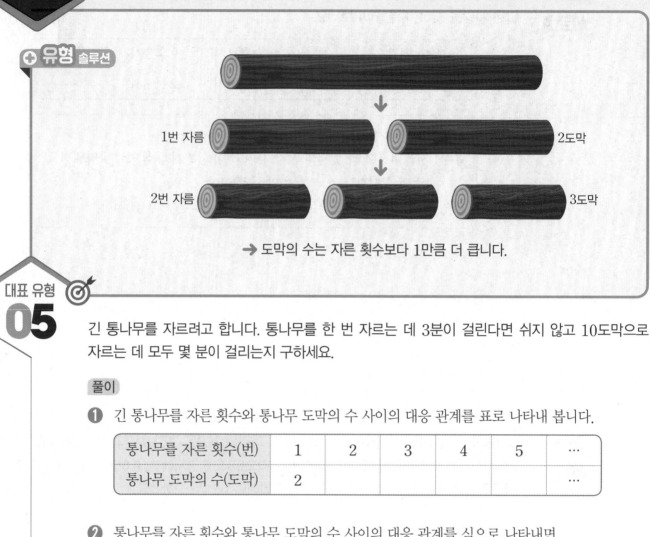

1번 자름   2도막

2번 자름   3도막

→ 도막의 수는 자른 횟수보다 1만큼 더 큽니다.

대표 유형
05

긴 통나무를 자르려고 합니다. 통나무를 한 번 자르는 데 3분이 걸린다면 쉬지 않고 10도막으로 자르는 데 모두 몇 분이 걸리는지 구하세요.

풀이

❶ 긴 통나무를 자른 횟수와 통나무 도막의 수 사이의 대응 관계를 표로 나타내 봅니다.

통나무를 자른 횟수(번)	1	2	3	4	5	⋯
통나무 도막의 수(도막)	2					⋯

❷ 통나무를 자른 횟수와 통나무 도막의 수 사이의 대응 관계를 식으로 나타내면

(   )−1=(   )입니다.

긴 통나무를 10도막으로 자르려면 10−☐=☐(번) 잘라야 합니다.

❸ (10도막으로 자르는 데 걸리는 시간)=(한 번 자르는 데 걸리는 시간)×(통나무를 자른 횟수)

$$=3 \times \boxed{} = \boxed{} (분)$$

답 _____

예제 긴 통나무를 자르려고 합니다. 통나무를 한 번 자르는 데 5분이 걸린다면 쉬지 않고 12도막으로 자르는 데 모두 몇 분이 걸리는지 구하세요.

(   )

05-1
변형

길이가 7 m인 통나무를 1 m씩 잘라 7도막을 만들려고 합니다. 통나무를 한 번 자르는 데 7분이 걸리고, 한 번 자른 후 2분씩 쉰다고 합니다. 표를 완성하고, 이 통나무를 7도막으로 자르는 데 모두 몇 분이 걸리는지 구하세요.

통나무를 자른 횟수(번)	1	2	3	4	5	⋯
통나무 도막의 수(도막)	2	3				⋯

( )

05-2
변형

철사를 다음과 같이 점선을 따라 자르려고 합니다. 표를 완성하고, 철사를 한 번 자르는 데 2분이 걸린다면 쉬지 않고 13도막으로 자르는 데 모두 몇 분이 걸리는지 구하세요.

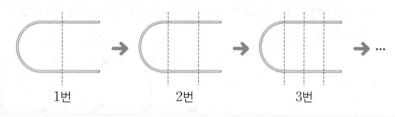

1번   2번   3번

철사를 자른 횟수(번)	1	2	3	4	⋯
철사 도막의 수(도막)	3				⋯

( )

05-3
변형

길이가 15 m인 통나무를 1 m씩 잘라 15도막을 만들려고 합니다. 통나무를 한 번 자르는 데 8분이 걸리고, 한 번 자른 후 3분씩 쉰다고 합니다. 이 통나무를 15도막으로 자르는 데 모두 몇 시간 몇 분이 걸리는지 구하세요.

( )

3

규칙과 대응

도형의 수와 성냥개비 수 사이의 대응 관계를 찾자.

유형 솔루션

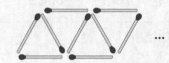

정삼각형의 수(개)	1	2	3	4	…
성냥개비의 수(개)	3	3+2	3+2+2	3+2+2+2	…

$3+2×\underset{1-1}{0}$	$3+2×\underset{2-1}{1}$	$3+2×\underset{3-1}{2}$	$3+2×\underset{4-1}{3}$

정삼각형의 수를 ●, 성냥개비의 수를 ▲라고 할 때, 두 양 사이의 대응 관계를 식으로 나타내면

$$3+2×(●-1)=▲$$

처음 성냥개비의 수 └ └ 일정하게 늘어나는 성냥개비의 수

대표 유형 06

성냥개비로 그림과 같이 정사각형을 만들려고 합니다. 정사각형 15개를 만들려면 성냥개비가 몇 개 필요한지 구하세요.

풀이

❶ 정사각형의 수와 성냥개비의 수 사이의 대응 관계를 표로 나타내 봅니다.

정사각형의 수(개)	1	2	3	4	5	…
성냥개비의 수(개)	4	7				…
식	4+3×0	4+3×1	4+3×2			…

❷ 정사각형의 수를 ●, 성냥개비의 수를 ▲라고 할 때,

두 양 사이의 대응 관계를 식으로 나타내면 $4+\boxed{}×(●-1)=▲$ 입니다.

❸ ●=15이면 $4+\boxed{}×(\boxed{}-1)=▲$, ▲=$\boxed{}$

➡ 성냥개비가 $\boxed{}$개 필요합니다.

답 _____

>> 정답 및 풀이 **25**쪽

예제 성냥개비로 그림과 같이 정오각형을 만들려고 합니다. 정오각형 17개를 만들려면 성냥개비가 몇 개 필요한지 구하세요.

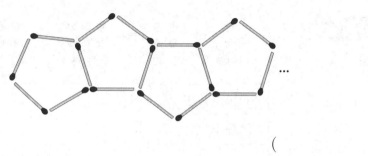

(   )

06-1
변형 성냥개비로 그림과 같이 정육각형을 만들려고 합니다. 정육각형 14개를 만들려면 성냥개비가 몇 개 필요한지 구하세요.

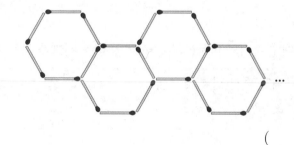

(   )

06-2
발전 성냥개비로 그림과 같이 정삼각형을 만들려고 합니다. 성냥개비 82개로 정삼각형을 몇 개까지 만들 수 있는지 구하세요.

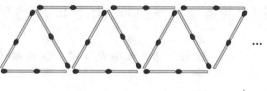

(   )

배열 순서와 바둑돌의 수 사이의 대응 관계를 찾자.

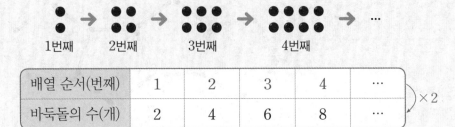

배열 순서(번째)	1	2	3	4	…
바둑돌의 수(개)	2	4	6	8	…

➡ (배열 순서)×2＝(바둑돌의 수)

대표 유형 07

바둑돌의 배열을 보고 20번째에 필요한 바둑돌은 몇 개인지 구하세요.

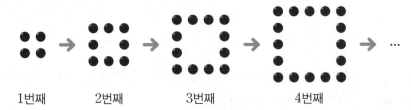

1번째　　2번째　　3번째　　4번째

풀이

❶ 배열 순서와 바둑돌의 수 사이의 대응 관계를 표로 나타내 봅니다.

배열 순서(번째)	1	2	3	4	…
바둑돌의 수(개)	4				…

❷ 배열 순서를 ♥, 바둑돌의 수를 ▲라고 할 때,

두 양 사이의 대응 관계를 식으로 나타내면 ♥× ☐ ＝▲

❸ ♥＝20이면 20× ☐ ＝▲, ▲＝ ☐ ➡ 20번째에 필요한 바둑돌의 수: ☐ 개

답 _____

예제 바둑돌의 배열을 보고 28번째에 필요한 바둑돌은 몇 개인지 구하세요.

1번째　　　2번째　　　3번째　　　4번째

(　　　　　　　)

>> 정답 및 풀이 **25~26**쪽

07-1
변형

흰색 바둑돌과 검은색 바둑돌의 배열을 보고 14번째에 필요한 흰색 바둑돌과 검은색 바둑돌은 각각 몇 개인지 구하세요.

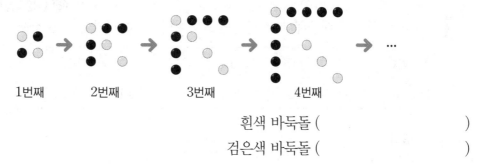

1번째　　2번째　　3번째　　4번째　　…

흰색 바둑돌 (　　　　　　　　　　)

검은색 바둑돌 (　　　　　　　　　　)

07-2
변형

노란색 구슬과 초록색 구슬의 배열을 보고 10번째에 필요한 노란색 구슬과 초록색 구슬의 수의 차는 몇 개인지 구하세요.

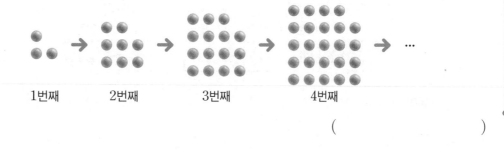

1번째　　2번째　　3번째　　4번째　　…

(　　　　　　　　　　)

07-3
변형

그림과 같이 정삼각형에 같은 간격으로 빨간색 점과 파란색 점을 찍고 있습니다. 20번째 정삼각형에 찍게 되는 빨간색 점과 파란색 점의 수의 차는 몇 개인지 구하세요.

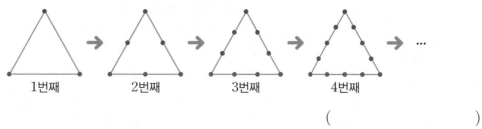

1번째　　2번째　　3번째　　4번째　　…

(　　　　　　　　　　)

규칙과 대응

3

🎯 대표 유형 01

01 ◎와 △ 사이의 대응 관계를 나타낸 표입니다. ㉠÷㉡의 값을 구하세요.

◎	18	45	54	81	㉠	117	…
△	2	5	6	㉡	11	13	…

풀이

답 _____

🎯 대표 유형 03

02 준서가 수 카드를 먼저 내면 민정이가 대응 관계에 따라 수 카드를 냅니다. 준서가 먼저 어떤 수 카드를 내고 민정이가 40 을 냈다면 준서가 먼저 낸 카드의 수는 얼마일까요?

준서   민정   준서   민정   준서   민정

25 → 14   17 → 6   35 → 24

풀이

답 _____

🎯 대표 유형 02

03 일정한 규칙에 따라 수를 늘어놓았습니다. 250에 가장 가까운 수는 몇 번째 수인지 구하세요.

Tip

250과 차가 가장 작은 수가 몇 번째 수인지 구해 봅니다.

8,   15,   22,   29,   36, …

풀이

답 _____

04 바둑돌의 배열을 보고 18번째에 필요한 바둑돌은 몇 개인지 구하세요.

◎ 대표 유형 **07**

Tip

배열 순서가 1씩 커질 때 바둑돌의 수가 ☐개씩 늘어나면 (배열 순서)×☐와 바둑돌의 수를 비교해 봅니다.

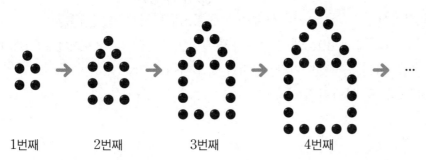

1번째　　　2번째　　　3번째　　　　4번째

풀이

답 _____

3

규칙과 대응

05 성냥개비로 그림과 같이 정육각형을 만들었습니다. 정육각형 16개를 만들려면 성냥개비는 몇 개 필요한지 구하세요.

◎ 대표 유형 **06**

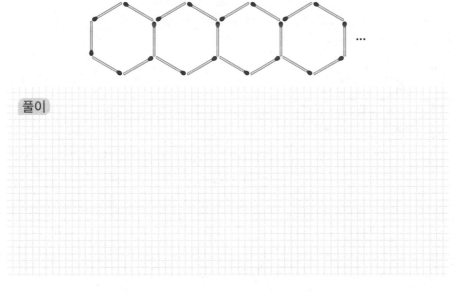

풀이

답 _____

06 _{⌐ 베트남의 수도} ◎ 대표 유형 **04**

어느 날 인천의 시각이 오전 8시일 때 하노이의 시각은 오전 6시입니다. 이날 민지는 인천의 시각으로 오후 1시 30분에 인천에서 출발하여 4시간 30분 동안 비행기를 타고 하노이에 도착했습니다. 민지가 하노이에 도착했을 때 하노이의 시각으로 오후 몇 시인지 구하세요.

Tip
하노이에 도착했을 때 인천의 시각을 먼저 알아봅니다.

풀이

답 _____

07 ◎ 대표 유형 **05**

길이가 9 m인 통나무를 1 m씩 잘라 9도막을 만들려고 합니다. 통나무를 한 번 자르는 데 11분이 걸리고, 한 번 자른 후 5분씩 쉰다고 합니다. 이 통나무를 오후 1시에 자르기 시작했다면 통나무를 다 자르고 난 후의 시각은 오후 몇 시 몇 분인지 구하세요.

Tip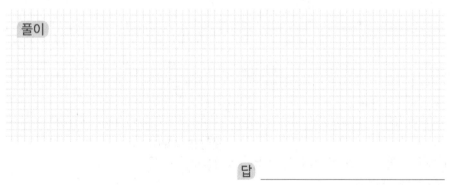
통나무를 자르는 데 걸리는 시간을 먼저 구합니다.

풀이

답 _____

08 ◎ 대표 유형 **06**

성냥개비로 그림과 같이 마름모를 만들려고 합니다. 성냥개비 80개로 마름모를 몇 개까지 만들 수 있는지 구하세요.

풀이

답 _____

09 그림과 같이 정육각형에 같은 간격으로 빨간색 점과 초록색 점을 찍었습니다. 찍은 빨간색 점과 초록색 점의 수의 차가 54개인 정육각형은 몇 번째인지 구하세요.

대표 유형 07

Tip
배열 순서와 두 점의 수의 차 사이의 대응 관계를 알아봅니다.

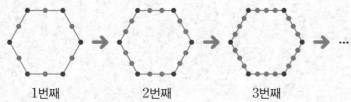

1번째   2번째   3번째

풀이

답 _____

10 철사를 다음과 같이 점선을 따라 자르려고 합니다. 철사를 한 번 자르는 데 4분이 걸린다면 쉬지 않고 25도막으로 자르는 데 모두 몇 분이 걸리는지 구하세요.

대표 유형 05

1번   2번   3번   4번

풀이

답 _____

3

규칙과 대응

4

약분과 통분

크기가 같은 분수, 약분

◗ **크기가 같은 분수 만들기**

① 분모와 분자에 각각 0이 아닌 같은 수를 곱하면 크기가 같은 분수가 됩니다.

② 분모와 분자를 각각 0이 아닌 같은 수로 나누면 크기가 같은 분수가 됩니다.

◗ **약분**

- 약분: 분모와 분자를 공약수로 나누어 간단한 분수로 만드는 것

- 기약분수: 분모와 분자의 공약수가 1뿐인 분수

例 $\dfrac{20}{30}$ 을 기약분수로 나타내기

방법1 분모와 분자의 공약수가 1이 될 때까지 약분하기

$$\dfrac{\overset{10}{\cancel{20}}}{\underset{15}{\cancel{30}}}=\dfrac{\overset{2}{\cancel{10}}}{\underset{3}{\cancel{15}}}=\dfrac{2}{3}$$

방법2 분모와 분자의 최대공약수로 약분하기

30과 20의 최대공약수: 10

$$\dfrac{20}{30}=\dfrac{20\div10}{30\div10}=\dfrac{2}{3}$$

01 ☐ 안에 알맞은 수를 써넣어 크기가 같은 분수를 만들어 보세요.

$$\dfrac{3}{5}=\dfrac{6}{\boxed{}}=\dfrac{\boxed{}}{15}=\dfrac{12}{\boxed{}}$$

02 주어진 분수를 약분하여 모두 써 보세요.

$$\boxed{\dfrac{14}{42}} \rightarrow \underline{\hspace{2cm}},\ \underline{\hspace{2cm}},\ \underline{\hspace{2cm}}$$

03 기약분수로 나타내 보세요.

(1) $\dfrac{3}{15}$ → (   )   (2) $\dfrac{27}{63}$ → (   )

활용 개념 **1** 분수의 등식을 간단한 곱셈식으로 나타내기 [중등 연계]

 → ㉠×㉣=㉢×㉡

참고

$$\frac{㉠}{㉡}=\frac{㉢}{㉣}$$

$$\frac{㉠}{㉡}×(㉡×㉣)=\frac{㉢}{㉣}×(㉡×㉣)$$

$$㉠×㉣=㉢×㉡$$

예 $\dfrac{\square}{24}=\dfrac{2}{3}$ 에서 $\square$ 안에 알맞은 수 구하기

→ $\square×3=2×24$

　$\square×3=48$

　　$\square=16$

04 $\square$ 안에 알맞은 수를 써넣으세요.

(1) $\dfrac{2}{9}=\dfrac{6}{\square}$

(2) $\dfrac{\square}{20}=\dfrac{9}{60}$

활용 개념 **2** 약분이 되는 수 구하기

• 다음이 약분이 되는 진분수일 때, $\square$ 안에 들어갈 수 있는 수 구하기

$\dfrac{\square}{10}=\dfrac{\square}{2×5}$ 이므로 $\square$ 가 2의 배수 또는 5의 배수일 때 약분이 됩니다.

→ $\square=2, 4, 5, 6, 8$

05 다음은 약분이 되는 진분수입니다. $\square$ 안에 들어갈 수 있는 수는 모두 몇 개일까요?

(　　　　　　)

교과서 개념

● 통분: 분수의 분모를 같게 하는 것

● 공통분모: 통분한 분모

예 $\dfrac{3}{4}$과 $\dfrac{1}{6}$을 통분하기

방법1 두 분모의 곱을 공통분모로 하여 통분하기

$$\left(\dfrac{3}{4},\ \dfrac{1}{6}\right) \rightarrow \left(\dfrac{3\times6}{4\times6},\ \dfrac{1\times4}{6\times4}\right) \rightarrow \left(\dfrac{18}{24},\ \dfrac{4}{24}\right)$$

방법2 두 분모의 최소공배수를 공통분모로 하여 통분하기

$$\left(\dfrac{3}{4},\ \dfrac{1}{6}\right) \rightarrow \left(\dfrac{3\times3}{4\times3},\ \dfrac{1\times2}{6\times2}\right) \rightarrow \left(\dfrac{9}{12},\ \dfrac{2}{12}\right)$$

01 $\dfrac{5}{8}$와 $\dfrac{3}{10}$을 두 가지 방법으로 통분해 보세요.

(1) 두 분모의 곱을 공통분모로 하여 통분해 보세요.

$$\left(\dfrac{5}{8},\ \dfrac{3}{10}\right) \rightarrow \left(\dfrac{5\times\boxed{}}{8\times\boxed{}},\ \dfrac{3\times\boxed{}}{10\times\boxed{}}\right) \rightarrow \left(\dfrac{\boxed{}}{\boxed{}},\ \dfrac{\boxed{}}{\boxed{}}\right)$$

(2) 두 분모의 최소공배수를 공통분모로 하여 통분해 보세요.

$$\left(\dfrac{5}{8},\ \dfrac{3}{10}\right) \rightarrow \left(\dfrac{5\times\boxed{}}{8\times\boxed{}},\ \dfrac{3\times\boxed{}}{10\times\boxed{}}\right) \rightarrow \left(\dfrac{\boxed{}}{\boxed{}},\ \dfrac{\boxed{}}{\boxed{}}\right)$$

02 두 분수를 주어진 공통분모로 통분해 보세요.

(1) $\left(\dfrac{4}{5},\ \dfrac{2}{7}\right) \rightarrow \left(\dfrac{\boxed{}}{35},\ \dfrac{\boxed{}}{35}\right)$

(2) $\left(\dfrac{4}{9},\ \dfrac{5}{6}\right) \rightarrow \left(\dfrac{\boxed{}}{36},\ \dfrac{\boxed{}}{36}\right)$

>> 정답 및 풀이 **29**쪽

03 $\frac{1}{8}$과 $\frac{5}{12}$를 통분하려고 합니다. 공통분모가 될 수 있는 수를 가장 작은 수부터 차례대로 3개 써 보세요.

(   )

04 두 분수를 서로 <u>다른</u> 공통분모로 통분해 보세요.

$$\left(\frac{2}{3}, \frac{3}{5} \right) \rightarrow (\quad\quad, \quad\quad), (\quad\quad, \quad\quad), \cdots$$

05 $\frac{9}{14}$와 $\frac{10}{21}$을 통분하려고 합니다. 공통분모가 가장 큰 두 자리 수가 되도록 통분해 보세요.

(,   )

4

약분과 통분

활용 개념 **1** 통분하기 전의 두 기약분수 구하기

| 통분하기 전의 두 기약분수 구하기 | → | 각각의 분수를 분모와 분자의 최대공약수로 약분하기 |

예 $\frac{32}{56}$와 $\frac{49}{56}$를 통분하기 전의 두 기약분수 구하기

$$\left(\frac{32}{56}, \frac{49}{56} \right) \rightarrow \left(\frac{32 \div 8}{56 \div 8}, \frac{49 \div 7}{56 \div 7} \right) \rightarrow \left(\frac{4}{7}, \frac{7}{8} \right)$$

56과 32의 최대공약수 ┘   └ 56과 49의 최대공약수

06 어떤 두 기약분수를 통분하였습니다. 통분하기 전의 두 분수를 구하세요.

$$\left(\frac{21}{60}, \frac{22}{60} \right)$$

(,   )

분수의 크기 비교, 분수와 소수의 크기 비교

교과서 개념

○ 두 분수의 크기 비교

예 $\dfrac{2}{5}$와 $\dfrac{3}{4}$의 크기 비교

$\left(\dfrac{2}{5},\dfrac{3}{4}\right) \overset{\text{통분}}{\rightarrow} \left(\dfrac{8}{20},\dfrac{15}{20}\right) \rightarrow \dfrac{8}{20} < \dfrac{15}{20}$이므로 $\dfrac{2}{5} < \dfrac{3}{4}$

○ 분수와 소수의 크기 비교

예 $\dfrac{4}{5}$와 0.7의 크기 비교

방법1 분수를 소수로 나타내 크기 비교하기

$\dfrac{4}{5} = \dfrac{8}{10} = 0.8$이므로 $0.8 > 0.7$ → $\dfrac{4}{5} > 0.7$

방법2 소수를 분수로 나타내 크기 비교하기

$\dfrac{4}{5} = \dfrac{8}{10}$, $0.7 = \dfrac{7}{10}$이므로 $\dfrac{8}{10} > \dfrac{7}{10}$ → $\dfrac{4}{5} > 0.7$

---

01 분수의 크기를 비교하여 ○ 안에 >, =, <를 알맞게 써넣으세요.

(1) $\dfrac{5}{6}$ ◯ $\dfrac{7}{10}$

(2) $\dfrac{4}{9}$ ◯ $\dfrac{7}{15}$

02 분수와 소수의 크기를 비교하여 더 큰 수에 ○표 하세요.

(1)

0.25	$\dfrac{13}{50}$

(2)

$1\dfrac{17}{20}$	1.9

03 세 분수의 크기를 비교하여 ☐ 안에 알맞은 수를 써넣으세요.

$\left(\dfrac{5}{8},\dfrac{3}{10},\dfrac{7}{12}\right)$ → ☐ > ☐ > ☐

>> 정답 및 풀이 **29**쪽

활용 개념 1 $\dfrac{1}{2}$ 을 이용한 분수의 크기 비교

> - (분자) $\times 2 >$ (분모)이면 $\dfrac{1}{2}$ 보다 큽니다.
> - (분자) $\times 2 <$ (분모)이면 $\dfrac{1}{2}$ 보다 작습니다.

(예) $\dfrac{2}{3} \xrightarrow{\times 2} 4 > 3$ 이므로 $\dfrac{2}{3} > \dfrac{1}{2}$ $\dfrac{4}{9} \xrightarrow{\times 2} 8 < 9$ 이므로 $\dfrac{4}{9} < \dfrac{1}{2}$

04 $\dfrac{1}{2}$ 보다 큰 분수를 모두 찾아 써 보세요.

$$\dfrac{3}{5} \qquad \dfrac{4}{11} \qquad \dfrac{5}{8} \qquad \dfrac{3}{7}$$

(   )

활용 개념 2 분모와 분자의 차가 같은 분수의 크기 비교

> 분모와 분자의 차가 같은 진분수는 분모가 클수록 큽니다.

(예) $\dfrac{2}{3},\ \dfrac{3}{4},\ \dfrac{4}{5}$ 의 크기 비교하기

$$\left(\dfrac{2}{3},\ \dfrac{3}{4},\ \dfrac{4}{5}\right) \rightarrow \left(1 - \dfrac{1}{3},\ 1 - \dfrac{1}{4},\ 1 - \dfrac{1}{5}\right)$$

1에서 빼는 수가 작을수록 큰 수예요.

$$\rightarrow \dfrac{1}{3} > \dfrac{1}{4} > \dfrac{1}{5} \text{이므로} \ \dfrac{2}{3} < \dfrac{3}{4} < \dfrac{4}{5}$$

05 세 분수의 크기를 비교하여 큰 수부터 차례대로 기호를 써 보세요.

$$\bigcirc\ \dfrac{5}{6} \qquad \bigcirc\ \dfrac{11}{12} \qquad \bigcirc\ \dfrac{9}{10}$$

(   )

4

약분과 통분

통분을 하여 두 수 사이의 분수를 구하자.

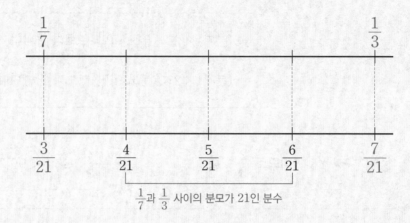

$\dfrac{1}{7}$과 $\dfrac{1}{3}$ 사이의 분모가 21인 분수

대표 유형 01

$\dfrac{1}{4}$보다 크고 $\dfrac{2}{5}$보다 작은 분수 중에서 분모가 20인 분수를 모두 구하세요.

풀이

❶ 분모가 20인 분수를 $\dfrac{\blacksquare}{20}$라 하고 $\dfrac{1}{4}$과 $\dfrac{2}{5}$를 분모가 20인 분수로 통분합니다.

$$\dfrac{1}{4} < \dfrac{\blacksquare}{20} < \dfrac{2}{5}$$

$$\dfrac{\boxed{}}{20} < \dfrac{\blacksquare}{20} < \dfrac{\boxed{}}{20} \rightarrow \blacksquare = \boxed{}, \boxed{}$$

❷ 구하려는 분수: $\dfrac{\boxed{}}{20}$, $\dfrac{\boxed{}}{20}$

답 _____

예제✔ $\dfrac{2}{3}$보다 크고 $\dfrac{7}{8}$보다 작은 분수 중에서 분모가 24인 분수를 모두 구하세요.

( )

>> 정답 및 풀이 **29~30**쪽

01-1
변형
$\dfrac{3}{10}$보다 크고 $\dfrac{7}{15}$보다 작은 분수 중에서 분모가 30인 분수는 모두 몇 개일까요?

( )

01-2
변형
$\dfrac{8}{15}$보다 크고 $\dfrac{8}{9}$보다 작은 분수 중에서 분모가 45인 가장 큰 기약분수를 구하세요.

( )

01-3
변형
$\dfrac{2}{9}$보다 크고 $\dfrac{5}{12}$보다 작은 분수 중에서 분모가 36인 기약분수를 모두 구하세요.

( )

01-4
발전
조건 을 만족하는 분수는 모두 몇 개일까요?

조건
- $\dfrac{3}{5}$과 $\dfrac{3}{4}$ 사이에 있는 수입니다.
- 분모가 60인 기약분수입니다.

( )

분모와 분자를 각각 ●배 하면 합(차)도 ●배가 된다.

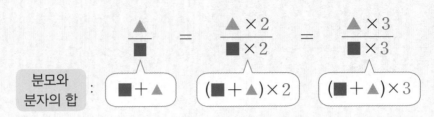

유형 솔루션

$$\frac{\blacktriangle}{\blacksquare} = \frac{\blacktriangle \times 2}{\blacksquare \times 2} = \frac{\blacktriangle \times 3}{\blacksquare \times 3}$$

분모와 분자의 합 : $\boxed{\blacksquare + \blacktriangle}$ $\boxed{(\blacksquare + \blacktriangle) \times 2}$ $\boxed{(\blacksquare + \blacktriangle) \times 3}$

대표 유형 02

분모와 분자의 합이 96이고, 기약분수로 나타내면 $\frac{3}{5}$이 되는 분수를 구하세요.

풀이

❶ $\frac{3}{5}$의 분모와 분자의 합: $5 + \boxed{} = \boxed{}$

❷ 96은 $\frac{3}{5}$의 분모와 분자의 합의 $96 \div (5 + 3) = \boxed{}$(배)

❸ 구하려는 분수: $\dfrac{3 \times \boxed{}}{5 \times \boxed{}} = \dfrac{\boxed{}}{\boxed{}}$

답 _____

예제 분모와 분자의 합이 132이고, 기약분수로 나타내면 $\frac{5}{7}$가 되는 분수를 구하세요.

(   )

02-1 분모와 분자의 차가 45이고, 기약분수로 나타내면 $\dfrac{3}{8}$이 되는 분수를 구하세요.
변형

(   )

02-2 분모와 분자의 차가 52이고, 소수로 나타내면 0.35가 되는 분수를 구하세요.
변형

(   )

02-3 분모와 분자의 곱이 750이고, 기약분수로 나타내면 $\dfrac{5}{6}$가 되는 분수를 구하세요.
변형

(   )

02-4 **조건** 을 모두 만족하는 분수를 구하세요.
발전

> **조건**
> • 분모와 분자의 최소공배수는 120입니다.
> • 기약분수로 나타내면 $\dfrac{4}{5}$입니다.

(   )

분자를 같게 하여 분수의 크기를 비교하자.

유형 솔루션

$$\frac{3}{5} < \frac{2}{\square} \quad \xrightarrow{\text{분자를 같게 만들기}} \quad \frac{6}{10} < \frac{6}{\square \times 3}$$

→ 분자가 같을 경우 분모가 작을수록 큰 수이므로

분모의 크기를 비교하면 $\square \times 3 < 10$

대표 유형 03

■에 들어갈 수 있는 자연수 중에서 가장 큰 수를 구하세요.

$$\frac{2}{3} < \frac{5}{\blacksquare}$$

풀이

❶ 분자 2와 5의 최소공배수인 10으로 분자를 같게 만듭니다.

$$\frac{2}{3} < \frac{5}{\blacksquare} \;\rightarrow\; \frac{2 \times 5}{3 \times \square} < \frac{5 \times 2}{\blacksquare \times \square} \;\rightarrow\; \frac{10}{\square} < \frac{10}{\blacksquare \times \square}$$

❷ 분자가 같을 경우 분모가 작을수록 큰 수이므로

분모의 크기를 비교하면 $\blacksquare \times 2 < \boxed{}$ 입니다.

❸ ■에 들어갈 수 있는 자연수 중에서 가장 큰 수: $\boxed{}$

답 _____

예제 ☐ 안에 들어갈 수 있는 자연수 중에서 가장 작은 수를 구하세요.

$$\frac{5}{11} > \frac{3}{\square}$$

( )

≫ 정답 및 풀이 31~32쪽

03-1
변형

☐ 안에 들어갈 수 있는 자연수 중에서 가장 큰 수를 구하세요.

$$\frac{7}{20} < \frac{2}{\square} < 1$$

( )

03-2
변형

☐ 안에 들어갈 수 있는 자연수는 모두 몇 개일까요?

$$\frac{5}{6} > \frac{6}{\square} > \frac{10}{21}$$

( )

03-3
발전

☐ 안에 공통으로 들어갈 수 있는 자연수를 모두 구하세요.

$$\frac{4}{\square} < \frac{8}{9}, \ \frac{3}{\square} > \frac{5}{11}$$

( )

큰 분수를 만들어 크기를 비교하자.

유형 솔루션

• 수 카드 $\boxed{1}$, $\boxed{2}$, $\boxed{3}$, $\boxed{4}$ 중 2장을 골라 한 번씩 사용하여 가장 큰 진분수 만들기

만들 수 있는

┌ 분모가 2인 가장 큰 진분수: $\dfrac{1}{2}$

├ 분모가 3인 가장 큰 진분수: $\dfrac{2}{3}$ →

└ 분모가 4인 가장 큰 진분수: $\dfrac{3}{4}$

크기 비교

$\dfrac{3}{4} > \dfrac{2}{3} > \dfrac{1}{2}$

└→ 가장 큰 진분수

대표 유형 04

4장의 수 카드 중에서 2장을 골라 한 번씩 사용하여 만들 수 있는 가장 큰 진분수를 구하세요.

$\boxed{3}$ $\boxed{4}$ $\boxed{5}$ $\boxed{8}$

풀이

❶ 만들 수 있는

┌ 분모가 4인 가장 큰 진분수: $\dfrac{\Box}{4}$

├ 분모가 5인 가장 큰 진분수: $\dfrac{\Box}{5}$

└ 분모가 8인 가장 큰 진분수: $\dfrac{\Box}{8}$

❷ ❶에서 만든 분수의 크기를 비교하면 $\boxed{}$ > $\boxed{}$ > $\boxed{}$

❸ 만들 수 있는 가장 큰 진분수: $\dfrac{\Box}{\Box}$

답 _____

>> 정답 및 풀이 **32~33**쪽

예제 ✔ 4장의 수 카드 중에서 2장을 골라 한 번씩 사용하여 만들 수 있는 가장 큰 진분수를 구하세요.

[2] [3] [6] [8]

(   )

04-1
변형 4장의 수 카드 중에서 3장을 골라 한 번씩 사용하여 만들 수 있는 가장 큰 대분수를 구하세요.

[2] [4] [5] [9]

(   )

04-2
발전 4장의 수 카드 중에서 2장을 골라 한 번씩 사용하여 진분수를 만들려고 합니다. 만들 수 있는 수 중 가장 큰 수를 소수로 나타내 보세요.

[1] [2] [7] [8]

(   )

04-3
발전 4장의 수 카드 중에서 2장을 골라 한 번씩 사용하여 가분수를 만들려고 합니다. 만들 수 있는 수 중 가장 작은 수를 소수로 나타내 보세요.

[4] [5] [8] [9]

(   )

4

약분과 통분

계산한 방법과 순서를 거꾸로 하여 처음 수를 구하자.

⊕ 유형 솔루션

• 처음 수 구하기

처음 수

$$A \underset{\text{분모에서 2를 빼기}}{\overset{\text{분모에 2를 더하기}}{\rightleftarrows}} B \underset{\substack{\text{분모와 분자에 각각} \\ \text{3을 곱하기}}}{\overset{\text{3으로 약분하기}}{\rightleftarrows}} \dfrac{1}{3}$$

① B 구하기: $\dfrac{1 \times 3}{3 \times 3} = \dfrac{3}{9}$

② A(처음 수) 구하기: $\dfrac{3}{9-2} = \dfrac{3}{7}$

대표 유형 05

어떤 분수의 분모에 3을 더하고, 5로 약분하였더니 $\dfrac{3}{4}$이 되었습니다. 처음 분수를 구하세요.

풀이

❶ 5로 약분하기 전의 분수: $\dfrac{3 \times 5}{4 \times 5} = \dfrac{\boxed{}}{\boxed{}}$

❷ 분모에 3을 더하기 전의 분수: $\dfrac{\boxed{}}{\boxed{}-3} = \dfrac{\boxed{}}{\boxed{}}$

❸ 처음 분수: $\dfrac{\boxed{}}{\boxed{}}$

답 _____

예제✓ 어떤 분수의 분자에서 6을 빼고, 4로 약분하였더니 $\dfrac{4}{9}$가 되었습니다. 처음 분수를 구하세요.

(   )

>> 정답 및 풀이 33~34쪽

05-1 어떤 분수의 분모와 분자에 각각 7을 더하고, 6으로 약분하였더니 $\dfrac{3}{10}$이 되었습니다. 처음
분수를 구하세요.

( )

05-2 $\dfrac{\text{ⓛ}-3}{\text{㉠}+8}$을 5로 약분하였더니 $\dfrac{4}{11}$가 되었습니다. $\dfrac{\text{ⓛ}}{\text{㉠}}$을 구하세요.

( )

05-3 어떤 분수의 분모에서 4를 빼고 분자에 2를 더한 다음 3으로 약분하였더니 $\dfrac{5}{7}$가 되었습니다.
처음 분수를 구하세요.

( )

05-4 분모가 38인 분수의 분모와 분자에서 각각 3을 빼고, 기약분수로 나타내었더니 $\dfrac{4}{5}$가 되었습니다. 처음 분수를 구하세요.

( )

분모와 분자의 차가 같은 수를 찾자.

$$\frac{\bigcirc+1}{\bigcirc+4}=\frac{2}{3}$$

$$\frac{\bigcirc+1}{\bigcirc+4} = \frac{2}{3} = \frac{4}{6} = \frac{6}{9} = \cdots$$

$3-2=1$ $6-4=2$

$9-6=3$

분모와 분자의 차

$(\bigcirc+4)-(\bigcirc+1)=3$

→ $\frac{\bigcirc+1}{\bigcirc+4}=\frac{6}{9}$ 이므로 $\bigcirc=5$

대표 유형 06

식을 만족하는 ㈀에 알맞은 수를 구하세요.

$$\frac{\bigcirc+2}{\bigcirc+10}=\frac{5}{9}$$

풀이

❶ $\frac{\bigcirc+2}{\bigcirc+10}$ 에서 (분모와 분자의 차)$=10-2=\boxed{}$

❷ $\frac{5}{9}$ 와 크기가 같은 분수: $\frac{5}{9}=\frac{\boxed{}}{18}=\frac{\boxed{}}{27}=\cdots$

→ 이 중에서 분모와 분자의 차가 $\boxed{}$ 인 분수: $\frac{\boxed{}}{\boxed{}}$

❸ $\frac{\bigcirc+2}{\bigcirc+10}=\frac{\boxed{}}{18}$ 이므로 $\bigcirc=\boxed{}$

답 _____

예제 식을 만족하는 ㈀에 알맞은 수를 구하세요.

$$\frac{\bigcirc+3}{\bigcirc+15}=\frac{2}{5}$$

(   )

06-1
변형

식을 만족하는 ㉠에 알맞은 수를 구하세요.

$$\frac{㉠-3}{㉠+3}=\frac{4}{7}$$

(   )

06-2
변형

$\frac{27}{39}$의 분모와 분자에 각각 같은 수를 더하여 $\frac{3}{4}$과 크기가 같은 분수를 만들었습니다. 분모와 분자에 각각 얼마를 더한 것일까요?

(   )

4

약분과 통분

06-3
발전

두 식을 만족하는 ㉠과 ㉡에 알맞은 수를 각각 구하세요.

$$\frac{㉡}{㉠+2}=\frac{1}{4}, \quad \frac{㉡}{㉠+7}=\frac{1}{5}$$

㉠ (   )

㉡ (   )

분모와 분자에 1이외의 공약수가 있으면 약분이 된다.

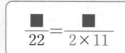 유형 솔루션

• 분모가 22인 분수 중 약분이 되는 분수 알아보기

$$\frac{\blacksquare}{22} = \frac{\blacksquare}{2 \times 11}$$ ➡ ■는 2의 배수 또는 11의 배수일 때 약분 가능

대표 유형
07

분모가 77인 진분수 중에서 약분이 되는 분수는 모두 몇 개일까요?

$$\frac{1}{77}, \frac{2}{77}, \frac{3}{77}, \cdots, \frac{75}{77}, \frac{76}{77}$$

풀이

❶ $77 = 7 \times$ ☐ 이므로 분자가 7의 배수 또는 ☐ 의 배수일 때 약분이 됩니다.

❷ 1부터 76까지의 수 중 7의 배수의 개수: $76 \div 7 =$ ☐ $\cdots$ ☐ ➡ ☐ 개

❸ 1부터 76까지의 수 중 11의 배수의 개수: $76 \div 11 =$ ☐ $\cdots$ ☐ ➡ ☐ 개

❹ (약분이 되는 분수의 개수)= ☐ + ☐ = ☐ (개)

답 _____

예제✔ 분모가 65인 진분수 중에서 약분이 되는 분수는 모두 몇 개일까요?

$$\frac{1}{65}, \frac{2}{65}, \frac{3}{65}, \cdots, \frac{63}{65}, \frac{64}{65}$$

( )

>> 정답 및 풀이 **35**쪽

07-1

🔔 변형

분모가 75인 진분수 중에서 약분이 되는 분수는 모두 몇 개일까요?

$$\frac{1}{75}, \frac{2}{75}, \frac{3}{75}, \cdots, \frac{73}{75}, \frac{74}{75}$$

(   )

07-2

🔔 변형

분모가 91인 진분수 중에서 기약분수는 모두 몇 개일까요?

$$\frac{1}{91}, \frac{2}{91}, \frac{3}{91}, \cdots, \frac{89}{91}, \frac{90}{91}$$

(   )

07-3

🔔 발전

조건 을 만족하는 기약분수는 모두 몇 개일까요?

조건
• 분모가 169인 진분수입니다.
• 분자가 세 자리 수입니다.

(   )

01 🎯 대표 유형 01

$\dfrac{3}{4}$보다 크고 0.9보다 작은 분수 중에서 분모가 20인 분수를 모두 구하세요.

Tip 🔼

먼저 $\dfrac{3}{4}$과 0.9를 분모가 20인 분수로 만듭니다.

풀이

답 _____

02 🎯 대표 유형 06

$\dfrac{5}{11}$의 분자에 25를 더했을 때 분수의 크기가 변하지 않으려면 분모에 얼마를 더해야 하는지 구하세요.

풀이

답 _____

03 🎯 대표 유형 03

☐ 안에 들어갈 수 있는 자연수 중에서 가장 작은 수를 구하세요.

$$\dfrac{7}{9} > \dfrac{3}{\square}$$

풀이

답 _____

>> 정답 및 풀이 **36**쪽

04 분모와 분자의 합이 84이고, 소수로 나타내면 0.75가 되는 분수를 구하세요.

🎯 대표 유형 **02**

Tip

먼저 0.75를 분수로 나타냅니다.

풀이

답 _____

05 조건 을 만족하는 분수는 모두 몇 개일까요?

🎯 대표 유형 **01**

조건
- $\dfrac{5}{8}$와 $\dfrac{5}{6}$ 사이에 있는 수입니다.
- 분모가 48인 기약분수입니다.

풀이

답 _____

4

약분과 통분

06 4장의 수 카드 중에서 3장을 골라 한 번씩 사용하여 만들 수 있는 가장 큰 대분수를 구하세요.

🎯 대표 유형 **04**

| 3 | 5 | 6 | 8 |

Tip

가장 큰 대분수 만들기
➡ 자연수 부분에 가장 큰 수를 놓아야 합니다.

풀이

답 _____

🎯 대표 유형 03

07 ☐안에 들어갈 수 있는 자연수를 모두 구하세요.

$$\frac{4}{5} > \frac{5}{\square} > \frac{10}{17}$$

Tip🔼

분자를 같게 하여 분모의 크기를 비교합니다.

풀이

답 _____

🎯 대표 유형 05

08 어떤 분수의 분모와 분자에 각각 6을 더하고, 3으로 약분하였더니 $\frac{7}{9}$이 되었습니다. 처음 분수를 구하세요.

풀이

답 _____

🎯 대표 유형 07

09 분모가 81인 진분수 중에서 기약분수로 나타내면 단위분수가 되는 모든 분수들의 합을 구하세요.

$$\frac{1}{81}, \frac{2}{81}, \frac{3}{81}, \cdots, \frac{79}{81}, \frac{80}{81}$$

Tip🔼

단위분수: 분자가 1인 분수

풀이

답 _____

10 4장의 수 카드 중에서 2장을 골라 한 번씩 사용하여 진분수를 만들려고 합니다. 만들 수 있는 수 중에서 $\frac{1}{2}$보다 큰 수를 모두 구하세요.

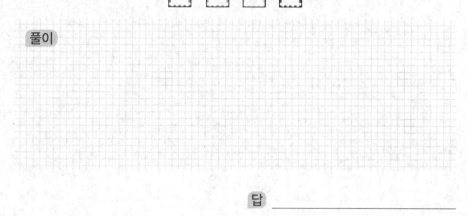

🎯 대표 유형 **04**

Tip 👆
(분자)×2>(분모)이면 $\frac{1}{2}$보다 큽니다.

풀이

답 _____

11 두 식을 만족하는 ㉠과 ㉡에 알맞은 수를 각각 구하세요.

🎯 대표 유형 **06**

$$\frac{㉡}{㉠+2}=\frac{2}{3}, \ \frac{㉡}{㉠+12}=\frac{2}{5}$$

Tip 👆
$\frac{2}{3}$, $\frac{2}{5}$와 크기가 같은 분수 중에서 조건에 맞는 수를 찾습니다.

풀이

답 ㉠: _____, ㉡: _____

12 식을 만족하는 ㉠과 ㉡에 알맞은 수 중 가장 작은 자연수를 각각 구하세요.

🎯 대표 유형 **06**

$$\frac{㉡}{㉠×㉠}=\frac{1}{60}$$

풀이

답 ㉠: _____, ㉡: _____

4
약분과 통분

5
분수의 덧셈과 뺄셈

활용 개념 분수의 덧셈

◉ **분모가 다른 진분수의 덧셈**

· $\dfrac{3}{4}+\dfrac{5}{6}$의 계산

방법1 두 분모의 곱을 공통분모로 하여 통분한 후 계산하기

$$\dfrac{3}{4}+\dfrac{5}{6}=\dfrac{3\times6}{4\times6}+\dfrac{5\times4}{6\times4}=\dfrac{18}{24}+\dfrac{20}{24}=\dfrac{38}{24}=1\dfrac{\overset{7}{\cancel{14}}}{\underset{12}{\cancel{24}}}=1\dfrac{7}{12}$$

방법2 두 분모의 최소공배수를 공통분모로 하여 통분한 후 계산하기

$$\dfrac{3}{4}+\dfrac{5}{6}=\dfrac{3\times3}{4\times3}+\dfrac{5\times2}{6\times2}=\dfrac{9}{12}+\dfrac{10}{12}=\dfrac{19}{12}=1\dfrac{7}{12}$$

◉ **분모가 다른 대분수의 덧셈**

· $1\dfrac{3}{4}+1\dfrac{1}{3}$의 계산

방법1 자연수는 자연수끼리, 분수는 분수끼리 계산하기

$$1\dfrac{3}{4}+1\dfrac{1}{3}=1\dfrac{9}{12}+1\dfrac{4}{12}=(1+1)+\left(\dfrac{9}{12}+\dfrac{4}{12}\right)=2+\dfrac{13}{12}=2+1\dfrac{1}{12}=3\dfrac{1}{12}$$

방법2 대분수를 가분수로 나타내 계산하기

$$1\dfrac{3}{4}+1\dfrac{1}{3}=\dfrac{7}{4}+\dfrac{4}{3}=\dfrac{21}{12}+\dfrac{16}{12}=\dfrac{37}{12}=3\dfrac{1}{12}$$

01 계산해 보세요.

(1) $\dfrac{2}{5}+\dfrac{1}{4}$

(2) $\dfrac{1}{5}+\dfrac{6}{7}$

(3) $2\dfrac{1}{4}+1\dfrac{5}{6}$

02 두 수의 합을 구하세요.

(1)

| $\dfrac{1}{6}$ | $\dfrac{8}{9}$ |

(   )

(2)

| $4\dfrac{1}{2}$ | $1\dfrac{3}{5}$ |

(   )

03 계산 결과를 비교하여 ○ 안에 >, =, <를 알맞게 써넣으세요.

(1) $\dfrac{7}{15} + \dfrac{4}{5}$ ◯ $1\dfrac{2}{15}$

(2) $1\dfrac{1}{2} + 3\dfrac{4}{7}$ ◯ $5\dfrac{3}{14}$

04 집에서 도서관까지의 거리는 $1\dfrac{7}{8}$ km, 도서관에서 학교까지의 거리는 $\dfrac{5}{12}$ km입니다. 집에서 도서관을 지나 학교까지 가는 전체 거리는 몇 km일까요?

(   )

5
분수의 덧셈과 뺄셈

활용 개념 **1** ☐ 안에 알맞은 수 구하기

☐ − ㉠ = ㉡ ➡ ☐ = ㉡ + ㉠

예 ☐ $- \dfrac{5}{6} = \dfrac{14}{15}$

➡ ☐ $= \dfrac{14}{15} + \dfrac{5}{6} = \dfrac{28}{30} + \dfrac{25}{30} = \dfrac{53}{30} = 1\dfrac{23}{30}$

05 빈 곳에 알맞은 수를 써넣으세요.

(1)

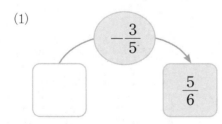

(2)

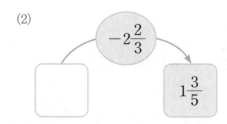

 교과서 개념

● 분모가 다른 진분수의 뺄셈

· $\dfrac{11}{12} - \dfrac{3}{4}$ 의 계산

방법1 두 분모의 곱을 공통분모로 하여 통분한 후 계산하기

$$\dfrac{11}{12} - \dfrac{3}{4} = \dfrac{11 \times 4}{12 \times 4} - \dfrac{3 \times 12}{4 \times 12} = \dfrac{44}{48} - \dfrac{36}{48} = \dfrac{\overset{1}{\cancel{8}}}{\underset{6}{\cancel{48}}} = \dfrac{1}{6}$$

방법2 두 분모의 최소공배수를 공통분모로 하여 통분한 후 계산하기

$$\dfrac{11}{12} - \dfrac{3}{4} = \dfrac{11}{12} - \dfrac{3 \times 3}{4 \times 3} = \dfrac{11}{12} - \dfrac{9}{12} = \dfrac{\overset{1}{\cancel{2}}}{\underset{6}{\cancel{12}}} = \dfrac{1}{6}$$

● 분모가 다른 대분수의 뺄셈

· $4\dfrac{1}{2} - 1\dfrac{3}{5}$ 의 계산

방법1 자연수는 자연수끼리, 분수는 분수끼리 계산하기

$$4\dfrac{1}{2} - 1\dfrac{3}{5} = 4\dfrac{5}{10} - 1\dfrac{6}{10} = 3\dfrac{15}{10} - 1\dfrac{6}{10} = (3-1) + \left(\dfrac{15}{10} - \dfrac{6}{10}\right) = 2 + \dfrac{9}{10} = 2\dfrac{9}{10}$$

자연수 부분에서 1을 받아내림하기

방법2 대분수를 가분수로 나타내 계산하기

$$4\dfrac{1}{2} - 1\dfrac{3}{5} = \dfrac{9}{2} - \dfrac{8}{5} = \dfrac{45}{10} - \dfrac{16}{10} = \dfrac{29}{10} = 2\dfrac{9}{10}$$

01 계산해 보세요.

(1) $\dfrac{6}{7} - \dfrac{2}{3}$

(2) $3\dfrac{8}{9} - 1\dfrac{7}{12}$

(3) $4\dfrac{1}{5} - 2\dfrac{7}{10}$

02 두 수의 차를 구하세요.

(1)
| $\dfrac{3}{4}$ | $\dfrac{9}{10}$ |

(　　　　　　　)

(2)
| $5\dfrac{3}{4}$ | $3\dfrac{2}{3}$ |

(　　　　　　　)

03 잘못 계산한 곳을 찾아 바르게 계산해 보세요.

$$2\frac{5}{12}-1\frac{1}{3}=2\frac{5}{12}-1\frac{4}{12}$$
$$=(2-1)-\left(\frac{5}{12}-\frac{4}{12}\right)$$
$$=1-\frac{1}{12}=\frac{11}{12}$$

→

$$2\frac{5}{12}-1\frac{1}{3}$$

04 주아는 우유 $1\frac{4}{9}$ L 중에서 $\frac{1}{4}$ L를 마셨습니다. 남은 우유의 양은 몇 L일까요?

(   )

활용 개념 1 ☐ 안에 알맞은 수 구하기

$$\boxed{}+㉠=㉡ \rightarrow \boxed{}=㉡-㉠$$

$$㉢-\boxed{}=㉣ \rightarrow \boxed{}=㉢-㉣$$

예 $\boxed{}+1\frac{11}{15}=2\frac{3}{10}$

→ $\boxed{}=2\frac{3}{10}-1\frac{11}{15}$
$=2\frac{9}{30}-1\frac{22}{30}$
$=1\frac{39}{30}-1\frac{22}{30}=\frac{17}{30}$

예 $2\frac{3}{5}-\boxed{}=1\frac{7}{20}$

→ $\boxed{}=2\frac{3}{5}-1\frac{7}{20}$
$=2\frac{12}{20}-1\frac{7}{20}$
$=1\frac{5}{20}=1\frac{1}{4}$

05 ☐ 안에 알맞은 수를 써넣으세요.

(1) $\boxed{}+\frac{3}{4}=\frac{5}{6}$

(2) $4\frac{1}{2}-\boxed{}=1\frac{2}{7}$

모든 변의 길이를 더하자.

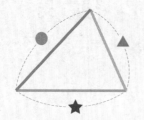

(삼각형의 세 변의 길이의 합)

(삼각형의 세 변의 길이의 합)=●+★+▲

대표 유형 01

오른쪽 삼각형의 세 변의 길이의 합은 몇 m인지 구하세요.

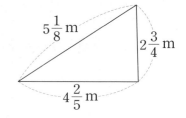

$5\frac{1}{8}$ m

$2\frac{3}{4}$ m

$4\frac{2}{5}$ m

풀이

❶ 삼각형의 세 변의 길이의 합은 $5\dfrac{\square}{8}+4\dfrac{2}{5}+2\dfrac{\square}{4}$ (m)입니다.

❷ (삼각형의 세 변의 길이의 합)

$=5\dfrac{\square}{8}+4\dfrac{2}{5}+2\dfrac{\square}{4}=5\dfrac{\square}{40}+4\dfrac{\square}{40}+2\dfrac{\square}{40}$

$=11\dfrac{\square}{40}=12\dfrac{\square}{40}$ (m)

답 _____

예제 ✔ 오른쪽 직사각형의 네 변의 길이의 합은 몇 m인지 구하세요.

$\dfrac{5}{6}$ m

$\dfrac{3}{4}$ m

(   )

>> 정답 및 풀이 **38~39**쪽

01-1
변형
삼각형의 세 변의 길이의 합이 $4\frac{13}{20}$ m일 때, ⬜ 안에 알맞은 수를 구하세요.

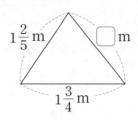

(   )

01-2
변형
사각형의 네 변의 길이의 합이 $1\frac{27}{40}$ m일 때, ⬜ 안에 알맞은 수를 구하세요.

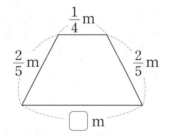

(   )

01-3
변형
이등변삼각형의 세 변의 길이의 합이 $11\frac{5}{12}$ m입니다. 이 삼각형의 한 변의 길이가 $4\frac{3}{8}$ m 라고 할 때 ⬜ 안에 알맞은 수를 구하세요.

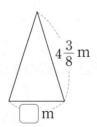

(   )

통분한 후 분자의 크기를 비교하자.

⊕유형 솔루션

• □ 안에 들어갈 수 있는 자연수 구하기

$$\frac{1}{2}+\frac{\square}{5}<\frac{9}{10}$$

① $\frac{1}{2}+\frac{\square}{5}$ 를 통분하면 $\frac{1}{2}+\frac{\square}{5}=\frac{1\times5}{2\times5}+\frac{\square\times2}{5\times2}=\frac{5+\square\times2}{10}$

② $\frac{5+\square\times2}{10}<\frac{9}{10}$ 이므로 분자의 크기를 비교하면

$5+\square\times2<9$, $\square\times2<4$ ➔ □ 안에 들어갈 수 있는 자연수: 1

대표 유형 02

●에 들어갈 수 있는 자연수를 모두 구하세요.

$$\frac{●}{5}+\frac{1}{7}<\frac{24}{35}$$

풀이

❶ 분모 5, 7, 35의 최소공배수인 35를 공통분모로 하여 통분해 봅니다.

$$\frac{●}{5}+\frac{1}{7}=\frac{●\times7}{5\times\square}+\frac{\square}{35}=\frac{●\times7+\square}{\square}$$

❷ $\frac{●\times7+\square}{\square}<\frac{24}{35}$ 이므로 분자의 크기를 비교해 보면

●$\times7+\square<24$, ●$\times7<\square$ ➔ ●에 들어갈 수 있는 자연수: $\square$, $\square$

답 _____

예제✔ □ 안에 들어갈 수 있는 자연수를 모두 구하세요.

$$\frac{\square}{9}+\frac{5}{12}<\frac{29}{36}$$

(   )

02-1 ☐ 안에 들어갈 수 있는 자연수를 모두 구하세요.

$$\frac{5}{6} - \frac{\square}{7} > \frac{5}{42}$$

( )

02-2 ☐ 안에 들어갈 수 있는 자연수는 모두 몇 개인지 구하세요.

$$\frac{\square}{9} + 2\frac{6}{7} < 3\frac{41}{63}$$

( )

02-3 ☐ 안에 들어갈 수 있는 자연수는 모두 몇 개인지 구하세요.

$$\frac{1}{2} < \frac{1}{6} + \frac{\square}{8} < \frac{5}{6}$$

( )

겹치는 부분의 길이의 합을 빼자.

유형 솔루션

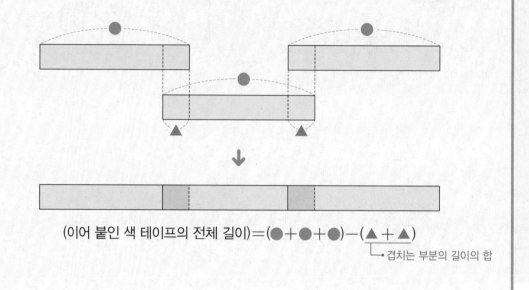

(이어 붙인 색 테이프의 전체 길이)=(●+●+●)−(▲+▲)

└─ 겹치는 부분의 길이의 합

대표 유형 03

길이가 $1\dfrac{2}{5}$ m인 색 테이프 2장을 $\dfrac{1}{8}$ m씩 겹치게 이어 붙였습니다. 이어 붙인 색 테이프의 전체 길이는 몇 m일까요?

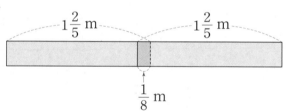

풀이

❶ (색 테이프 2장의 길이의 합)$=1\dfrac{2}{5}+1\dfrac{2}{5}=2\dfrac{\boxed{}}{5}$ (m)

  (겹치는 부분의 길이)$=\dfrac{\boxed{}}{8}$ m

❷ (이어 붙인 색 테이프의 전체 길이)=(색 테이프 2장의 길이의 합)−(겹치는 부분의 길이)

  $=2\dfrac{\boxed{}}{5}-\dfrac{\boxed{}}{8}=2\dfrac{\boxed{}}{40}-\dfrac{\boxed{}}{40}=2\dfrac{\boxed{}}{40}$ (m)

답

예제 길이가 $2\frac{5}{6}$ m인 색 테이프 2장을 $\frac{2}{5}$ m씩 겹치게 이어 붙였습니다. 이어 붙인 색 테이프의 전체 길이는 몇 m일까요?

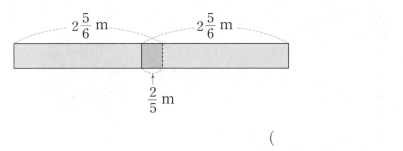

(   )

03-1
변형
길이가 $2\frac{1}{4}$ m인 색 테이프 3장을 $\frac{7}{9}$ m씩 겹치게 이어 붙였습니다. 이어 붙인 색 테이프의 전체 길이는 몇 m일까요?

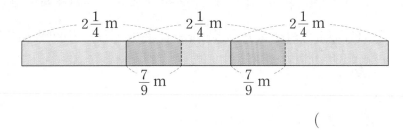

(   )

03-2
발전
길이가 $3\frac{3}{4}$ m인 색 테이프 2장을 그림과 같이 겹치도록 이어 붙였습니다. 몇 m씩 겹치도록 이어 붙였을까요?

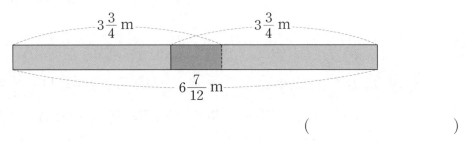

(   )

5

분수의 덧셈과 뺄셈

■분은 $\dfrac{■}{60}$ 시간이다.

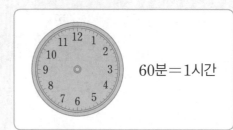

60분＝1시간

30분＝$\dfrac{30}{60}$시간＝$\dfrac{1}{2}$시간

15분＝$\dfrac{15}{60}$시간＝$\dfrac{1}{4}$시간

10분＝$\dfrac{10}{60}$시간＝$\dfrac{1}{6}$시간

대표 유형 04

서희는 놀이공원에 가는 데 12분 동안 걷고, $1\dfrac{4}{5}$시간 동안 버스를 탄 다음 $\dfrac{3}{4}$시간 동안 택시를 탔습니다. 서희가 놀이공원에 가는 데 걸린 시간은 모두 몇 시간인지 분수로 나타내 보세요.

풀이

❶ 12분＝$\dfrac{\boxed{}}{60}$시간＝$\dfrac{1}{\boxed{}}$시간

❷ (놀이공원에 가는 데 걸린 시간)＝$\dfrac{1}{\boxed{}}+1\dfrac{4}{5}+\dfrac{3}{4}=\dfrac{\boxed{}}{20}+1\dfrac{\boxed{}}{20}+\dfrac{\boxed{}}{20}$

$=1\dfrac{\boxed{}}{20}=\boxed{}\dfrac{\boxed{}}{20}=\boxed{}$ (시간)

답 _____

예제 정은이는 할머니 댁에 가는 데 $1\dfrac{1}{6}$시간 동안 기차를 타고, $\dfrac{2}{5}$시간 동안 버스를 탄 다음 6분 동안 걸어갔습니다. 정은이가 할머니 댁에 가는 데 걸린 시간은 모두 몇 시간인지 분수로 나타내 보세요.

( )

>> 정답 및 풀이 **41**쪽

04-1
변형

민수는 $1\frac{9}{20}$시간 동안 국어 숙제를 하고, $1\frac{5}{12}$시간 동안 수학 숙제를 하였습니다. 민수가 국어 숙제와 수학 숙제를 하는데 걸린 시간은 모두 몇 시간 몇 분일까요?

(   )

04-2
변형

강릉행 버스가 출발하여 $1\frac{1}{12}$시간 동안 달린 다음 휴게소에서 $\frac{1}{3}$시간 쉬고, 다시 $1\frac{3}{4}$시간을 더 달려 강릉에 도착했습니다. 버스가 출발하여 강릉에 도착할 때까지 걸린 시간은 몇 시간 몇 분일까요?

(   )

04-3
변형

서아는 울릉도에 가는 데 $\frac{1}{6}$시간 동안 자전거를 타고, $2\frac{3}{4}$시간 동안 버스를 탄 다음 $2\frac{5}{6}$시간 동안 배를 탔습니다. 서아가 오전 6시에 출발했다면 울릉도에 도착한 시각은 오전 몇 시 몇 분일까요?

(   )

유형변형

대분수는 자연수 부분의 수가 클수록 크다.

유형 솔루션

• 수 카드를 한 번씩만 사용하여 가장 큰 대분수 만들기

$$\boxed{1} \quad \boxed{2} \quad \boxed{7}$$

① 수 카드의 수의 크기 비교: $\boxed{7} > \boxed{2} > \boxed{1}$

② 가장 큰 수를 자연수 부분에 놓기: $7\dfrac{\boxed{}}{\boxed{}}$

③ 남은 수 카드로 진분수를 만들기: $7\dfrac{1}{2}$

대표 유형 05

3장의 수 카드를 한 번씩만 사용하여 만들 수 있는 가장 큰 대분수와 가장 작은 대분수의 합을 구하세요.

$$\boxed{1} \quad \boxed{3} \quad \boxed{5}$$

풀이

❶ 가장 큰 대분수를 만들려면 자연수 부분에 가장 큰 수인 $\boxed{}$을/를 놓고

남은 수 카드로 진분수를 만듭니다. ➡ 가장 큰 대분수: $\boxed{}$

❷ 가장 작은 대분수를 만들려면 자연수 부분에 가장 작은 수인 $\boxed{}$을/를 놓고

남은 수 카드로 진분수를 만듭니다. ➡ 가장 작은 대분수: $\boxed{}$

❸ (가장 큰 대분수와 가장 작은 대분수의 합) $= \boxed{}\dfrac{\boxed{}}{3} + \boxed{}\dfrac{3}{\boxed{}}$

$= \boxed{}\dfrac{5}{\boxed{}} + \boxed{}\dfrac{9}{\boxed{}} = \boxed{}$

답 _____

>> 정답 및 풀이 **41~42**쪽

예제✔ 3장의 수 카드를 한 번씩만 사용하여 만들 수 있는 가장 큰 대분수와 가장 작은 대분수의 차를 구하세요.

(   )

05-1
변형
서호와 지수는 각자 가지고 있는 수 카드를 한 번씩만 사용하여 가장 작은 대분수를 만들려고 합니다. 두 사람이 각각 만들 수 있는 가장 작은 대분수의 차를 구하세요.

5 8 9   2 7 8
서호   지수

(   )

05-2
발전
4장의 수 카드 중 3장을 골라 한 번씩만 사용하여 대분수를 만들려고 합니다. 만들 수 있는 대분수 중에서 가장 큰 대분수와 가장 작은 대분수의 합을 구하세요.

2 5 7 9

(   )

5

분수의 덧셈과 뺄셈

유형변형

전체 물의 반의 무게를 구하자.

유형 솔루션

• 빈 병의 무게 구하기

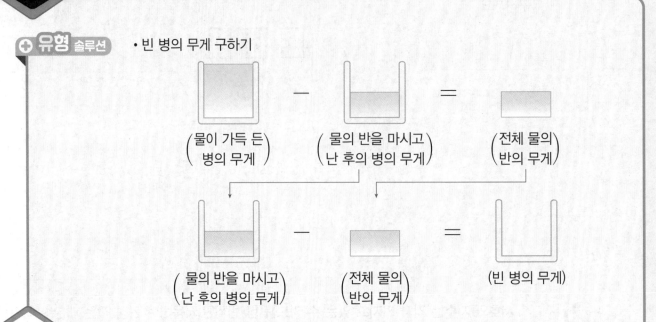

$$\left(\begin{matrix}물이 \ 가득 \ 든 \\ 병의 \ 무게\end{matrix}\right) - \left(\begin{matrix}물의 \ 반을 \ 마시고 \\ 난 \ 후의 \ 병의 \ 무게\end{matrix}\right) = \left(\begin{matrix}전체 \ 물의 \\ 반의 \ 무게\end{matrix}\right)$$

$$\left(\begin{matrix}물의 \ 반을 \ 마시고 \\ 난 \ 후의 \ 병의 \ 무게\end{matrix}\right) - \left(\begin{matrix}전체 \ 물의 \\ 반의 \ 무게\end{matrix}\right) = \left(빈 \ 병의 \ 무게\right)$$

대표 유형 06

물이 가득 든 병의 무게가 $4\frac{8}{9}$ kg입니다. 이 병에 들어 있는 물의 반을 마시고 무게를 다시 재어

보니 $2\frac{3}{4}$ kg이었습니다. 빈 병의 무게는 몇 kg일까요?

풀이

❶ (전체 물의 반의 무게)=(물이 가득 든 병의 무게)−(물의 반을 마시고 난 후의 병의 무게)

$$=4\frac{8}{9}-2\frac{3}{4}=4\frac{\boxed{}}{36}-2\frac{\boxed{}}{36}=\boxed{}\frac{\boxed{}}{36}\ (kg)$$

❷ (빈 병의 무게)=(물의 반을 마시고 난 후의 병의 무게)−(전체 물의 반의 무게)

$$=2\frac{3}{4}-\boxed{}\frac{\boxed{}}{36}=2\frac{\boxed{}}{36}-\boxed{}\frac{\boxed{}}{36}=\boxed{}=\boxed{}\ (kg)$$

답 _____

예제 고추장이 가득 든 항아리의 무게가 $6\frac{1}{5}$ kg입니다. 이 항아리에 들어 있는 고추장의 반을 사용하

고 무게를 다시 재어 보니 $3\frac{3}{4}$ kg이었습니다. 빈 항아리의 무게는 몇 kg일까요?

(   )

>> 정답 및 풀이 **42~43**쪽

06-1 자두를 담은 바구니의 무게는 $2\frac{4}{5}$ kg입니다. 전체 자두의 반을 먹고 난 후 무게를 다시 재어
변형 보니 $1\frac{17}{20}$ kg이었습니다. 빈 바구니의 무게는 몇 kg일까요?

(   )

06-2 사과를 담은 바구니의 무게가 $20\frac{19}{20}$ kg입니다. 전체 사과의 $\frac{1}{3}$을 먹고 무게를 다시 재어
변형 보니 $14\frac{1}{8}$ kg이었습니다. 빈 바구니의 무게는 몇 kg일까요?

(   )

06-3 감자를 담은 바구니의 무게가 $20\frac{2}{5}$ kg입니다. 전체 감자의 $\frac{1}{4}$을 덜어 낸 후 무게를 다시 재
변형 어 보니 $15\frac{1}{3}$ kg입니다. 빈 바구니의 무게는 몇 kg일까요?

(   )

하루 동안 $\frac{1}{\bullet}$씩 일을 하면 $\bullet$일이 걸린다.

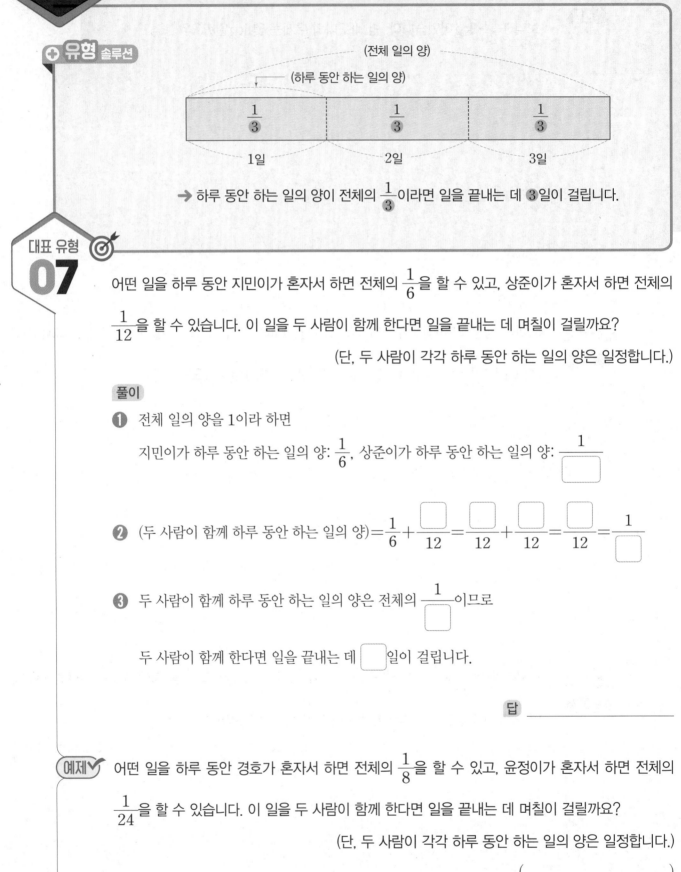

(전체 일의 양)

(하루 동안 하는 일의 양)

$\frac{1}{3}$	$\frac{1}{3}$	$\frac{1}{3}$
1일	2일	3일

→ 하루 동안 하는 일의 양이 전체의 $\frac{1}{3}$이라면 일을 끝내는 데 **3**일이 걸립니다.

대표 유형 07

어떤 일을 하루 동안 지민이가 혼자서 하면 전체의 $\frac{1}{6}$을 할 수 있고, 상준이가 혼자서 하면 전체의 $\frac{1}{12}$을 할 수 있습니다. 이 일을 두 사람이 함께 한다면 일을 끝내는 데 며칠이 걸릴까요?

(단, 두 사람이 각각 하루 동안 하는 일의 양은 일정합니다.)

풀이

❶ 전체 일의 양을 1이라 하면

지민이가 하루 동안 하는 일의 양: $\frac{1}{6}$, 상준이가 하루 동안 하는 일의 양: $\dfrac{1}{\boxed{}}$

❷ (두 사람이 함께 하루 동안 하는 일의 양) $= \frac{1}{6} + \dfrac{\boxed{}}{12} = \dfrac{\boxed{}}{12} + \dfrac{\boxed{}}{12} = \dfrac{\boxed{}}{12} = \dfrac{1}{\boxed{}}$

❸ 두 사람이 함께 하루 동안 하는 일의 양은 전체의 $\dfrac{1}{\boxed{}}$이므로

두 사람이 함께 한다면 일을 끝내는 데 $\boxed{}$일이 걸립니다.

답 _____

예제 어떤 일을 하루 동안 경호가 혼자서 하면 전체의 $\frac{1}{8}$을 할 수 있고, 윤정이가 혼자서 하면 전체의 $\frac{1}{24}$을 할 수 있습니다. 이 일을 두 사람이 함께 한다면 일을 끝내는 데 며칠이 걸릴까요?

(단, 두 사람이 각각 하루 동안 하는 일의 양은 일정합니다.)

( )

>> 정답 및 풀이 **43~44**쪽

07-1
변형

어떤 일을 하는 데 정우가 혼자서 하면 10일, 민주가 혼자서 하면 15일이 걸립니다. 이 일을 두 사람이 함께 한다면 일을 끝내는 데 며칠이 걸릴까요?

(단, 두 사람이 각각 하루 동안 하는 일의 양은 일정합니다.)

(   )

07-2
변형

어떤 물통에 물을 가득 채우려면 ㉮ 수도꼭지로 20분이 걸리고, ㉯ 수도꼭지로 30분이 걸립니다. 이 물통에 두 수도꼭지를 동시에 틀어 물을 가득 채우려면 몇 분이 걸릴까요?

(단, 두 수도꼭지에서 각각 나오는 물의 양은 일정합니다.)

(   )

07-3
변형

어떤 일을 하는 데 석준이가 혼자서 하면 9일, 미리가 혼자서 하면 6일, 병호가 혼자서 하면 18일이 걸립니다. 이 일을 세 사람이 함께 한다면 일을 끝내는 데 며칠이 걸릴까요?

(단, 세 사람이 각각 하루 동안 하는 일의 양은 일정합니다.)

(   )

5

분수의 덧셈과 뺄셈

분자를 분모의 약수를 이용하여 나타내자.

⊕ 유형 솔루션

• 분수를 단위분수의 합으로 나타내기

$$\frac{5}{8} = \frac{1}{\bullet} + \frac{1}{\blacksquare}$$

① 분모 8의 약수: 1, 2, 4, 8

② 분모 8의 약수 중 합이 5인 두 수 찾기: 1, 4

$$\rightarrow \frac{5}{8} = \frac{4}{8} + \frac{1}{8} = \frac{1}{2} + \frac{1}{8}$$

약분하여 단위분수의 합으로 나타내기

대표 유형 08

다음 식을 만족하는 ㉠과 ㉡에 알맞은 자연수를 각각 구하세요. (단, ㉠<㉡<11)

$$\frac{7}{10} = \frac{1}{㉠} + \frac{1}{㉡}$$

풀이

❶ $\frac{7}{10}$에서 분모 10의 약수: ☐, ☐, ☐, 10 → 10의 약수 중 합이 7인 두 수: ☐, ☐

❷ $\frac{7}{10} = \frac{☐}{10} + \frac{2}{10} = \frac{1}{☐} + \frac{1}{☐}$ 이므로 ㉠=☐, ㉡=☐

답 ㉠: _____, ㉡: _____

예제 다음 식을 만족하는 ㉠과 ㉡에 알맞은 자연수를 각각 구하세요. (단, ㉠<㉡<11)

$$\frac{3}{10} = \frac{1}{㉠} + \frac{1}{㉡}$$

㉠ (   ), ㉡ (   )

08-1 다음 식을 만족하는 ㉠과 ㉡에 알맞은 자연수를 각각 구하세요. (단, ㉠<㉡<13)

변형

$$\frac{5}{12} = \frac{1}{㉠} - \frac{1}{㉡}$$

㉠ (   )

㉡ (   )

08-2 다음 식을 만족하는 ㉠에 알맞은 자연수를 모두 구하세요. (단, ㉠<㉡<25)

변형

$$\frac{5}{24} = \frac{1}{㉠} + \frac{1}{㉡}$$

(   )

5

분수의 덧셈과 뺄셈

08-3 다음 식을 만족하는 ㉠, ㉡, ㉢에 알맞은 자연수를 각각 구하세요. (단, ㉠<㉡<㉢<19)

발전

$$\frac{13}{18} = \frac{1}{㉠} + \frac{1}{㉡} + \frac{1}{㉢}$$

㉠ (   )

㉡ (   )

㉢ (   )

01 길이가 각각 $4\frac{3}{7}$ m, $5\frac{1}{10}$ m인 색 테이프를 $1\frac{1}{5}$ m씩 겹치게 이어 붙였 습니다. 이어 붙인 색 테이프의 전체 길이는 몇 m일까요?

◎ 대표 유형 03

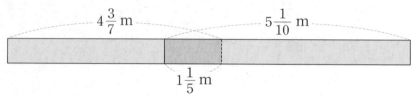

풀이

답 _____

◎ 대표 유형 02

02 ⬜ 안에 들어갈 수 있는 자연수들의 합을 구하세요.

$$\frac{⬜}{7} - \frac{1}{8} < \frac{1}{2}$$

풀이

답 _____

◎ 대표 유형 01

03 오른쪽 삼각형 ㄱㄴㄷ의 세 변의 길이의 합이 $5\frac{1}{15}$ m일 때, 변 ㄱㄴ의 길이는 몇 m 인지 구하세요.

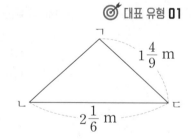

Tip
변 ㄱㄴ의 길이를 ⬜ m라 하고 식을 세워봅니다.

풀이

답 _____

🎯 대표 유형 **04**

04 연주는 할머니 댁에 가는 데 $3\frac{1}{6}$ 시간 동안 기차를 타고, $2\frac{3}{4}$ 시간 동안 버스를 탄 다음 나머지는 걸어갔습니다. 연주가 할머니 댁에 가는 데 모두 6시간이 걸렸다면 걸어간 시간은 몇 분일까요?

Tip 📢

$\frac{\blacksquare}{60}$ 시간 = ■분임을 이용하여 걸어간 시간을 구해 봅니다.

풀이

답 _____

🎯 대표 유형 **02**

05 ☐ 안에 들어갈 수 있는 자연수는 모두 몇 개인지 구하세요.

$$3\frac{1}{10} < 4\frac{1}{2} - \frac{\square}{10} < 4\frac{1}{5}$$

풀이

답 _____

🎯 대표 유형 **05**

06 수 카드 3장을 한 번씩만 사용하여 대분수를 만들려고 합니다. 만들 수 있는 대분수 중에서 두 대분수의 차가 가장 클 때의 값을 구하세요.

$$\boxed{1} \quad \boxed{4} \quad \boxed{7}$$

풀이

답 _____

5

분수의 덧셈과 뺄셈

07 정호는 $1\frac{1}{12}$시간 동안 줄넘기 연습을 하고, $\frac{1}{3}$시간 동안 쉰 다음 다시 $1\frac{3}{4}$시간 동안 줄넘기 연습을 한 후 연습을 끝냈습니다. 정호가 오후 3시에 줄넘기 연습을 시작했다면 연습이 끝난 시각은 오후 몇 시 몇 분일까요?

🎯 **대표 유형 04**

풀이

답 _____

08 오른쪽 식을 만족하는 ㉠과 ㉡에 알맞은 자연수를 각각 구하세요. (단. ㉠＜㉡＜15)

🎯 **대표 유형 08**

$$\frac{4}{7} = \frac{1}{㉠} + \frac{1}{㉡}$$

Tip
크기가 같은 분수 중 분자를 분모의 약수의 합으로 나타낼 수 있는지 알아봅니다.

풀이

답 ㉠: _____ , ㉡: _____

09 길이가 각각 $3\frac{1}{5}$ m, $4\frac{3}{10}$ m, $2\frac{2}{15}$ m인 리본 3개를 같은 길이만큼 겹치도록 길게 이어 붙였더니 전체 길이가 $8\frac{5}{6}$ m가 되었습니다. 몇 m씩 겹치도록 이어 붙였을까요?

🎯 **대표 유형 03**

Tip
겹치는 부분이 몇 군데인지 알아봅니다.

풀이

답 _____

10 어떤 일을 하는 데 효정이가 혼자서 하면 12일, 병수가 혼자서 하면 18일 이 걸립니다. 이 일을 두 사람이 함께 한다면 일을 끝내는 데 적어도 며칠 이 걸릴까요? (단, 두 사람이 각각 하루 동안 하는 일의 양은 일정합니다.)

◎ 대표 유형 **07**

Tip
두 사람이 각각 하루 동안 하는 일의 양을 먼저 알아봅니다.

풀이

답 _____

11 식용유가 가득 든 통의 무게가 $7\frac{5}{8}$ kg입니다. 이 통에 들어 있는 식용유 의 $\frac{1}{3}$만큼을 덜어 내고 무게를 다시 재어 보니 $5\frac{3}{20}$ kg이었습니다. 빈 통 의 무게는 몇 kg일까요?

◎ 대표 유형 **06**

풀이

답 _____

12 6장의 수 카드를 한 번씩만 사용하여 대분수를 2개 만들었습니다. 두 대분수의 합이 가장 크게 될 때의 합을 구하세요.

◎ 대표 유형 **05**

Tip
두 대분수의 자연수 부분을 정 한 후 합이 가장 큰 두 진분수 를 구합니다.

풀이

답 _____

5

분수의 덧셈과 뺄셈

6

다각형의
둘레와 넓이

유형 변형 대표 유형

01 직각으로 이루어진 도형에서 선분을 평행하게 옮겨보자.
다각형의 둘레 구하기

02 직각으로 이루어진 도형을 직사각형으로 나누어보자.
다각형의 넓이 구하기

03 도형에서 밑변과 높이를 찾아보자.
높이를 찾아 도형의 넓이 구하기

04 잘라 내고 남은 부분을 모아보자.
잘라 내고 남은 부분의 넓이 구하기

05 단위길이를 정하고 그것의 몇 배인지 나타내자.
정사각형과 직사각형을 이용해서 길이 구하기

06 삼각형은 밑변에 따라 높이가 달라진다.
삼각형의 넓이를 이용하여 길이 구하기

07 두 도형의 겹쳐진 부분의 넓이를 먼저 구하자.
겹쳐진 도형에서 넓이 구하기

08 다각형을 여러 개의 도형으로 나누어보자.
다각형의 넓이 구하기

09 전체 넓이에서 부분을 빼자.
다각형의 넓이 구하기

10 겹친 도형에서 공통된 부분을 찾아보자.
선분의 길이 구하기

다각형의 둘레 구하기

◗ (정다각형의 둘레)=(한 변의 길이)×(변의 수)

   예 한 변의 길이가 7 cm인 정오각형의 둘레 ➔ $7 \times 5 = 35$ (cm)

◗ (직사각형의 둘레)=(가로)+(세로)+(가로)+(세로)

   =((가로)+(세로))×2

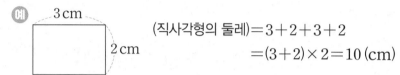

   (직사각형의 둘레)=$3+2+3+2$

   =$(3+2) \times 2 = 10$ (cm)

◗ (평행사변형의 둘레)=(한 변의 길이)×2+(다른 한 변의 길이)×2

   =((한 변의 길이)+(다른 한 변의 길이))×2

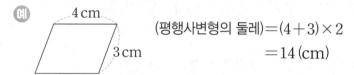

   (평행사변형의 둘레)=$(4+3) \times 2$

   =14 (cm)

◗ (마름모의 둘레)=(한 변의 길이)×4

   └→ 네 변의 길이가 모두 같아요.

01 직사각형의 둘레는 몇 cm일까요?

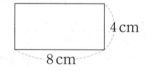

(   )

02 한 변의 길이가 14 cm인 마름모의 둘레는 몇 cm일까요?

(   )

03 둘레가 가장 긴 것을 찾아 기호를 써 보세요.

┌─────────────────────────────┐
│ ㉠ 한 변의 길이가 8 cm인 정삼각형 │
│ ㉡ 한 변의 길이가 7 cm인 정사각형 │
│ ㉢ 한 변의 길이가 4 cm인 정오각형 │
└─────────────────────────────┘

(   )

활용 개념 1 둘레를 이용하여 변의 길이 구하기

(직사각형의 둘레)＝((가로)＋(세로))×2
→ (가로)＝(직사각형의 둘레)÷2－(세로)
→ (세로)＝(직사각형의 둘레)÷2－(가로)

예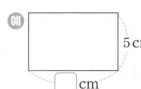

(직사각형의 둘레)＝26 cm
(가로)＝26÷2－5
＝13－5
＝8 (cm)

04 세로가 13 cm인 직사각형의 둘레가 48 cm일 때 가로는 몇 cm일까요?

( )

05 길이가 40 cm인 철사를 겹치지 않게 모두 사용하여 직사각형 한 개를 만들었습니다. 만든 직사각형의 가로는 세로보다 4 cm 더 길다고 합니다. 만든 직사각형의 가로는 몇 cm일까요?

( )

활용 개념 2 정사각형을 이어 붙인 도형의 둘레 구하기

(도형의 둘레)＝3×10＝30 (cm)

06 정사각형을 겹치지 않게 이어 붙여 만든 도형의 둘레가 98 cm일 때 정사각형의 한 변의 길이는 몇 cm일까요?

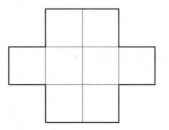

( )

6 다각형의 둘레와 넓이

활용개념 직사각형, 평행사변형, 삼각형의 넓이

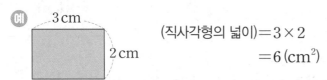 교과서 개념

● **직사각형의 넓이**

• (직사각형의 넓이)＝(가로)×(세로)

예   3 cm

(직사각형의 넓이)＝3×2
2 cm   ＝6 (cm²)

• (정사각형의 넓이)＝(가로)×(세로)＝(한 변의 길이)×(한 변의 길이)
    └─→ 정사각형은 직사각형입니다.

● **평행사변형의 넓이**

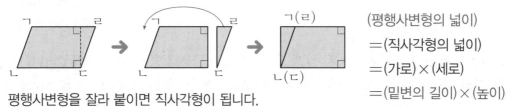

(평행사변형의 넓이)
＝(직사각형의 넓이)
＝(가로)×(세로)
＝(밑변의 길이)×(높이)

평행사변형을 잘라 붙이면 직사각형이 됩니다.

● **삼각형의 넓이**

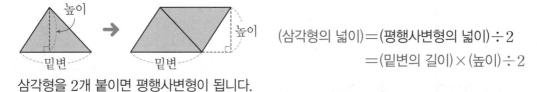

(삼각형의 넓이)＝(평행사변형의 넓이)÷2
＝(밑변의 길이)×(높이)÷2

삼각형을 2개 붙이면 평행사변형이 됩니다.

---

01 평행사변형의 넓이는 몇 cm²일까요?

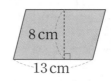

8 cm
13 cm

(   )

02 삼각형의 넓이는 몇 cm²일까요?

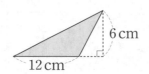

6 cm
12 cm

(   )

>> 정답 및 풀이 **47**쪽

활용 개념 **1** **넓이를 이용하여 길이 구하기**

예 넓이가 42 cm²인 직사각형의 세로 구하기

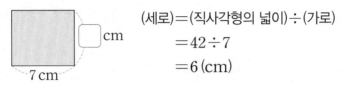

(세로)=(직사각형의 넓이)÷(가로)
　　　=42÷7
　　　=6 (cm)

03 넓이가 128 cm²인 직사각형의 세로가 8 cm일 때 가로는 몇 cm일까요?

(　　　　　　　)

04 삼각형의 넓이가 72 cm²일 때 높이는 몇 cm일까요?

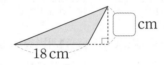

(　　　　　　　)

활용 개념 **2** **밑변의 길이와 높이가 각각 같은 평행사변형, 삼각형**

평행사변형(삼각형)의 밑변의 길이와 높이가 각각 같으면 모양이 달라도 넓이가 모두 같습니다.

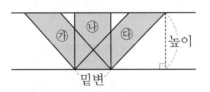

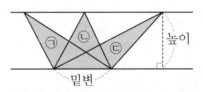

(㉮의 넓이)=(㉯의 넓이)=(㉰의 넓이)　　　(㉠의 넓이)=(㉡의 넓이)=(㉢의 넓이)

05 평행사변형의 넓이가 다른 하나를 찾아 기호를 써 보세요.

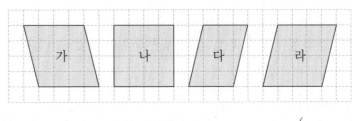

(　　　　　　　)

활용 개념 · 마름모, 사다리꼴의 넓이

● 마름모의 넓이

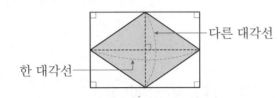

(마름모의 넓이)
＝(직사각형의 넓이)÷2
＝(가로)×(세로)÷2
＝(한 대각선의 길이)×(다른 대각선의 길이)÷2

한 대각선 ─
다른 대각선 ─

마름모를 둘러싸는 직사각형의 넓이는 마름모 넓이의 2배입니다.

● 사다리꼴의 넓이

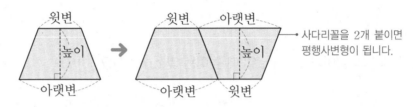

윗변
높이
아랫변
→
윗변 아랫변
높이
아랫변 윗변

사다리꼴을 2개 붙이면 평행사변형이 됩니다.

(사다리꼴의 넓이)＝(평행사변형의 넓이)÷2
＝(밑변의 길이)×(높이)÷2
＝((윗변의 길이)＋(아랫변의 길이))×(높이)÷2

01 사다리꼴의 넓이는 몇 cm²일까요?

(   )

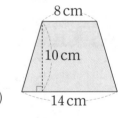

8 cm
10 cm
14 cm

02 한 변의 길이가 12 cm인 정사각형 안에 네 변의 한가운데 점을 이어 마름모를 그렸습니다. 마름모의 넓이는 몇 cm²일까요?

(   )

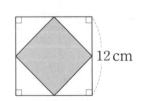

12 cm

03 사다리꼴의 넓이가 56 cm²일 때 윗변의 길이는 몇 cm일까요?

(   )

윗변
7 cm
12 cm

활용 개념 ① 넓이의 활용

다각형의 넓이는 도형을 나누어 합을 구하거나 큰 도형에서 작은 도형을 빼서 구할 수 있습니다.

방법1 ㉠과 ㉡의 넓이의 합으로 구하기

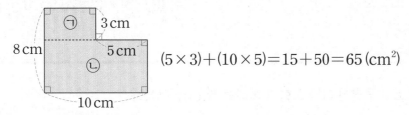

$$(5 \times 3) + (10 \times 5) = 15 + 50 = 65 \, (\text{cm}^2)$$

방법2 큰 직사각형 ㉠의 넓이에서 작은 직사각형 ㉡의 넓이를 빼서 구하기

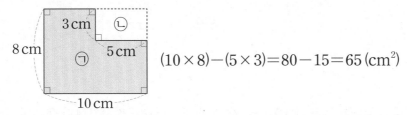

$$(10 \times 8) - (5 \times 3) = 80 - 15 = 65 \, (\text{cm}^2)$$

04 다음 도형의 넓이는 몇 cm^2일까요?

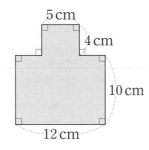

(   )

05 색칠한 부분의 넓이는 몇 cm^2일까요?

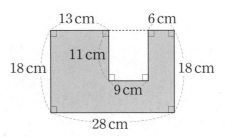

(   )

 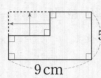

직각으로 이루어진 도형에서 선분을 평행하게 옮겨보자.

유형 솔루션

5 cm
9 cm

(도형의 둘레)＝(직사각형의 둘레)
＝(9＋5)×2＝28 (cm)

대표 유형
01

직각으로 이루어진 다음 도형의 둘레는 몇 cm일까요?

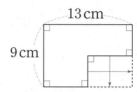

13 cm
9 cm

풀이

❶ 도형의 둘레는 가로가 13 cm, 세로가 ☐ cm인 직사각형의 둘레와 같습니다.

❷ (도형의 둘레)＝(13＋☐)×2＝☐ (cm)

답 ＿＿＿＿＿＿＿＿＿＿＿

예제✓ 직각으로 이루어진 다음 도형의 둘레는 몇 cm일까요?

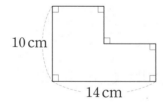

10 cm
14 cm

(　　　　　　　　)

>> 정답 및 풀이 **48**쪽

01-1 직각으로 이루어진 다음 도형의 둘레는 몇 cm일까요?

변형

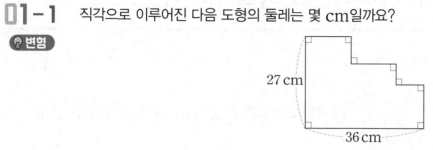

( )

01-2 직각으로 이루어진 다음 도형의 둘레는 몇 cm일까요?

변형

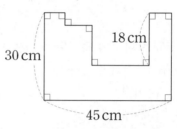

( )

01-3 직각으로 이루어진 다음 도형의 둘레는 몇 m일까요?

발전

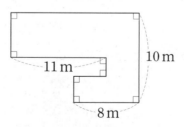

( )

직각으로 이루어진 도형을 직사각형으로 나누어보자.

⊕ 유형 솔루션

(도형의 넓이)=(㉠의 넓이)+(㉡의 넓이)+(㉢의 넓이)

대표 유형
02

다음 도형의 넓이는 몇 cm²일까요?

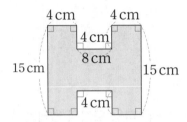

풀이

① 직사각형 3개로 나누어 봅니다.

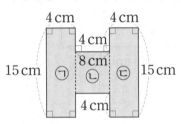

② (㉠의 넓이)=$4 \times 15 =$ ☐ (cm²), (㉡의 넓이)=$8 \times (15-4-4) =$ ☐ (cm²),

(㉢의 넓이)=$4 \times 15 =$ ☐ (cm²)

③ (도형의 넓이)=(㉠의 넓이)+(㉡의 넓이)+(㉢의 넓이)

$=$ ☐ $+$ ☐ $+$ ☐ $=$ ☐ (cm²)

답 _____

예제 다음 도형의 넓이는 몇 cm²일까요?

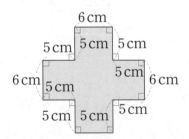

(   )

>> 정답 및 풀이 **48~49**쪽

02-1
변형

다음 도형의 넓이는 몇 cm²일까요?

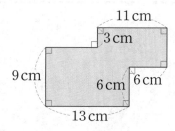

(   )

02-2
변형

다음 도형의 넓이는 몇 cm²일까요?

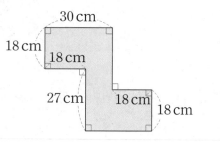

(   )

02-3
발전

직사각형 ⓒ의 넓이가 140 m²일 때 직사각형 ㉠과 ⓛ의 넓이의 합은 몇 m²일까요?

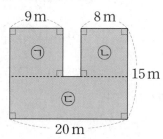

(   )

도형에서 밑변과 높이를 찾아보자.

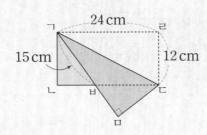

직사각형 모양의 종이를 선분 ㄱㄷ을 따라 접어 만든 도형에서 삼각형 ㄱㅂㄷ의 넓이는

밑변이 선분 ㄱㅂ일 때 높이가 선분 ㄷㅁ이므로

(삼각형 ㄱㅂㄷ의 넓이)$=15 \times 12 \div 2 = 90 \, (\text{cm}^2)$

대표 유형
03

직사각형 모양의 종이를 선분 ㄱㄷ을 따라 접었습니다. 삼각형 ㄱㅂㄷ의 넓이는 몇 cm^2일까요?

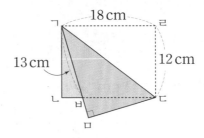

풀이

❶ 삼각형 ㄱㅂㄷ에서 밑변이 선분 ㄱㅂ일 때 높이는 선분 ☐입니다.

❷ (삼각형 ㄱㅂㄷ의 넓이)$=$(밑변의 길이)$\times$(높이)$\div 2 = 13 \times$ ☐ $\div 2 =$ ☐ (cm^2)

답 _____

예제✔ 직사각형 모양의 종이를 선분 ㄱㄷ을 따라 접었습니다. 삼각형 ㄱㅂㄷ의 넓이는 몇 cm^2일까요?

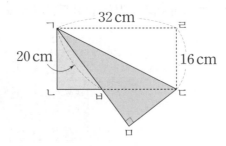

(_____)

>> 정답 및 풀이 **49~50**쪽

03-1
변형

직사각형 모양의 종이를 선분 ㄱㄷ을 따라 접었습니다. 삼각형 ㄱㅁㅂ의 넓이는 몇 cm²인지 구하세요.

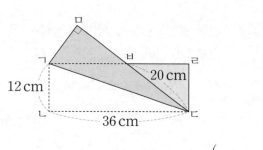

(   )

03-2
변형

직사각형 모양의 종이를 선분 ㄱㄷ을 따라 접었습니다. 삼각형 ㄱㅁㅂ의 넓이는 몇 cm²인지 구하세요.

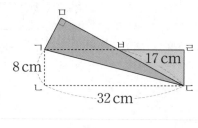

(   )

03-3
발전

사각형 ㄱㄴㄷㄹ은 평행사변형입니다. 사다리꼴 ㄱㄴㄷㅂ의 넓이가 336 cm²일 때 마름모 ㅁㄹㄷㅂ의 넓이는 몇 cm²일까요?

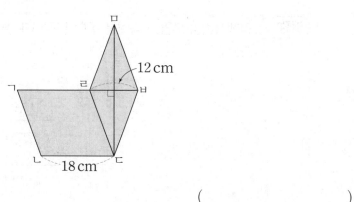

(   )

6

다각형의 둘레와 넓이

잘라 내고 남은 부분을 모아보자.

⊕ 유형 솔루션 왼쪽 평행사변형을 폭이 일정하게 잘라 내고 남은 부분을 겹치지 않게 이어 붙이면 오른쪽과 같이 됩니다.

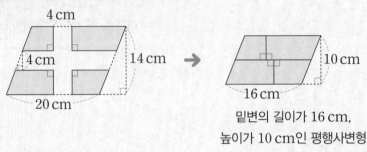

밑변의 길이가 16 cm,
높이가 10 cm인 평행사변형

대표 유형 04

평행사변형 모양의 종이를 폭이 일정하게 잘라냈습니다. 잘라 내고 남은 종이의 넓이는 몇 cm² 일까요?

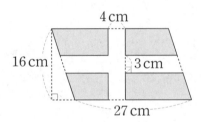

풀이

❶ 잘라 내고 남은 부분을 겹치지 않게 이어 붙이면 밑변의 길이가 27－4＝ ☐ (cm),

높이가 16－3＝ ☐ (cm)인 평행사변형이 됩니다.

❷ (잘라 내고 남은 종이의 넓이)＝ ☐ × ☐ ＝ ☐ (cm²)
　　　　　　　　　　　　　　　밑변의 길이　　높이

답 _____

예제 평행사변형 모양의 종이를 폭이 일정하게 잘라냈습니다. 잘라 내고 남은 종이의 넓이는 몇 cm²일까요?

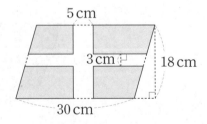

(　　　　　　　　)

>> 정답 및 풀이 **50**쪽

04-1
변형
직사각형 모양의 종이를 폭이 일정하게 잘라냈습니다. 잘라 내고 남은 종이의 넓이는 몇 cm²일까요?

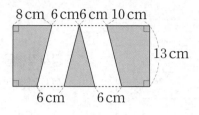

(   )

04-2
변형
직사각형 모양의 밭에 폭이 일정하게 길을 냈습니다. 길을 내고 남은 밭의 넓이는 몇 m² 일까요?

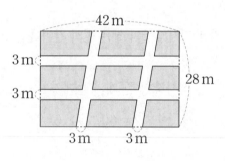

(   )

04-3
발전
직사각형 모양의 종이를 폭이 일정하게 잘라냈습니다. 잘라 내고 남은 종이의 넓이가 589 m² 일 때, ㉠에 알맞은 수를 구하세요.

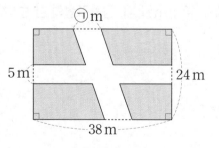

(   )

단위길이를 정하고 그것의 몇 배인지 나타내자.

유형 솔루션

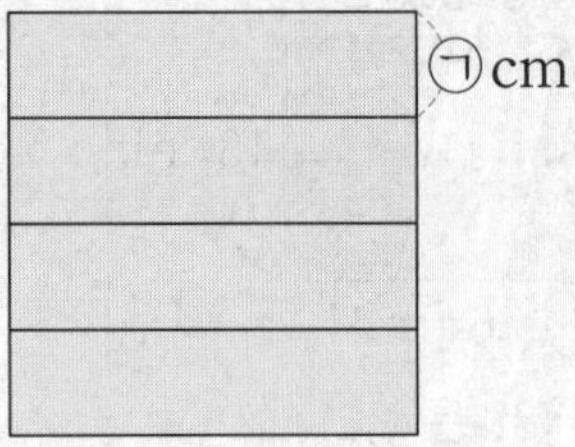

⊙cm

정사각형을 똑같은 직사각형 4개로 나누었을 때
정사각형의 한 변의 길이는 (⊙ × 4)cm입니다.

대표 유형 05

정사각형을 똑같은 직사각형 4개로 나눈 것입니다. 가장 작은 직사각형 한 개의 둘레가 60 cm일 때, 정사각형의 한 변의 길이는 몇 cm일까요?

⊙

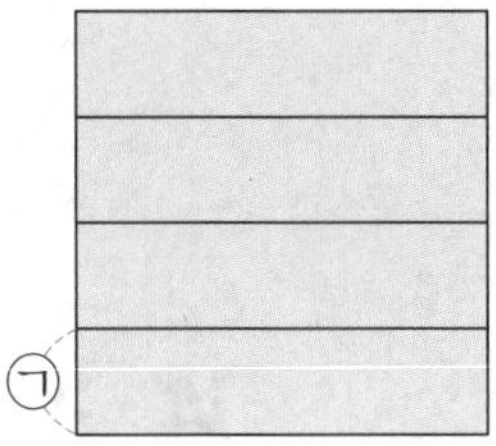

풀이

❶ 가장 작은 직사각형의 짧은 변의 길이를 ⊙ cm라 하면 긴 변의 길이는 (⊙ × ☐)cm입니다.

❷ 가장 작은 직사각형 한 개의 둘레가 60 cm이므로

$$(⊙ × ☐ + ⊙) × 2 = 60, ⊙ × 5 = ☐, ⊙ = ☐$$

❸ (정사각형의 한 변의 길이) = ☐ × 4 = ☐ (cm)

답 _____

예제 정사각형을 똑같은 직사각형 5개로 나눈 것입니다. 가장 작은 직사각형 한 개의 둘레가 48 cm일 때, 정사각형의 한 변의 길이는 몇 cm일까요?

(   )

>> 정답 및 풀이 **50~51**쪽

05-1
변형

정사각형을 똑같은 직사각형 6개로 나눈 것입니다. 가장 작은 직사각형 한 개의 둘레가 60 cm일 때, 정사각형의 한 변의 길이는 몇 cm일까요?

(   )

05-2
변형

사각형 ㄱㄴㄷㄹ은 4개의 똑같은 직사각형을 겹치지 않게 이어 붙여 만든 것입니다. 사각형 ㄱㄴㄷㄹ의 둘레가 98 cm일 때, 이 도형의 넓이는 몇 cm²일까요?

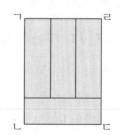

(   )

05-3
발전

크기가 같은 정사각형 3개를 겹치지 않게 이어 붙여서 다음과 같은 도형을 만들었습니다. 색칠한 부분의 넓이가 54 cm²일 때, 정사각형 한 개의 둘레는 몇 cm일까요?

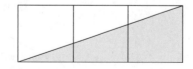

(   )

6

다각형의 둘레와 넓이

삼각형은 밑변에 따라 높이가 달라진다.

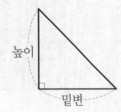

대표 유형

06

삼각형에서 선분 ㄴㄹ의 길이는 몇 cm일까요?

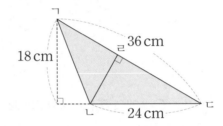

풀이

❶ 삼각형 ㄱㄴㄷ의 밑변의 길이가 24 cm일 때 높이는 18 cm이므로

(삼각형 ㄱㄴㄷ의 넓이)=24×☐÷☐=☐(cm²)

❷ 삼각형 ㄱㄴㄷ의 밑변이 선분 ㄱㄷ일 때 높이는 선분 ㄴㄹ입니다.

선분 ㄴㄹ의 길이를 ● cm라 하면 삼각형 ㄱㄴㄷ의 넓이는 36×●÷2=☐(cm²)

❸ 36×●÷2=☐, 36×●=☐, ●=☐

답 _____

예제✔ 삼각형에서 선분 ㄷㄹ의 길이는 몇 cm일까요?

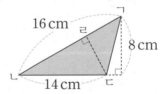

( )

>> 정답 및 풀이 **51~52**쪽

06-1
변형

삼각형에서 선분 ㄱㅁ의 길이는 몇 cm일까요?

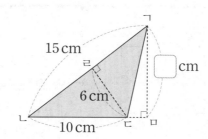

(   )

06-2
변형

사다리꼴 ㄱㄴㄷㄹ의 넓이는 몇 cm²일까요?

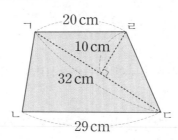

(   )

06-3
발전

사다리꼴 ㄱㄴㄷㄹ의 넓이는 210 cm²입니다. 선분 ㄴㄹ의 길이는 몇 cm일까요?

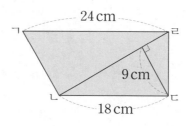

(   )

두 도형의 겹쳐진 부분의 넓이를 먼저 구하자.

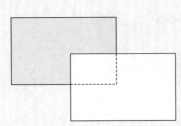

모양과 크기가 같은 직사각형 종이 2장을 겹쳤을 때
겹쳐진 부분이 직사각형이면
(색칠한 부분의 넓이)
=(직사각형 한 개의 넓이)−(겹쳐진 부분의 넓이)

대표 유형 07

모양과 크기가 같은 직사각형 모양의 종이를 2장 겹쳐 놓은 것입니다. 겹쳐진 부분이 직사각형일 때, 색칠한 부분의 넓이는 몇 cm^2일까요?

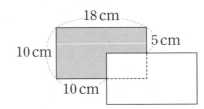

풀이

❶ (겹쳐진 부분의 넓이)$=(18-10)\times(10-5)=8\times5=$ ☐ (cm^2)

❷ (색칠한 부분의 넓이)=(직사각형 한 개의 넓이)−(겹쳐진 부분의 넓이)

$$=18\times10-\boxed{}=\boxed{}(cm^2)$$

답 _____

예제✔ 모양과 크기가 같은 정사각형 모양의 종이를 2장 겹쳐 놓은 것입니다. 겹쳐진 부분이 직사각형일 때, 색칠한 부분의 넓이는 몇 cm^2일까요?

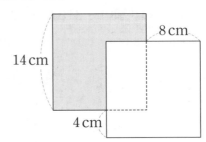

(   )

>> 정답 및 풀이 **52**쪽

07-1
변형
직사각형과 정사각형을 겹쳐서 만든 도형입니다. 겹쳐진 부분이 직사각형일 때, 도형 전체의 넓이는 몇 cm^2일까요?

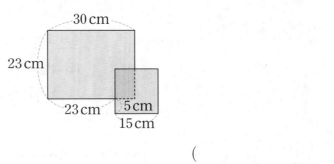

(   )

07-2
발전
정사각형 위에 직사각형을 올려놓아 만든 도형입니다. 정사각형과 직사각형의 넓이가 같을 때 도형 전체의 둘레는 몇 cm일까요?

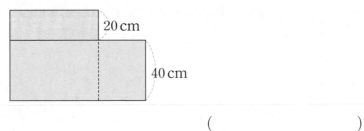

(   )

07-3
발전
모양과 크기가 같은 마름모 2개를 겹쳐서 만든 도형입니다. 만든 도형 전체의 넓이는 몇 cm^2일까요?

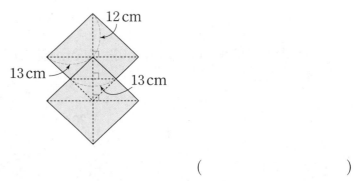

(   )

다각형을 여러 개의 도형으로 나누어보자.

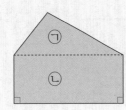

보조선을 그어 삼각형과 사각형으로 나눕니다.

(다각형의 넓이)

=(삼각형 ㉠의 넓이)+(사각형 ㉡의 넓이)

대표 유형 08

사각형 ㄱㄴㄷㄹ의 넓이는 몇 cm²일까요?

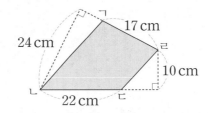

풀이

① 보조선을 그어 삼각형 2개로 나눕니다.

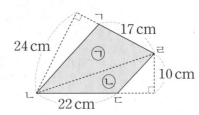

② (삼각형 ㉠의 넓이)=17 × ☐ ÷ ☐ = ☐ (cm²)

   (삼각형 ㉡의 넓이)=22 × ☐ ÷ ☐ = ☐ (cm²)

③ (사각형 ㄱㄴㄷㄹ의 넓이)=(삼각형 ㉠의 넓이)+(삼각형 ㉡의 넓이)

   = ☐ + ☐ = ☐ (cm²)

답 _____

예제 사각형 ㄱㄴㄷㄹ의 넓이는 몇 cm²일까요?

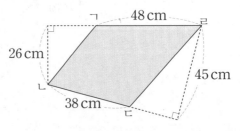

( )

>> 정답 및 풀이 **52~53**쪽

08-1 다각형의 넓이는 몇 cm²일까요?

🔘 변형

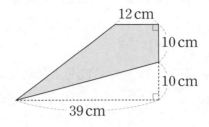

(   )

08-2 다각형의 넓이는 몇 cm²일까요?

🔘 변형

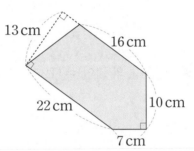

(   )

08-3 다각형의 넓이는 몇 cm²일까요?

🏆 발전

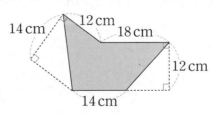

(   )

전체 넓이에서 부분을 빼자.

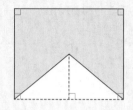

(색칠한 부분의 넓이)
=(직사각형의 넓이)−(삼각형의 넓이)

대표 유형
09

색칠한 부분의 넓이는 몇 cm²일까요?

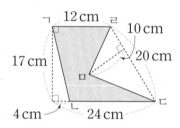

풀이

❶ (사다리꼴 ㄱㄴㄷㄹ의 넓이)=(12+20)×◻÷◻=◻(cm²)

❷ (삼각형 ㄷㄹㅁ의 넓이)=20×◻÷◻=◻(cm²)

❸ (색칠한 부분의 넓이)=(사다리꼴 ㄱㄴㄷㄹ의 넓이)−(삼각형 ㄷㄹㅁ의 넓이)

=◻−◻=◻(cm²)

답 _____

예제 색칠한 부분의 넓이는 몇 cm²일까요?

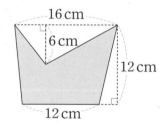

(   )

>> 정답 및 풀이 **53~54**쪽

09-1
변형

큰 마름모의 각 대각선의 길이의 반을 대각선으로 하는 작은 마름모를 그린 것입니다. 색칠한 부분의 넓이는 몇 cm²일까요?

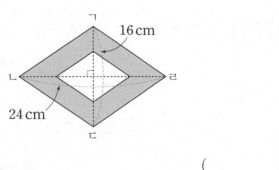

(   )

09-2
변형

사각형 ㄱㄴㅂㄹ은 평행사변형이고, 사각형 ㄱㅅㄷㄹ은 직사각형입니다. 색칠한 부분의 넓이는 몇 cm²일까요?

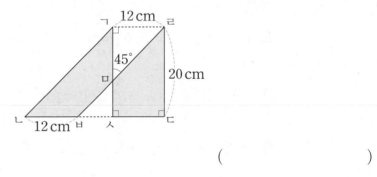

(   )

09-3
변형

사각형 ㄱㄴㄷㅅ은 직사각형이고, 사각형 ㅂㄴㄷㅁ은 평행사변형입니다. 색칠한 부분의 넓이는 몇 cm²일까요?

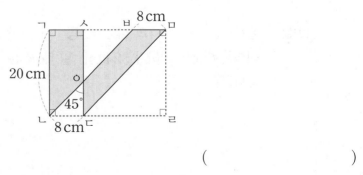

(   )

6
다각형의 둘레와 넓이

겹친 도형에서 공통된 부분을 찾아보자.

⊕ 유형 솔루션 평행사변형 ㄱㄴㄷㅂ과 직사각형 ㅁㄴㄷㄹ을 겹친 도형에서

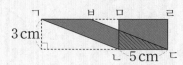

두 도형의 밑변과 높이가 같으므로 (직사각형의 넓이)＝(평행사변형의 넓이)

공통인 부분 → 두 도형의 넓이는 같습니다.

대표 유형 10

평행사변형 ㄱㄴㄷㅂ과 직사각형 ㅁㄴㄷㄹ을 겹쳐 놓은 것입니다. 색칠한 부분의 넓이가 210 cm²일 때, 선분 ㅅㄴ의 길이는 몇 cm인지 구하세요.

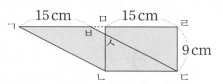

풀이

❶ (직사각형 ㅁㄴㄷㄹ의 넓이)＝15×[　]＝[　](cm²)

❷ (평행사변형 ㄱㄴㄷㅂ의 넓이)＝15×[　]＝[　](cm²)

❸ 삼각형 ㅅㄴㄷ의 넓이를 ●cm²라 하면

(색칠한 부분의 넓이)＝135＋135−●, 210＝[　]＋[　]−●, ●＝[　]

❹ (선분 ㅅㄴ)＝(삼각형 ㅅㄴㄷ의 넓이)×2÷(선분 ㄴㄷ)＝[　]×2÷15＝[　](cm)
  선분 ㅅㄴ이 밑변일 때의 높이

답 ＿＿＿＿＿＿＿＿

예제✓ 직사각형 ㄱㄴㄷㄹ과 평행사변형 ㄱㅁㅂㄹ을 겹쳐 놓은 것입니다. 색칠한 부분의 넓이가 324 cm²일 때, 선분 ㅅㄷ의 길이는 몇 cm 일까요?

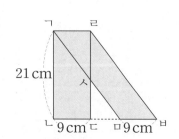

(　　　　　　)

>> 정답 및 풀이 54~55쪽

10-1 변형

사각형 ㄱㄴㄷㅁ은 직사각형이고, 사각형 ㄱㅂㅅㅁ은 평행사변형입니다. 색칠한 부분의 넓이가 276 cm²일 때, 선분 ㅁㄹ의 길이는 몇 cm일까요?

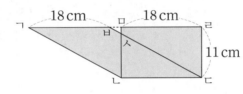

(   )

10-2 변형

직사각형 ㅁㄴㄷㄹ과 평행사변형 ㄱㄴㄷㅂ을 겹쳐 놓은 도형입니다. 색칠한 부분의 넓이가 306 cm²일 때, 선분 ㅅㄴ의 길이는 몇 cm일까요?

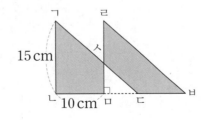

(   )

10-3 발전

삼각형 ㄱㄴㄷ과 삼각형 ㄹㅁㅂ은 모양과 크기가 같습니다. 색칠한 부분의 넓이가 230 cm²일 때, 선분 ㅅㅁ의 길이는 몇 cm일까요?

15 cm
ㄴ 10 cm ㅁ

(   )

6

다각형의 둘레와 넓이

01 도형의 둘레는 몇 cm일까요?

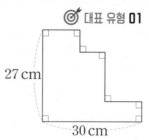

◎ 대표 유형 **01**

27 cm

30 cm

풀이

답 _____

02 도형의 넓이는 몇 cm²일까요?

◎ 대표 유형 **02**

5 cm

5 cm

20 cm

6 cm 5 cm

22 cm

풀이

답 _____

03 직사각형 모양의 종이를 선분 ㄱㄷ을 따라 접었습니다. 삼각형 ㄱㅂㄷ의 넓이는 몇 cm²일까요?

◎ 대표 유형 **03**

36 cm

26 cm

24 cm

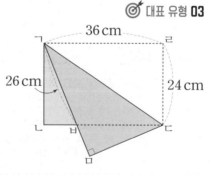

풀이

답 _____

04 직사각형 모양의 종이를 색칠한 부분만 남기고 잘라냈습니다. 색칠한 부분의 넓이는 몇 cm²일까요?

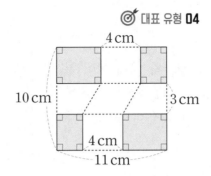

🎯 **대표 유형 04**

풀이

답 _____

05 둘레가 72 cm인 정사각형을 오른쪽과 같이 크기와 모양이 같은 직사각형 3개로 나누었습니다. 가장 작은 직사각형 한 개의 둘레는 몇 cm일까요?

🎯 **대표 유형 05**

Tip
정사각형의 한 변의 길이를 먼저 구합니다.

풀이

답 _____

06 사다리꼴 ㄱㄴㄷㄹ의 넓이는 몇 cm²일까요?

🎯 **대표 유형 06**

Tip
삼각형 ㄱㄷㄹ에서 밑변이 선분 ㄱㄹ일 때 높이를 구합니다.

풀이

답 _____

6

다각형의 둘레와 넓이

07 직사각형과 정사각형을 겹치지 않게 이어 붙여 도형을 만들었습니다. 도형 전체의 넓이가 862 cm²일 때, 이 도형 전체의 둘레는 몇 cm인지 구하세요.

🎯 대표 유형 **07**

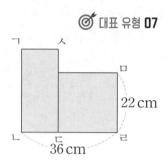

풀이

답 _____

08 모양과 크기가 같은 마름모 2개를 겹쳐서 만든 도형입니다. 만든 도형 전체의 넓이는 몇 cm²일까요?

🎯 대표 유형 **07**

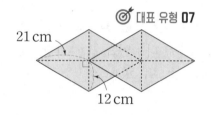

Tip 🖐

마름모 2개의 넓이에서 겹쳐진 부분의 넓이를 뺍니다.

풀이

답 _____

09 사각형 ㄱㄴㄷㄹ의 넓이는 몇 m²일까요?

🎯 대표 유형 **08**

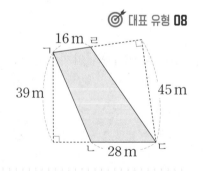

Tip 🖐

삼각형 2개로 나누어 구합니다.

풀이

답 _____

10 색칠한 부분의 넓이는 몇 cm²일까요?

🎯 대표 유형 **09**

Tip 👍

(색칠한 부분의 넓이)
 =(삼각형 ㄱㄴㄷ의 넓이)
  -(삼각형 ㄹㄴㄷ의 넓이)
  +(삼각형 ㅁㄴㄷ의 넓이)

풀이

답 _____

11 모양과 크기가 똑같은 마름모 2개를 겹쳐 놓은 것입니다. 색칠한 부분의 넓이는 몇 cm²일까요?

🎯 대표 유형 **09**

Tip 👍

겹친 부분은 마름모 한 개 넓이의 $\frac{1}{4}$입니다.

6

다각형의 둘레와 넓이

풀이

답 _____

12 삼각형 ㄱㄴㄷ과 삼각형 ㄹㅁㅂ은 모양과 크기가 같습니다. 색칠한 부분의 넓이가 324 cm²일 때, 선분 ㅅㅁ의 길이는 몇 cm일까요?

🎯 대표 유형 **10**

Tip 👍

공통인 부분을 빼면 나머지 부분의 넓이가 같습니다.

풀이

답 _____

피곤한 눈을 맑고 개운하게!
눈 스트레칭

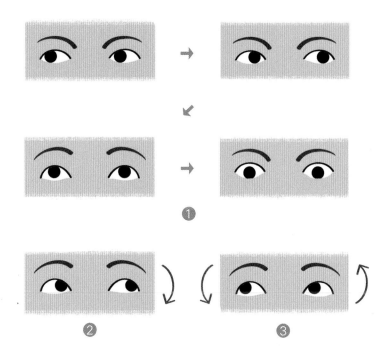

눈이 피곤하면 집중력도 떨어지고, 심한 경우 두통이 생기기도 합니다.
꾸준한 눈 스트레칭으로 눈의 피로를 꼭 풀어 주세요. 눈 스트레칭을 할 때 목은
고정하고 눈동자만 움직여야 효과가 좋아진다는 것! 잊지 마세요.

❶ 눈동자를 다음과 같은 순서로 움직여 보세요. 한 방향당 10초간 머물러야 합니다.

　　왼쪽 ➡ 오른쪽 ➡ 위쪽 ➡ 아래쪽

❷ 눈동자를 시계 방향으로 한 바퀴 돌려 주세요.

❸ 눈동자를 시계 반대 방향으로 한 바퀴 돌려 주세요.

　　※ 스트레칭 후에도 눈에 피곤함이 남아 있다면, 2~3회 반복해 주세요.

상위권 진입비결

최고수준 S 복습책

5-1

1. 자연수의 혼합 계산

본문 '유형 변형'의 반복학습입니다.

대표 유형 01

1 ☐ 안에 들어갈 수 있는 가장 작은 자연수를 구하세요.

$$(12 \times 4 + 6) \div 3 + 5 \times \boxed{} > 48$$

(   )

대표 유형 02

2 다음과 같이 약속할 때, 7▲(16⊙4)의 값을 구하세요.

$$가 ▲ 나 = 가 \times (가 - 나)$$
$$가 ⊙ 나 = (가 + 나) \div 나$$

(   )

대표 유형 03

3 그림과 같이 길이가 15 cm인 색 테이프 8장을 5 cm씩 겹치도록 이어 붙였습니다. 이어 붙인 색 테이프의 전체 길이는 몇 cm일까요?

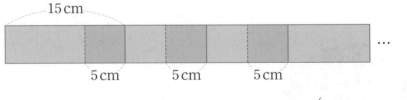

(   )

4 대표 유형 **04**

무게가 같은 공책 2권의 무게는 160 g, 연필 한 자루의 무게는 25 g, 무게가 같은 지우개 3개의 무게는 60 g입니다. 공책 한 권과 연필 한 자루의 무게의 합은 지우개 한 개의 무게보다 몇 g 더 무거운지 하나의 식으로 나타내 구하세요.

식 _____

답 _____

5 대표 유형 **05**

계산 결과가 가장 크게 되도록 2군데를 ( )로 묶고, 계산해 보세요.

$$20 \div 2 + 3 - 1 \times 2 + 5$$

( )

6 대표 유형 **06**

5장의 수 카드와 +, −, ×, ÷를 한 번씩 모두 사용하여 계산 결과가 가장 큰 자연수가 되는 식을 만들려고 합니다. 계산 결과가 가장 클 때의 값을 구하세요.

(단, ( )는 사용하지 않습니다.)

1 3 6 7 8

( )

대표 유형 07

7

16과 어떤 수의 차에 4를 곱하고 8로 나누어야 할 것을 잘못하여 16과 어떤 수의 합을 4로 나눈 몫에 8을 곱했더니 40이 되었습니다. 바르게 계산한 값을 구하세요.

( )

대표 유형 08

8

가게에서 사탕 5개는 2500원이고, 초콜릿 3개는 2100원입니다. 소정이는 사탕 6개와 초콜릿 몇 개를 사고 10000원을 냈더니 거스름돈으로 1400원을 받았습니다. 소정이가 산 초콜릿은 몇 개일까요? (단, 사탕과 초콜릿 한 개의 값은 각각 같습니다.)

( )

대표 유형 09

9

똑같은 야구공 8개가 들어 있는 상자의 무게를 재어 보니 1410 g이었습니다. 여기에 똑같은 야구공 3개를 더 넣은 후 무게를 재어 보니 1845 g이었습니다. 같은 빈 상자에 무게가 같은 테니스공 5개를 넣고 상자의 무게를 재어 보니 540 g일 때, 테니스공 한 개의 무게는 몇 g일까요?

( )

1. 자연수의 혼합 계산

>> 정답 및 풀이 **58**쪽

본문 '실전 적용'의 반복학습입니다.

1 그림을 보고 ㉠에서 ㉡까지의 길이는 몇 cm인지 구하세요.

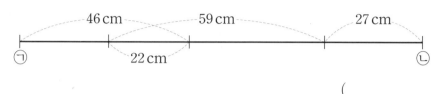

( )

2 ☐ 안에 알맞은 수를 구하세요.

$$☐ + (25 - 13) \times 6 \div 8 = 20$$

( )

3 열량은 몸속에서 발생하는 에너지의 양입니다. 간식의 열량을 나타낸 표를 보고 재민이가 오늘 먹은 간식의 열량은 모두 몇 *킬로칼로리인지 구하세요.

*킬로칼로리: 열량의 단위

간식	열량 (킬로칼로리)
식혜 (100 mL)	50
약과 (4개)	580
자두 (1개)	30

재민이가 오늘 먹은 간식

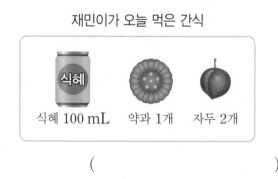

식혜 100 mL   약과 1개   자두 2개

( )

4 ☐ 안에 들어갈 수 있는 자연수는 모두 몇 개일까요?

$$36 \div 9 + \boxed{} \times 5 < 54 \div (12 - 6) + 13$$

(   )

5 다음과 같이 약속할 때, $(8 ★ 6) ★ 5$의 값을 구하세요.

$$가 ★ 나 = 가 \div (가 - 나) + 나$$

(   )

6 온도를 나타내는 단위에는 섭씨($°C$)와 화씨($°F$)가 있습니다. 다음을 읽고 현재 기온 $25\,°C$를 화씨로 나타내면 몇 도($°F$)인지 구하세요.

화씨온도에서 32를 뺀 수에 5를 곱하고 9로 나누면 섭씨온도가 됩니다.

(   )

7 ○ 안에 ＋, －, ×, ÷를 한 번씩 써넣어 계산 결과가 가장 클 때의 값을 구하세요.

$$16 \bigcirc 5 \bigcirc 8 \bigcirc 4 \bigcirc 2$$

(   )

8 왼쪽 식에 (   )를 한 번만 넣어 계산했을 때, 계산 결과가 될 수 없는 수를 ▸보기◂에서 찾아 써 보세요.

$$180 \div 6 - 2 + 1$$

┌─ 보기 ─────────────┐
24, 27, 29, 36, 46
└───────────────────┘

(   )

9 예원이는 문구점에서 3자루에 2700원인 연필 2자루와 공책 한 권을 사고 4000원을 냈습니다. 거스름돈으로 700원을 받았다면 공책 한 권의 값은 얼마일까요?

(단, 연필 한 자루의 값은 같습니다.)

(   )

10 어떤 수와 16의 합을 10과 2의 차로 나누어야 할 것을 잘못하여 어떤 수에서 16을 뺀 값을 10과 2의 합으로 나누었더니 4가 되었습니다. 바르게 계산하면 얼마일까요?

(   )

11 지희네 반 학생들에게 사탕을 나누어 주려고 합니다. 한 사람에게 4개씩 나누어 주면 9개가 모자라고, 3개씩 나누어 주면 17개가 남습니다. 사탕은 몇 개일까요?

(   )

12 무게가 같은 감자 8개가 들어 있는 상자의 무게를 재어 보니 2400 g이었습니다. 여기에서 감자 3개를 뺀 후 무게를 재어 보니 1650 g이었습니다. 같은 빈 상자에 무게가 같은 고구마 6개를 넣고 상자의 무게를 재어 보니 1600 g일 때, 고구마 한 개의 무게는 몇 g일까요?

(   )

2. 약수와 배수

>> 정답 및 풀이 **59**쪽

본문 '유형 변형'의 반복학습입니다.

대표 유형 01

1 소희네 학교에서 축구공 36개와 배구공 54개를 남김없이 학생에게 똑같이 나누어 주려고 합니다. 나누어 줄 수 있는 방법은 모두 몇 가지일까요?

(단, 나누어 주는 학생은 1명보다 많고, 축구공과 배구공을 함께 나누어 줍니다.)

(   )

대표 유형 02

2 다음 **조건**을 만족하는 자연수는 모두 몇 개일까요?

> **조건**
> • 200보다 크고 400보다 작습니다.
> • 12의 배수이면서 20의 배수입니다.

(   )

대표 유형 03

3 가로가 18 cm, 세로가 27 cm인 직사각형 모양의 종이를 겹치지 않게 이어 붙여서 정사각형을 만들려고 합니다. 만들 수 있는 가장 작은 정사각형의 한 변의 길이는 몇 cm일까요?

(   )

유형 변형하기

대표 유형 04

4 ▢ 안에는 같은 수가 들어갑니다. ▢ 안에 들어갈 수 있는 수 중에서 가장 작은 세 자리 수를 구하세요.

$\square \div 6 = \bigstar \cdots 5$

$\square \div 10 = \bullet \cdots 9$

( )

대표 유형 05

5 다음 네 자리 수가 4의 배수도 되고 9의 배수도 될 때 만들 수 있는 네 자리 수 중 가장 큰 수를 구하세요.

36▢▢

( )

대표 유형 06

6 봉사 활동을 ㉮ 학교는 12일마다, ㉯ 학교는 8일마다 갑니다. 3월 5일에 첫 번째로 두 학교가 함께 봉사 활동을 갔다면 세 번째로 함께 봉사 활동을 가는 날은 몇 월 며칠일까요?

( )

7 세 전등이 다음과 같은 규칙으로 켜졌다 꺼집니다. 세 전등이 오후 9시 정각에 동시에 켜졌다면, 오후 9시 정각부터 오후 10시 정각까지 세 전등이 동시에 켜지는 횟수는 모두 몇 번일까요?

전등	불빛 규칙
분홍 전등	10초마다 한 번
노란 전등	20초마다 한 번
보라 전등	25초마다 한 번

( )

8 톱니바퀴 3개가 맞물려 돌아가고 있습니다. 톱니 수는 각각 톱니바퀴 ㉮가 42개, 톱니바퀴 ㉯가 84개, 톱니바퀴 ㉰가 63개입니다. 세 톱니바퀴의 톱니가 처음에 맞물렸던 자리에서 첫 번째로 다시 만나려면 톱니바퀴 ㉰는 몇 바퀴 돌아야 할까요?

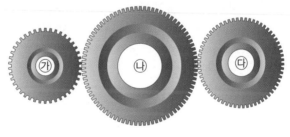

( )

9 어떤 두 수의 합은 105이고 최대공약수는 21, 최소공배수는 126입니다. 두 수를 각각 구하세요.

(,)

1 90과 150의 공약수 중에서 5의 배수는 모두 몇 개일까요?

(   )

2 다음 조건 을 만족하는 자연수는 모두 몇 개일까요?

조건
- 100보다 크고 300보다 작습니다.
- 12의 배수입니다.

(   )

3 가로가 27 cm, 세로가 36 cm인 직사각형 모양의 종이를 남는 부분 없이 크기가 같은 가장 큰 정사각형 모양 여러 개로 자르려고 합니다. 정사각형을 모두 몇 개 만들 수 있을까요?

(   )

>> 정답 및 풀이 **60**쪽

4 일우와 서연이가 다음과 같은 규칙으로 각각 구슬을 60개씩 놓을 때 초록색 구슬을 같은 순서에 놓는 경우는 모두 몇 번일까요?

( )

5 도토리 32개와 밤 40개를 남김없이 접시에 똑같이 나누어 담으려고 합니다. 접시에 나누어 담을 수 있는 방법은 모두 몇 가지일까요?

(단, 나누어 담는 접시는 1개보다 많고, 도토리와 밤을 함께 담습니다.)

( )

6 어느 기차역에서 단양역으로 가는 기차는 25분마다, 경주역으로 가는 기차는 30분마다 출발한다고 합니다. 두 기차가 오전 9시에 동시에 출발하였다면 그 이후부터 오후 5시까지 동시에 출발하는 횟수는 모두 몇 번일까요?

( )

7 ◎에 알맞은 수를 모두 구하세요.

$$43 \div ◎ = ▲ \cdots 3$$
$$53 \div ◎ = ◆ \cdots 3$$

(   )

8 다음 네 자리 수는 5의 배수도 되고 6의 배수도 됩니다. 네 자리 수가 될 수 있는 수를 모두 구하세요.

29□□

(   )

9 두 수 ●와 ▼의 모든 공약수의 합을 구하세요.

· ● × ▼ = 3456
· (●와 ▼의 최소공배수) = 144

(   )

10 두 전등이 다음과 같은 규칙으로 켜졌다 꺼집니다. 두 전등이 오후 7시 정각에 동시에 켜졌다면, 오후 7시 정각부터 오후 9시 정각까지 두 전등이 동시에 켜지는 횟수는 모두 몇 번일까요?

전등	불빛 규칙
파란 전등	28초마다 한 번
초록 전등	32초마다 한 번

(   )

11 두 톱니바퀴 ㉮, ㉯가 맞물려 돌아가고 있습니다. 톱니 수는 톱니바퀴 ㉮가 30개, 톱니바퀴 ㉯가 42개입니다. 톱니바퀴 ㉯는 한 바퀴 도는 데 5분이 걸립니다. 두 톱니바퀴의 톱니가 처음 맞물렸던 곳에서 첫 번째로 다시 맞물릴 때는 몇 분 후일까요?

(   )

12 어떤 두 수 ㉮와 ㉯의 최대공약수가 36이고 최소공배수가 540일 때, ㉮가 될 수 있는 수를 모두 구하세요. (단, ㉮ < ㉯)

(   )

3. 규칙과 대응

본문 '유형 변형'의 반복학습입니다.

대표 유형 01

1 ♣와 ◇ 사이의 대응 관계와 ◇와 ♡ 사이의 대응 관계를 나타낸 표입니다. ㉠과 ㉡에 알맞은 수의 차를 구하세요.

♣	6	9	15			㉠	⋯
◇	2	3	5	8	9	11	⋯
♡		㉡		20	21	23	⋯

(   )

대표 유형 02

2 일정한 규칙에 따라 수를 늘어놓았습니다. 처음으로 60보다 큰 수가 놓이는 것은 몇 번째 수일까요?

9, 17, 25, 33, 41

(   )

대표 유형 03

3 다음과 같이 어떤 상자에 수가 적힌 공을 넣었더니 규칙에 따라 수가 바뀐 공이 나왔습니다. ㉠에 알맞은 수는 얼마일까요?

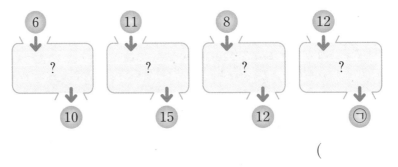

(   )

대표 유형 04 ┌▸체코의 수도

4 1월 30일에 서울과 프라하의 시각 사이의 대응 관계를 나타낸 표입니다. 서울이 1월 30일 오전 10시일 때 프라하는 몇 월 며칠 오전 몇 시인지 구하세요.

서울의 시각	오후 2시	오후 3시	오후 4시	⋯
프라하의 시각	오전 6시	오전 7시	오전 8시	⋯

(   )

5 대표 유형 **05**
길이가 13 m인 통나무를 1 m씩 잘라 13도막을 만들려고 합니다. 통나무를 한 번 자르는 데 5분이 걸리고, 한 번 자른 후 4분씩 쉰다고 합니다. 이 통나무를 13도막으로 자르는 데 모두 몇 시간 몇 분이 걸리는지 구하세요.

(   )

6 대표 유형 **06**
성냥개비로 그림과 같이 정사각형을 만들었습니다. 성냥개비 74개로 정사각형을 몇 개까지 만들 수 있는지 구하세요.

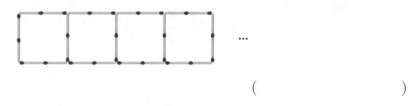

(   )

7 대표 유형 **07**
그림과 같은 규칙으로 초록색 점과 파란색 점을 찍고 있습니다. 25번째 정사각형에 찍게 되는 초록색 점과 파란색 점의 수의 합은 몇 개인지 구하세요.

| 1번째 | 2번째 | 3번째 | 4번째 |

(   )

본문 '실전 적용'의 반복학습입니다.

1 △와 ○ 사이의 대응 관계를 나타낸 표입니다. ㉠÷㉡의 값을 구하세요.

△	8	16	20	32	56	㉠	…
○	2	4	5	㉡	14	36	…

(   )

2 민우가 수 카드를 먼저 내면 연주가 대응 관계에 따라 수 카드를 냅니다. 민우가 먼저 어떤 수 카드를 내고 연주가 26 을 냈다면 민우가 먼저 낸 카드의 수는 얼마일까요?

민우   연주   민우   연주   민우   연주

34 → 22   19 → 7   41 → 29

(   )

3 일정한 규칙에 따라 수를 늘어놓았습니다. 300에 가장 가까운 수는 몇 번째 수인지 구하세요.

6,   14,   22,   30,   38, …

(   )

4 바둑돌의 배열을 보고 14번째에 필요한 바둑돌은 몇 개인지 구하세요.

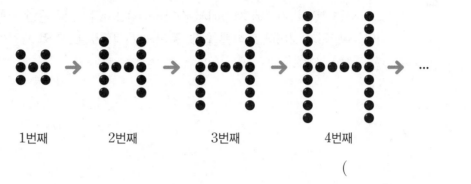

1번째   2번째   3번째   4번째

(   )

5 성냥개비로 그림과 같이 정팔각형을 만들었습니다. 정팔각형 18개를 만들려면 성냥개비는 몇 개 필요한지 구하세요.

(   )

6 이탈리아의 수도
어느 날 서울의 시각이 오후 9시일 때 로마의 시각은 오후 1시입니다. 이 날 수민이는 서울의 시각으로 오전 10시 30분에 서울에서 출발하여 12시간 30분 동안 비행기를 타고 로마에 도착했습니다. 수민이가 로마에 도착했을 때, 로마의 시각으로 오후 몇 시일까요?

(   )

7 길이가 14 m인 통나무를 2 m씩 잘라 7도막을 만들려고 합니다. 통나무를 한 번 자르는데 15분이 걸리고, 한 번 자른 후 9분씩 쉰다고 합니다. 이 통나무를 오후 3시에 자르기 시작했다면 통나무를 다 자르고 난 후의 시각은 오후 몇 시 몇 분인지 구하세요.

(   )

8 성냥개비로 그림과 같이 오각형을 만들려고 합니다. 성냥개비 120개로 오각형을 몇 개까지 만들수 있는지 구하세요.

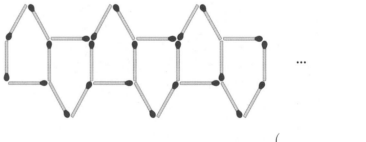

...

(   )

9 그림과 같이 정오각형에 같은 간격으로 빨간색 점과 파란색 점을 찍었습니다. 찍은 빨간색 점과 파란색 점의 수의 차가 40개인 정오각형은 몇 번째인지 구하세요.

1번째   2번째   3번째   4번째

(   )

10 철사를 다음과 같이 점선을 따라 자르려고 합니다. 철사를 한 번 자르는 데 5분이 걸린다면 쉬지 않고 37도막으로 자르는 데 모두 몇 분이 걸리는지 구하세요.

1번   2번   3번   4번

(   )

4. 약분과 통분

대표 유형 01

1 조건 을 만족하는 분수는 모두 몇 개일까요?

> 조건
> - $\dfrac{5}{8}$ 와 $\dfrac{5}{7}$ 사이에 있는 수입니다.
> - 분모가 56인 기약분수입니다.

(   )

대표 유형 02

2 조건 을 모두 만족하는 분수를 구하세요.

> 조건
> - 분모와 분자의 최소공배수는 105입니다.
> - 기약분수로 나타내면 $\dfrac{3}{7}$ 입니다.

(   )

대표 유형 03

3 ☐ 안에 공통으로 들어갈 수 있는 자연수 중에서 가장 큰 수를 구하세요.

> $\dfrac{9}{10} > \dfrac{3}{\square}, \quad \dfrac{6}{13} < \dfrac{4}{\square}$

(   )

4

대표 유형 04

4장의 수 카드 중에서 2장을 골라 한 번씩 사용하여 가분수를 만들려고 합니다. 만들 수 있는 수 중 가장 작은 수를 소수로 나타내 보세요.

$$\boxed{3} \quad \boxed{4} \quad \boxed{5} \quad \boxed{9}$$

(   )

5

대표 유형 05

분모가 50인 분수의 분모와 분자에서 각각 2를 빼고, 기약분수로 나타내었더니 $\dfrac{7}{8}$이 되었습니다.

처음 분수를 구하세요.

(   )

6

대표 유형 06

두 식을 만족하는 ㉠과 ㉡에 알맞은 수를 각각 구하세요.

$$\frac{㉡}{㉠+2}=\frac{1}{8}, \ \frac{㉡}{㉠+8}=\frac{1}{9}$$

㉠ (   ), ㉡ (   )

7

대표 유형 07

조건 을 만족하는 기약분수는 모두 몇 개일까요?

조건
• 분모가 121인 진분수입니다.
• 분자가 두 자리 수입니다.

(   )

1 $\frac{3}{8}$보다 크고 0.5보다 작은 분수 중에서 분모가 40인 분수를 모두 구하세요.

(   )

2 $\frac{7}{12}$의 분자에 21을 더했을 때 분수의 크기가 변하지 않으려면 분모에 얼마를 더해야 하는지 구하세요.

(   )

3 ☐ 안에 들어갈 수 있는 자연수 중에서 가장 큰 수를 구하세요.

$$\frac{5}{\Box} > \frac{6}{11}$$

(   )

4 분모와 분자의 합이 128이고, 소수로 나타내면 0.6이 되는 분수를 구하세요.

(   )

5 조건 을 만족하는 분수는 모두 몇 개일까요?

> 조건
> - $\dfrac{4}{9}$ 와 $\dfrac{3}{5}$ 사이에 있는 수입니다.
> - 분모가 45인 기약분수입니다.

(   )

6 4장의 수 카드 중에서 3장을 골라 한 번씩 사용하여 만들 수 있는 가장 큰 대분수를 구하세요.

$$\boxed{1} \quad \boxed{4} \quad \boxed{7} \quad \boxed{9}$$

(   )

7 ☐ 안에 들어갈 수 있는 자연수를 모두 구하세요.

$$\frac{4}{7} < \frac{6}{\square} < \frac{9}{11}$$

(   )

8 어떤 분수의 분모와 분자에 각각 5를 더하고, 4로 약분하였더니 $\frac{5}{6}$가 되었습니다. 처음 분수를 구하세요.

(   )

9 분모가 64인 진분수 중에서 기약분수로 나타내면 단위분수가 되는 모든 분수들의 합을 구하세요.

$$\frac{1}{64}, \frac{2}{64}, \frac{3}{64}, \cdots, \frac{62}{64}, \frac{63}{64}$$

(   )

10 4장의 수 카드 중에서 2장을 골라 한 번씩 사용하여 진분수를 만들려고 합니다. 만들 수 있는 수 중에서 $\dfrac{1}{2}$보다 큰 수를 모두 구하세요.

$$\boxed{1} \quad \boxed{4} \quad \boxed{6} \quad \boxed{9}$$

(   )

11 두 식을 만족하는 ㉠과 ㉡에 알맞은 수를 각각 구하세요.

$$\frac{㉡}{㉠+4}=\frac{3}{4}, \quad \frac{㉡}{㉠+19}=\frac{3}{7}$$

㉠ (   )

㉡ (   )

12 식을 만족하는 ㉠과 ㉡에 알맞은 수 중 가장 작은 자연수를 각각 구하세요.

$$\frac{㉡}{㉠×㉠}=\frac{1}{84}$$

㉠ (   )

㉡ (   )

5. 분수의 덧셈과 뺄셈

본문 '유형 변형'의 반복학습입니다.

1

대표 유형 01

이등변삼각형의 세 변의 길이의 합이 $10\frac{1}{3}$ m입니다. 이 삼각형의 한 변의 길이가 $2\frac{5}{6}$ m라고 할 때 ☐ 안에 알맞은 수를 구하세요.

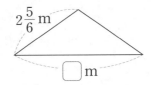

(   )

2

대표 유형 02

☐ 안에 들어갈 수 있는 자연수는 모두 몇 개인지 구하세요.

$$\frac{1}{3} < \frac{1}{5} + \frac{\Box}{10} < \frac{4}{5}$$

(   )

3

대표 유형 03

길이가 $5\frac{5}{8}$ m인 색 테이프 2장을 그림과 같이 겹치도록 이어 붙였습니다. 몇 m씩 겹치도록 이어 붙였을까요?

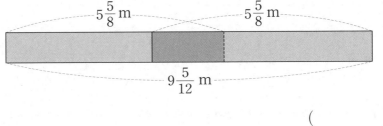

(   )

4

대표 유형 04

희주는 제주도에 가는 데 $\frac{1}{4}$시간 동안 자전거를 타고, $1\frac{2}{5}$시간 동안 기차를 탄 다음 $1\frac{3}{4}$시간 동안 비행기를 탔습니다. 희주가 오후 3시에 출발했다면 제주도에 도착한 시각은 오후 몇 시 몇 분일까요?

(   )

5

4장의 수 카드 중 3장을 골라 한 번씩만 사용하여 대분수를 만들려고 합니다. 만들 수 있는 대분수 중에서 가장 큰 대분수와 가장 작은 대분수의 차를 구하세요.

$$\boxed{1} \quad \boxed{3} \quad \boxed{5} \quad \boxed{8}$$

(   )

6

귤을 담은 상자의 무게가 $9\frac{3}{7}$ kg입니다. 전체 귤의 $\frac{1}{3}$을 덜어 낸 후 무게를 다시 재어 보니 $6\frac{2}{5}$ kg입니다. 빈 상자의 무게는 몇 kg일까요?

(   )

7

어떤 일을 하는 데 도윤이가 혼자서 하면 8일, 예리가 혼자서 하면 12일, 주헌이가 혼자서 하면 24일이 걸립니다. 이 일을 세 사람이 함께 한다면 일을 끝내는 데 며칠이 걸릴까요?

(단, 세 사람이 각각 하루 동안 하는 일의 양은 일정합니다.)

(   )

8

다음 식을 만족하는 ㉠, ㉡, ㉢에 알맞은 자연수를 각각 구하세요. (단, ㉠<㉡<㉢<19)

$$\frac{11}{18} = \frac{1}{㉠} + \frac{1}{㉡} + \frac{1}{㉢}$$

㉠ (   )

㉡ (   )

㉢ (   )

5. 분수의 덧셈과 뺄셈

1 길이가 각각 $3\frac{7}{8}$ m, $6\frac{2}{5}$ m인 색 테이프를 $1\frac{3}{10}$ m씩 겹치게 이어 붙였습니다. 이어 붙인 색 테이프의 전체 길이는 몇 m일까요?

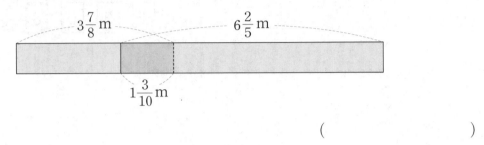

(   )

2 ☐ 안에 들어갈 수 있는 자연수의 합을 구하세요.

$$\frac{\boxed{}}{4} - \frac{1}{9} < \frac{2}{3}$$

(   )

3 오른쪽 삼각형 ㄱㄴㄷ의 세 변의 길이의 합이 $9\frac{1}{2}$ m일 때, 변 ㄱㄴ의 길이는 몇 m인지 구하세요.

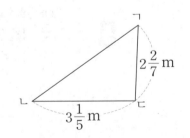

(   )

4 석민이는 고모 댁에 가는 데 $1\frac{5}{12}$시간 동안 자전거를 타고, $3\frac{1}{6}$시간 동안 기차를 탄 다음 나머지는 걸어갔습니다. 석민이가 고모 댁에 가는 데 5시간이 걸렸다면 걸어간 시간은 몇 분일까요?

( )

5 ☐ 안에 들어갈 수 있는 자연수는 모두 몇 개인지 구하세요.

$$2\frac{1}{6} < 3\frac{1}{3} - \frac{\square}{12} < 3\frac{1}{12}$$

( )

6 4장의 수 카드 중 3장을 골라 한 번씩만 사용하여 대분수를 만들려고 합니다. 만들 수 있는 대분수 중에서 가장 큰 대분수와 두 번째로 큰 대분수의 합을 구하세요.

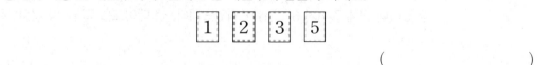

( )

7 영우는 $1\dfrac{2}{15}$ 시간 동안 수학 숙제를 하고, $\dfrac{1}{2}$ 시간 동안 쉰 다음 다시 $1\dfrac{1}{6}$ 시간 동안 수학 숙제를 한 후에 숙제를 끝냈습니다. 영우가 오후 4시에 수학 숙제를 시작했다면 숙제가 끝난 시각은 오후 몇 시 몇 분일까요?

(   )

8 다음 식을 만족하는 ㉠과 ㉡에 알맞은 자연수를 각각 구하세요. (단, ㉠ < ㉡ < 19)

$$\dfrac{5}{9} = \dfrac{1}{㉠} + \dfrac{1}{㉡}$$

㉠ (   )

㉡ (   )

9 길이가 각각 $2\dfrac{3}{4}$ m, $3\dfrac{9}{10}$ m, $2\dfrac{3}{20}$ m인 색 테이프 3장을 같은 길이만큼 겹치도록 길게 이어 붙였더니 전체 길이가 $6\dfrac{2}{3}$ m가 되었습니다. 색 테이프를 몇 m씩 겹치도록 이어 붙였을까요?

(   )

10 어떤 일을 하는 데 지훈이가 혼자서 하면 16일, 미영이가 혼자서 하면 24일이 걸립니다. 이 일을 두 사람이 함께 한다면 일을 끝내는 데 적어도 며칠이 걸릴까요?

(단, 두 사람이 각각 하루 동안 하는 일의 양은 일정합니다.)

( )

11 물이 가득 든 수조의 무게가 $10\frac{8}{15}$ kg입니다. 이 수조에 들어 있는 물의 $\frac{1}{4}$ 만큼을 덜어 내고 다시 무게를 재어 보니 $9\frac{7}{30}$ kg이었습니다. 빈 수조의 무게는 몇 kg일까요?

( )

12 6장의 수 카드를 한 번씩만 사용하여 대분수를 2개 만들었습니다. 두 대분수의 합이 가장 작게 될 때의 합을 구하세요.

$\boxed{1}$ $\boxed{3}$ $\boxed{4}$ $\boxed{6}$ $\boxed{8}$ $\boxed{9}$

( )

6. 다각형의 둘레와 넓이

본문 '유형 변형'의 반복학습입니다.

대표 유형 01

1 도형의 둘레는 몇 m일까요?

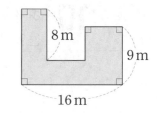

(   )

대표 유형 02

2 직사각형 ㉢의 넓이가 120 m²일 때 직사각형 ㉠과 ㉡의 넓이의 차는 몇 m²일까요?

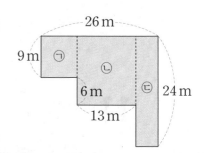

(   )

대표 유형 03

3 사각형 ㄱㄴㄷㄹ은 평행사변형입니다. 사다리꼴 ㄱㄴㄷㅂ의 넓이가 615 cm²일 때 마름모 ㅁㄹㄷㅂ의 넓이는 몇 cm²일까요?

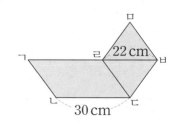

(   )

대표 유형 04

4 직사각형 모양의 종이를 폭이 일정하게 잘라 냈습니다. 잘라 내고 남은 종이의 넓이가 405 m²일 때, ㉠에 알맞은 수를 구하세요.

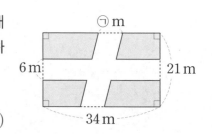

(   )

5 대표 유형 05
크기가 같은 정사각형 4개를 겹치지 않게 이어 붙여서 다음과 같은 도형을 만들었습니다. 색칠한 부분의 넓이가 128 m²일 때, 정사각형 한 개의 둘레는 몇 m일까요?

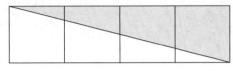

(   )

6 대표 유형 06
사다리꼴 ㄱㄴㄷㄹ의 넓이는 396 cm²입니다. 선분 ㄴㄹ의 길이는 몇 cm일까요?

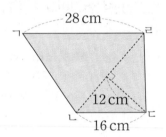

(   )

7 대표 유형 07
모양과 크기가 같은 마름모 2개를 겹쳐서 만든 도형입니다. 만든 도형 전체의 넓이는 몇 cm²일까요?

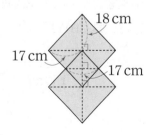

(   )

대표 유형 08

8 다각형의 넓이는 몇 cm²일까요?

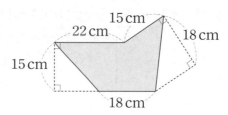

( )

대표 유형 09

9 사각형 ㄱㄷㄹㅅ은 평행사변형이고 사각형 ㅂㄷㄹㅁ은 직사각형입니다. 색칠한 부분의 넓이는 몇 cm²일까요?

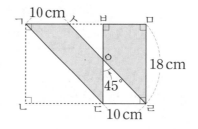

( )

대표 유형 10

10 삼각형 ㄱㄴㄷ과 삼각형 ㄹㅁㅂ은 모양과 크기가 같습니다. 색칠한 부분의 넓이가 480 cm²일 때, 선분 ㅅㅁ의 길이는 몇 cm일까요?

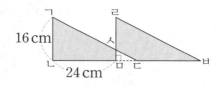

( )

6. 다각형의 둘레와 넓이

>> 정답 및 풀이 68쪽

본문 '실전 적용'의 반복학습입니다.

1 도형의 둘레는 몇 cm일까요?

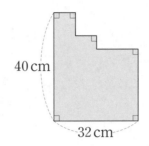

40 cm

32 cm

(   )

2 도형의 넓이는 몇 cm²일까요?

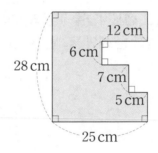

12 cm

6 cm

28 cm

7 cm

5 cm

25 cm

(   )

3 직사각형 모양의 종이를 선분 ㄱㄷ을 따라 접었습니다. 삼각형 ㄱㅂㄷ의 넓이는 몇 cm²일까요?

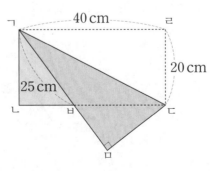

40 cm

20 cm

25 cm

(   )

4 직사각형 모양의 종이를 색칠한 부분만 남기고 잘라 냈습니다. 색칠한 부분의 넓이는 몇 cm²일까요?

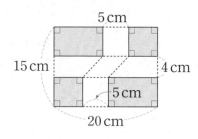

(   )

5 둘레가 96 cm인 정사각형을 다음과 같이 크기와 모양이 같은 직사각형 4개로 나누었습니다. 가장 작은 직사각형 한 개의 둘레는 몇 cm일까요?

(   )

6 사다리꼴 ㄱㄴㄷㄹ의 넓이는 몇 cm²일까요?

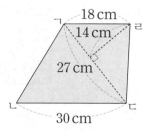

(   )

7 오른쪽은 직사각형과 정사각형을 겹치지 않게 이어 붙여 만든 도형입니다. 도형 전체의 넓이가 501 cm²일 때, 이 도형 전체의 둘레는 몇 cm인지 구하세요.

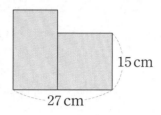

15 cm

27 cm

(   )

8 모양과 크기가 같은 마름모 2개를 겹쳐서 만든 도형입니다. 이 도형의 넓이는 몇 cm²일까요?

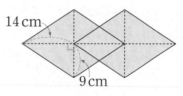

14 cm

9 cm

(   )

9 사각형 ㄱㄴㄷㄹ의 넓이는 몇 m²일까요?

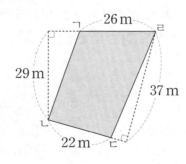

26 m

29 m

37 m

22 m

(   )

10 색칠한 부분의 넓이는 몇 cm²일까요?

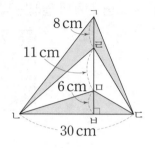

(   )

11 똑같은 마름모 2개를 겹쳐 놓은 것입니다. 색칠한 부분의 넓이는 몇 cm²일까요?

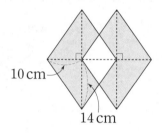

(   )

12 삼각형 ㄱㄴㄷ과 삼각형 ㄹㅁㅂ은 모양과 크기가 같습니다. 색칠한 부분의 넓이가 1296 cm² 일 때, 선분 ㅅㅁ의 길이는 몇 cm일까요?

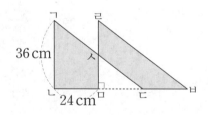

(   )

최고를 꿈꾸는 아이들의 수준 높은 상위권 문제집!

한 가지 이상 해당된다면 **최고수준** 해야 할 때!

✔ 응용과 심화 중간단계의 학습이 필요하다면? 최고수준S

✔ 처음부터 너무 어려운 심화서로 시작하기 부담된다면? 최고수준S

✔ 창의·융합 문제를 통해 사고력을 폭넓게 기르고 싶다면? 최고수준

✔ 각종 경시대회를 준비 중이거나 준비 할 계획이라면? 최고수준

복습은
이안에
있어!

초등 문해력
독해가 힘이다
문장제 수학편

Q 문해력을 키우면 정답이 보인다

초등 문해력 독해가 힘이다
문장제 수학편 (초등 1~6학년 / 단계별)

짧은 문장 연습부터 긴 문장 연습까지 문장을 읽고 이해하여 해결하는 연습을 하여
수학 문해력을 길러주는 문장제 연습 교재

수학의 해법이 풀리다!

해결의 법칙
시리즈

단계별 맞춤 학습

개념, 유형, 응용의 단계별 교재로
교과서 차시에 맞춘 쉬운 개념부터
응용·심화까지 수학 완전 정복

혼자서도 OK!

이미지로 구성된 핵심 개념과 셀프 체크,
모바일 코칭 시스템과 동영상 강의로
자기주도 학습 및 홈 스쿨링에 최적화

300여 명의 검증

수학의 메카 천재교육 집필진과
300여 명의 교사·학부모의
검증을 거쳐 탄생한 친절한 교재

흔들리지 않는 탄탄한 수학의 완성! (초등 1~6학년 / 학기별)

상위권 진입 비결

최고수준 S

정답 및 풀이

초등

BOOK 3 **5-1**

정답 및 풀이
포인트 ❸가지

▶ 혼자서도 이해할 수 있는 친절한 문제 풀이

▶ 참고, 주의 등 자세한 풀이 제시

▶ 다른 풀이를 제시하여 다양한 방법으로 문제 풀이 가능

정답 및 풀이

1 자연수의 혼합 계산

활용 개념

덧셈과 뺄셈 / 곱셈과 나눗셈이 섞여 있는 식

01 (1) 40 (2) 15   **02** >

03 10

04 $63 \div (7 \times 3) = 3$ / 3

05 24대   **06** (1) 38 (2) 48

06 (1)
$$\square + 9 - 11 = 36$$
$$\square + 9 - 11 + 11 = 36 + 11$$
$$\square + 9 = 47$$
$$\square + 9 - 9 = 47 - 9$$
$$\square = 38$$

덧셈, 뺄셈, 곱셈 / 덧셈, 뺄셈, 나눗셈이 섞여 있는 식

01 (1) 38 (2) 45

02 $8 + 60 \div (15 - 3) = 8 + 60 \div 12$
     $= 8 + 5$
     $= 13$

03 <   **04** 9

05 9개   **06** ㉡

덧셈, 뺄셈, 곱셈, 나눗셈이 섞여 있는 식

01 ㉡, ㉢, ㉠, ㉣   **02** (1) 14 (2) 13

03 $(4+8) \times 5 - 36 \div 4 = 12 \times 5 - 36 \div 4$
     $= 60 - 36 \div 4$
     $= 60 - 9$
     $= 51$

04 50

05 $(25-16) \div 3 + 2 \times 4 = 11$ / 11

06 $100 - (14 \times 3 + 9) \div 17 = 97$

04 ㉮ $30 \div (2+8) \times 7 - 20$
     $= 30 \div 10 \times 7 - 20 = 3 \times 7 - 20$
     $= 21 - 20 = 1$
     ㉯ $30 \div 2 + 8 \times 7 - 20$
     $= 15 + 8 \times 7 - 20 = 15 + 56 - 20$
     $= 71 - 20 = 51$
     ⇨ ㉮와 ㉯의 계산 결과의 차: $51 - 1 = 50$

06 $\underline{14 \times 3 + 9} = 51$, $100 - \underline{51} \div 17 = 97$
     ⇨ $100 - (14 \times 3 + 9) \div 17 = 97$

유형 변형

대표 유형 01 3

$$24 \div (11 - \blacksquare) + 12 = 15$$

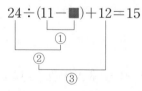

❶ ③에서 12를 더하기 전의 계산: $24 \div (11 - \blacksquare) = 15 - \boxed{12} = \boxed{3}$

❷ ②에서 24를 나누기 전의 계산: $11 - \blacksquare = 24 \div \boxed{3} = \boxed{8}$

❸ ①에서 11에서 빼기 전의 계산: $\blacksquare = 11 - \boxed{8} = \boxed{3}$

❹ $\blacksquare$에 알맞은 수: $\boxed{3}$

$$(26-\square)\times 3+12=42$$
$$(26-\square)\times 3=42-12=30$$
$$26-\square=30\div 3=10$$
$$\square=26-10=16$$

$$51-(\square+3\times 7-28)=48$$
$$\square+3\times 7-28=51-48=3$$
$$\square+21-28=3$$
$$\square+21=3+28=31$$
$$\square=31-21=10$$

❶ $54\div 6-5=9-5=4$
❷ $27\div 3-(12+\square)\div 5=4$
$$9-(12+\square)\div 5=4$$
$$(12+\square)\div 5=9-4=5$$
$$12+\square=5\times 5=25$$
$$\square=25-12=13$$

❶ $67-(11+15)\times 2=67-26\times 2$
$$=67-52=15$$
❷ $6\times\square\div 3+5=15$
$$6\times\square\div 3=15-5=10$$
$$6\times\square=10\times 3=30$$
$$\square=30\div 6=5$$

❶ $(11\times 5-13)\div 3+2\times\square>20$
$$(55-13)\div 3+2\times\square>20$$
$$42\div 3+2\times\square>20$$
$$14+2\times\square>20$$
$$2\times\square>6$$
$$\square>3$$
❷ $\square>3$이므로 $\square$ 안에 들어갈 수 있는 가장 작은 자연수는 4입니다.

❶ 가 대신 10을, 나 대신 $\boxed{5}$ 를 넣어 식을 세웁니다.
❷ $10◎5=(10-\boxed{5})\times\boxed{5}+10$
$$=\boxed{5}\times\boxed{5}+10$$
$$=\boxed{25}+10$$
$$=\boxed{35}$$

예제	5

❶ 가 대신 9를, 나 대신 6을 넣어 식을 세웁니다.

❷ $9♥6=(9+6)÷(9-6)$
$=15÷(9-6)=15÷3=5$

02-1	100

❶ $21▲15=(21-15)×5=6×5=30$

❷ $(21▲15)▲10=30▲10$
$=(30-10)×5$
$=20×5=100$

02-2	52

❶ $6★9=6×(9-4)=6×5=30$

❷ $2★(6★9)=2★30$
$=2×(30-4)$
$=2×26=52$

02-3	8

❶ 가 대신 12를, 나 대신 □를 넣어 식을 세우면
$12♣□=(12+3)×(□-3)=75$

❷ $15×(□-3)=75$, $□-3=75÷15=5$, $□=5+3=8$

02-4	40

❶ $24◈6=(24-6)÷6=18÷6=3$

❷ $5◆(24◈6)=5◆3$
$=5×(5+3)$
$=5×8=40$

대표 유형 03	21 cm

❶ 길이가 27 cm인 색 테이프를 3등분 한 것 중의 한 도막의 길이: $27÷\boxed{3}$ (cm)

❷ (이어 붙인 색 테이프의 전체 길이)
= (두 색 테이프의 길이의 합) - (겹치는 부분의 길이)
$=27÷\boxed{3}+14-\boxed{2}$
$=\boxed{9}+\boxed{14}-\boxed{2}=\boxed{21}$ (cm)

예제	22 cm

❶ 길이가 75 cm인 색 테이프를 5등분 한 것 중의 한 도막의 길이: $75÷5$ (cm)

❷ (이어 붙인 색 테이프의 전체 길이) $=10+75÷5-3$
$=10+15-3=25-3=22$ (cm)

03-1	22 cm

❶ 길이가 72 cm인 색 테이프를 6등분 한 것 중의 한 도막의 길이: $72÷6$ (cm)

❷ 길이가 120 cm인 색 테이프를 8등분 한 것 중의 한 도막의 길이: $120÷8$ (cm)

❸ (이어 붙인 색 테이프의 전체 길이) $=72÷6+120÷8-5$
$=12+15-5=27-5=22$ (cm)

03-2 58 cm

❶ 색 테이프 5장의 길이의 합: 14×5 (cm)

❷ 겹치는 부분의 길이의 합: 겹치는 부분이 4군데이므로 3×4 (cm)

❸ (이어 붙인 색 테이프의 전체 길이)$=14 \times 5-3 \times 4$
$$=70-3 \times 4=70-12=58 \text{ (cm)}$$

참고

색 테이프 ■장을 겹치도록 이어 붙일 때 겹치는 부분: (■-1)군데

03-3 164 cm

❶ 색 테이프 10장의 길이의 합: 20×10 (cm)

❷ 겹치는 부분의 길이의 합: 겹치는 부분이 9군데이므로 4×9 (cm)

❸ (이어 붙인 색 테이프의 전체 길이)$=20 \times 10-4 \times 9$
$$=200-4 \times 9=200-36=164 \text{ (cm)}$$

대표 유형 04 112개

❶ ㉮ 기계가 한 시간 동안 조립할 수 있는 로봇의 수: $240 \div \boxed{4}$ (개)

❷ ㉯ 기계가 한 시간 동안 조립할 수 있는 로봇의 수: $260 \div \boxed{5}$ (개)

❸ (두 기계가 한 시간 동안 조립할 수 있는 로봇의 수)$=240 \div \boxed{4}+260 \div \boxed{5}$
$$=\boxed{60}+\boxed{52}=\boxed{112} \text{(개)}$$

예제 6, 165, 3, 5 /
5자루

❶ ㉮ 기계가 한 시간 동안 만들 수 있는 연필의 수: $360 \div 6$(자루)

❷ ㉯ 기계가 한 시간 동안 만들 수 있는 연필의 수: $165 \div 3$(자루)

❸ (㉮ 기계가 한 시간 동안 만들 수 있는 연필의 수)
$\quad$ $-$(㉯ 기계가 한 시간 동안 만들 수 있는 연필의 수)
$\quad$ $=360 \div 6-165 \div 3$
$\quad$ $=60-165 \div 3=60-55=5$(자루)

04-1

$20 \times 3 \div(5 \times 4)=3$ / 3장

❶ 웅이네 반 학생 수: 5×4(명)

❷ 전체 색종이의 수: 20×3(장)

❸ (전체 색종이의 수)$\div$(웅이네 반 학생 수)$=20 \times 3 \div(5 \times 4)$
$$=20 \times 3 \div 20=60 \div 20=3 \text{(장)}$$

04-2

$(12-3) \times 5-2=43$ / 43살

❶ 동생의 나이: $12-3$(살)

❷ (아버지의 나이)$=$(동생의 나이)$\times 5-2$
$$=(12-3) \times 5-2$$
$$=9 \times 5-2=45-2=43 \text{(살)}$$

04-3

$800 \times 10-500 \times 7 \times 2$
$=1000$ / 1000원

❶ 지민이가 저금한 돈: 800×10(원)

❷ 선아가 저금한 돈: $500 \times 7 \times 2$(원)

❸ (지민이가 저금한 돈)$-$(선아가 저금한 돈)$=800 \times 10-500 \times 7 \times 2$
$$=8000-500 \times 7 \times 2$$
$$=8000-7000=1000 \text{(원)}$$

04-4

$150 \div 3 + 65 - 90 \div 2 = 70$

/ 70 g

❶ 감자 한 개의 무게: $150 \div 3$ (g)

❷ 양파 한 개의 무게: $90 \div 2$ (g)

❸ (감자 한 개의 무게)+(고구마 한 개의 무게)−(양파 한 개의 무게)

$= 150 \div 3 + 65 - 90 \div 2 = 50 + 65 - 90 \div 2$

$= 50 + 65 - 45 = 115 - 45 = 70$ (g)

대표 유형 05

$3 + 3 \times (9 - 4) = 18$

❶ $3 + 3 \times 9 - 4 = \boxed{26}$ 으로 식이 성립하지 않으므로 계산 결과가 달라질 수 있는 곳을

(   )로 묶어 계산해 봅니다.

❷

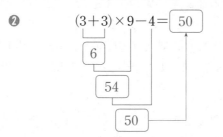

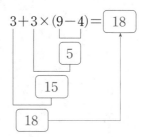

❸ 식이 성립하도록 (   )로 묶어 보기: $3 + 3 \times (9 - 4) = 18$

예제

$7 \times (9 \div 3 + 4) = 49$

❶ $7 \times 9 \div 3 + 4 = 25$로 식이 성립하지 않으므로 계산 결과가 달라질 수 있는 곳을 (   )로 묶어

계산해 봅니다.

❷ $7 \times (9 \div 3) + 4 = 7 \times 3 + 4 = 21 + 4 = 25(\times)$

$7 \times 9 \div (3 + 4) = 7 \times 9 \div 7 = 63 \div 7 = 9(\times)$

$7 \times (9 \div 3 + 4) = 7 \times (3 + 4) = 7 \times 7 = 49(\bigcirc)$

05-1

$(14 - 3) \times 4 \div 2 + 1$

❶ ㉯ $(40 + 55) \div 5 + 4 = 95 \div 5 + 4$

$= 19 + 4 = 23$

❷ ㉮ $(14 - 3) \times 4 \div 2 + 1 = 11 \times 4 \div 2 + 1$

$= 44 \div 2 + 1$

$= 22 + 1 = 23$

05-2

$5 \times (4 + 14) - 12 \div 2$ / 84

❶ 계산 결과가 가장 크려면 곱하는 수가 크게 되도록 (   )로 묶습니다.

❷ $5 \times (4 + 14) - 12 \div 2 = 5 \times 18 - 12 \div 2$

$= 90 - 12 \div 2$

$= 90 - 6 = 84$

05-3

$8 + 72 \div (4 \times 6 + 12)$ / 10

❶ 계산 결과가 가장 작으려면 나누는 수가 크게 되도록 (   )로 묶습니다.

❷ $8 + 72 \div (4 \times 6 + 12) = 8 + 72 \div (24 + 12)$

$= 8 + 72 \div 36$

$= 8 + 2 = 10$

05-4

$(25 + 35) \div (5 \times 3 + 5)$ / 3

❶ 계산 결과가 가장 작으려면 큰 수끼리 나누도록 (   )로 묶습니다.

❷ $(25 + 35) \div (5 \times 3 + 5) = 60 \div (5 \times 3 + 5)$

$= 60 \div (15 + 5)$

$= 60 \div 20 = 3$

❶ 계산 결과가 가장 크려면 72를 나누는 수가 가장 ((작아야) , 커야) 합니다.

❷ 계산 결과가 가장 클 때: $72 \div (\boxed{2} \times \boxed{3}) + \boxed{6} = \boxed{18}$

（또는 $72 \div (3 \times 2) + 6 = 18$）

예제　10

❶ 계산 결과가 가장 작을 때: 36을 나누는 수가 가장 커야 합니다.

❷ $36 \div (8-2) + 4 = 36 \div 6 + 4 = 6 + 4 = 10$

06-1　45, 25

❶ 계산 결과가 가장 클 때: 4와 곱해지는 수가 가장 커야 합니다.

$(7+5) \times 4 - 3 = 12 \times 4 - 3 = 48 - 3 = 45$

❷ 계산 결과가 가장 작을 때: 4와 곱해지는 수가 가장 작아야 합니다.

$(3+5) \times 4 - 7 = 8 \times 4 - 7 = 32 - 7 = 25$

06-2　45, 5

❶ 계산 결과가 가장 클 때: $\square \times (\square - \square)$가 가장 크게 식을 세웁니다.

$6 \times (8-1) + 3 = 6 \times 7 + 3 = 42 + 3 = 45$

❷ 계산 결과가 가장 작을 때: $\square \times (\square - \square)$가 가장 작게 식을 세웁니다.

$1 \times (8-6) + 3 = 1 \times 2 + 3 = 2 + 3 = 5$

06-3　74

❶ 계산 결과가 가장 클 때: 가장 큰 두 수를 곱해야 합니다.

❷ $9 \times 8 + 4 \div 2 - 1 = 72 + 4 \div 2 - 1 = 72 + 2 - 1 = 74 - 1 = 73$

$9 \times 8 + 4 \div 1 - 2 = 72 + 4 \div 1 - 2 = 72 + 4 - 2 = 76 - 2 = 74$

$9 \times 8 + 4 - 2 \div 1 = 72 + 4 - 2 \div 1 = 72 + 4 - 2 = 76 - 2 = 74$

$9 \times 8 \div 1 + 4 - 2 = 72 \div 1 + 4 - 2 = 72 + 4 - 2 = 76 - 2 = 74$

❸ $73 < 74$이므로 계산 결과가 가장 클 때의 값은 74입니다.

대표 유형 **07**　4

❶ 어떤 수를 ■라 하면

$(■ + 3) \times 5 - 10 \div \boxed{2} = \boxed{30}$

$(■ + 3) \times 5 - \boxed{5} = \boxed{30}$

$(■ + 3) \times 5 = \boxed{35}$

$■ + 3 = \boxed{7}$

$■ = \boxed{4}$

❷ 어떤 수: $\boxed{4}$

예제　6

❶ 어떤 수를 □라 하면

$(13 + 17) \div \square + 2 \times 7 = 19$

$30 \div \square + 2 \times 7 = 19$

$30 \div \square + 14 = 19$

$30 \div \square = 5$

$\square = 6$

❷ 어떤 수: 6

07-1 5

❶ 어떤 수를 □라 하면
$5 \times 6 - \square = 24 - 18 \div 3 + 7$
$30 - \square = 24 - 6 + 7$
$30 - \square = 25$
$\square = 5$
❷ 어떤 수: 5

07-2 3

❶ 어떤 수를 □라 하면
$\square \div 14 + 3 \times 4 = 15$
$\square \div 14 + 12 = 15$
$\square \div 14 = 3$
$\square = 42$
❷ $(42 - 15) \div 9 = 27 \div 9 = 3$

07-3 13

❶ 어떤 수를 □라 하면
잘못 계산한 식: $\square + 56 \div 4 - 5 = 31$
$\square + 14 - 5 = 31$
$\square + 14 = 36$
$\square = 22$
❷ 바르게 계산한 식: $22 - 56 \div 4 + 5 = 22 - 14 + 5$
$= 8 + 5 = 13$

07-4 25

❶ 어떤 수를 □라 하면
잘못 계산한 식: $(20 + \square) \div 5 \times 3 = 15$
$(20 + \square) \div 5 = 5$
$20 + \square = 25$
$\square = 5$
❷ 바르게 계산한 식: $(20 - 5) \times 5 \div 3 = 15 \times 5 \div 3$
$= 75 \div 3 = 25$

대표 유형 08 700원

❶ 연필 2자루의 값: $2100 \div 3 \times \boxed{2}$ (원)

❷ 지우개 3개의 값: $1200 \div \boxed{4} \times \boxed{3}$ (원)

❸ (거스름돈) = (낸 돈) − (연필 2자루의 값) − (지우개 3개의 값)
$= 3000 - 2100 \div 3 \times \boxed{2} - 1200 \div \boxed{4} \times \boxed{3}$
$= 3000 - \boxed{1400} - \boxed{900} = \boxed{700}$ (원)

예제 400원

❶ 종이봉투 8장의 값: $3000 \div 5 \times 8$(원)
❷ 상자 4개의 값: $7200 \div 6 \times 4$(원)
❸ (거스름돈) = (낸 돈) − (종이봉투 8장의 값) − (상자 4개의 값)
$= 10000 - 3000 \div 5 \times 8 - 7200 \div 6 \times 4$
$= 10000 - 4800 - 4800 = 400$(원)

08-1 400원

❶ 형광펜 4자루의 값: 600×4(원)
❷ 연필 7자루의 값: $6000 \div 12 \times 7$(원)
❸ (더 필요한 돈)=(형광펜 4자루의 값)+(연필 7자루의 값)−(가지고 있는 돈)
$$=600 \times 4 + 6000 \div 12 \times 7 - 5500$$
$$=2400 + 3500 - 5500 = 400(원)$$

08-2 1500원

❶ 사탕 3개의 값: $4500 \div 5 \times 3$(원)
❷ (과자 한 봉지의 값)=(낸 돈)−(사탕 3개의 값)−(거스름돈)
$$=5000 - 4500 \div 5 \times 3 - 800$$
$$=5000 - 2700 - 800 = 1500(원)$$

08-3 5개

❶ 사과 4개의 값: $2400 \div 3 \times 4$(원)
❷ 배 한 개의 값: $2000 \div 2$(원)
❸ 산 배의 수를 ☐개라 하면
$$2400 \div 3 \times 4 + 2000 \div 2 \times \square = 10000 - 1800$$
$$3200 + 1000 \times \square = 8200$$
$$1000 \times \square = 5000$$
$$\square = 5$$
⇨ 강현이가 산 배는 5개입니다.

대표 유형 09 140 g

❶ 공 한 개의 무게: $860 - \boxed{740}$ (g)
❷ (빈 상자의 무게)=(공 5개가 들어 있는 상자의 무게)−(공 5개의 무게)
$$=740 - (860 - \boxed{740}) \times \boxed{5}$$
$$=740 - \boxed{120} \times \boxed{5}$$
$$=740 - \boxed{600} = \boxed{140} \text{ (g)}$$

예제 125 g

❶ 비누 한 개의 무게: $455 - 345$ (g)
❷ (빈 상자의 무게)=(비누 2개가 들어 있는 상자의 무게)−(비누 2개의 무게)
$$=345 - (455 - 345) \times 2$$
$$=345 - 110 \times 2$$
$$=345 - 220 = 125 \text{ (g)}$$

09-1 250 g

❶ 인형 한 개의 무게: $(1570 - 1130) \div 2$ (g)
❷ (빈 상자의 무게)=(인형 4개가 들어 있는 상자의 무게)−(인형 4개의 무게)
$$=1130 - (1570 - 1130) \div 2 \times 4$$
$$=1130 - 440 \div 2 \times 4$$
$$=1130 - 880 = 250 \text{ (g)}$$

09-2 320 g

❶ 책 한 권의 무게: $(2120-1580) \div 3$ (g)

❷ (빈 상자의 무게)=(책 7권이 들어 있는 상자의 무게)-(책 7권의 무게)

$$= 1580 - (2120-1580) \div 3 \times 7$$
$$= 1580 - 540 \div 3 \times 7$$
$$= 1580 - 1260 = 320 \text{ (g)}$$

09-3 910 g

❶ 음료수 한 개의 무게: $(3930-3090) \div 2$ (g)

❷ (빈 상자의 무게)=(음료수 7개가 들어 있는 상자의 무게)-(음료수 7개의 무게)

$$= 3090 - (3930-3090) \div 2 \times 7$$
$$= 3090 - 840 \div 2 \times 7$$
$$= 3090 - 2940 = 150 \text{ (g)}$$

❸ (빵 한 봉지의 무게)=$(4700-150) \div 5$

$$= 4550 \div 5 = 910 \text{ (g)}$$

30~33쪽

01 120 cm

(㉠에서 ㉡까지의 길이)=$50+63-25+32$

$$= 113 - 25 + 32$$
$$= 88 + 32 = 120 \text{(cm)}$$

02 12

$$\square - (11+4) \times 3 \div 9 = 7$$
$$\square - 15 \times 3 \div 9 = 7$$
$$\square - 45 \div 9 = 7$$
$$\square - 5 = 7$$
$$\square = 12$$

03 385킬로칼로리

❶ 우유 200 mL의 열량: 60×2(킬로칼로리)

❷ 케이크 1조각의 열량: $1800 \div 8$(킬로칼로리)

❸ (다현이가 오늘 먹은 간식의 열량)=$60 \times 2 + 1800 \div 8 + 40$

$$= 120 + 225 + 40 = 385 \text{(킬로칼로리)}$$

04 4개

❶ $63 \div (16-7) + 10 = 63 \div 9 + 10 = 7 + 10 = 17$

❷ $28 \div 7 + \square \times 3 < 17$, $4 + \square \times 3 < 17$, $\square \times 3 < 13$에서

$\square$ 안에 들어갈 수 있는 자연수는 1, 2, 3, 4로 모두 4개입니다.

05 49

❶ $5 \blacklozenge 3 = 5 \times (5-3) + 3$

$$= 5 \times 2 + 3 = 10 + 3 = 13$$

❷ $(5 \blacklozenge 3) \blacklozenge 10 = 13 \blacklozenge 10$

$$= 13 \times (13-10) + 10$$
$$= 13 \times 3 + 10 = 39 + 10 = 49$$

06 68°F

❶ 화씨온도를 □°F라 하면

(□−32)×5÷9=20, (□−32)×5=180, □−32=36, □=68

❷ 현재 기온 20℃를 화씨로 나타내면 68°F입니다.

07 116

❶ 계산 결과가 가장 클 때: 큰 수끼리 곱하고 가장 작은 수로 나누어야 합니다.

❷ 14×8−2÷1+6=112−2÷1+6

=112−2+6

=110+6=116

08 22

❶ (240÷12)−4+2=20−4+2=16+2=18

240÷(12−4)+2=240÷8+2=30+2=32

240÷12−(4+2)=240÷12−6=20−6=14

(240÷12−4)+2=(20−4)+2=16+2=18

240÷(12−4+2)=240÷(8+2)=240÷10=24

❷ 계산 결과가 될 수 없는 수: 22

09 1500원

❶ 고무공 2개의 값: 2500÷5×2(원)

❷ (퍼즐 한 개의 값)=3000−2500÷5×2−500

=3000−1000−500

=1500(원)

10 3

❶ 어떤 수를 □라 하면

잘못 계산한 식: (□+12)÷(11−5)=12, (□+12)÷6=12,

□+12=72, □=60

❷ 바르게 계산한 식: (60−12)÷(11+5)=48÷(11+5)

=48÷16=3

11 133개

❶ 소윤이네 반 학생 수를 □명이라 하면

6개씩 나누어 줄 때 과자의 수: 6×□−11(개)

5개씩 나누어 줄 때 과자의 수: 5×□+13(개)

❷ 6개씩 나누어 줄 때와 5개씩 나누어 줄 때의 과자 수는 같으므로

6×□−11=5×□+13, 6×□−5×□=13+11, □=24

❸ (과자의 수)=6×24−11=144−11=133(개)

12 350 g

❶ 사과 한 개의 무게: (3300−2400)÷2 (g)

❷ (빈 바구니의 무게)=(사과 4개가 들어 있는 바구니의 무게)−(사과 4개의 무게)

=2400−(3300−2400)÷2×4

=2400−900÷2×4

=2400−1800=600 (g)

❸ (오렌지 한 개의 무게)=(1650−600)÷3

=1050÷3=350 (g)

2 약수와 배수

36~41쪽

활용 개념

약수와 배수, 약수와 배수의 관계

01 (1) 1, 2, 3, 6 (2) 1, 3, 5, 15
02 ②
03 (1) 3, 7, 21 (2) 3, 7, 21
04 ㉢
05 64 / 30, 90 / 18, 90
06 1, 3, 9, 27
07 4개

05 64÷4=16 ⇨ 4는 64의 약수, 64는 4의 배수입니다.
90÷30=3 ⇨ 30은 90의 약수, 90은 30의 배수입니다.
90÷18=5 ⇨ 18은 90의 약수, 90은 18의 배수입니다.

07 □가 42의 약수일 때: 1, 2, 3, 6, 7, 14, 21, 42
□가 42의 배수일 때: 42, 84, 126, …
□ 안에 들어갈 수 있는 두 자리 수: 14, 21, 42, 84 ⇨ 4개

공약수와 최대공약수

01 (1) 풀이 참조 (2) 1, 2, 7, 14 / 14
02 **방법1** 16=2×2×2×2
40=2×2×2×5 / 2, 2, 2, 8
방법2 2)16 40
2) 8 20
2) 4 10
2 5 / 2, 2, 2, 8
03 6개
04 ㉣
05 6

01 (1)

14의 약수	1, 2, 7, 14
28의 약수	1, 2, 4, 7, 14, 28

05 2)18 24 30
3) 9 12 15
3 4 5 ⇨ 18, 24, 30의 최대공약수: 2×3=6

공배수와 최소공배수

01 (1) 풀이 참조 (2) 18, 36, 54, … / 18
02 **방법1** 15=3×5
30=2×3×5 / 3, 5, 2, 30
방법2 3)15 30
5) 5 10
1 2 / 3, 5, 1, 2, 30
03 90, 180, 270
04 84
05 120

01 (1)

6의 배수	6, 12, 18, 24, 30, 36, 42, 48, 54
9의 배수	9, 18, 27, 36, 45, 54, 63, 72, 81

05 5)20 30 40
2) 4 6 8
2) 2 3 4 ⇨ 20, 30, 40의 최소공배수:
1 3 2   5×2×2×1×3×2=120

유형 변형

42~59쪽

대표 유형 01 3가지

❶ 10개를 남김없이 똑같이 나누어 담을 수 있는 방법은 [10]의 약수로 구합니다.
➡ 10의 약수: 1, [2], [5], 10

❷ 10=1×10 → 사탕 1개씩 10개의 바구니
10=2×5 → 사탕 2개씩 [5]개의 바구니
10=5×2 → 사탕 5개씩 [2]개의 바구니
10=10×1 → 사탕 10개씩 [1]개의 바구니에 나누어 담을 수 있습니다.

➡ 1개보다 많은 바구니에 똑같이 나누어 담을 수 있는 방법: [3]가지

❶ 24를 남김없이 똑같이 나누어 줄 수 있는 방법은 24의 약수로 구합니다.
   ⇨ 24의 약수: 1, 2, 3, 4, 6, 8, 12, 24

❷ 24＝1×24 → 1장씩 24명 | 24＝6×4 → 6장씩 4명
  24＝2×12 → 2장씩 12명 | 24＝8×3 → 8장씩 3명
  24＝3×8 → 3장씩 8명 | 24＝12×2 → 12장씩 2명
  24＝4×6 → 4장씩 6명 | 24＝24×1 → 24장씩 1명에게 나누어 줄 수 있습니다.
   ⇨ 1명보다 많은 친구에게 똑같이 나누어 줄 수 있는 방법: 7가지

01-1 3가지

❶ 36의 약수: 1, 2, 3, 4, 6, 9, 12, 18, 36

❷ 수건을 1명, 2명, 3명, 4명, 6명, 9명, 12명, 18명, 36명에게 남김없이 똑같이 나누어 줄 수 있습니다.
   ⇨ 10명보다 많은 학생에게 똑같이 나누어 줄 수 있는 방법: 12명, 18명, 36명 → 3가지

01-2 3가지

❶ 52의 약수: 1, 2, 4, 13, 26, 52

❷ 약과를 1명, 2명, 4명, 13명, 26명, 52명에게 남김없이 똑같이 나누어 줄 수 있습니다.
   ⇨ 10명보다 적은 학생에게 똑같이 나누어 줄 수 있는 방법: 1명, 2명, 4명 → 3가지

01-3 14명

❶ 28의 약수: 1, 2, 4, 7, 14, 28

❷ 장미를 1명, 2명, 4명, 7명, 14명, 28명에게 남김없이 똑같이 나누어 줄 수 있습니다.
   ⇨ 10명보다 많고 15명보다 적은 학생에게 똑같이 나누어 주는 경우: 14명

01-4 4가지

❶ 나누어 담을 수 있는 상자 수는 48과 32의 공약수입니다.
   ⇨ 48과 32의 공약수: 1, 2, 4, 8, 16

❷ 고추와 고구마를 상자 1개, 2개, 4개, 8개, 16개에 남김없이 똑같이 나누어 담을 수 있습니다.
   ⇨ 1개보다 많은 상자에 똑같이 나누어 담을 수 있는 방법: 4가지

대표 유형 02 11개

❶ • 1부터 100까지의 자연수 중에서 9의 배수의 개수:
   $100 \div 9 = \boxed{11} \cdots \boxed{1}$ → $\boxed{11}$ 개

  • 1부터 199까지의 자연수 중에서 9의 배수의 개수:
   $199 \div 9 = \boxed{22} \cdots \boxed{1}$ → $\boxed{22}$ 개

❷ 100보다 크고 200보다 작은 자연수 중에서 9의 배수의 개수:
   $\boxed{22} - \boxed{11} = \boxed{11}$ (개)

예제 18개

❶ • 1부터 200까지의 자연수 중에서 11의 배수의 개수: $200 \div 11 = 18 \cdots 2$ ⇨ 18개
  • 1부터 399까지의 자연수 중에서 11의 배수의 개수: $399 \div 11 = 36 \cdots 3$ ⇨ 36개

❷ 200보다 크고 400보다 작은 자연수 중에서 11의 배수의 개수: $36 - 18 = 18$(개)

02-1 13개

❶ • 1부터 199까지의 자연수 중에서 25의 배수의 개수: $199 \div 25 = 7 \cdots 24$ ⇨ 7개
  • 1부터 500까지의 자연수 중에서 25의 배수의 개수: $500 \div 25 = 20$ ⇨ 20개

❷ 200부터 500까지의 자연수 중에서 25의 배수의 개수: $20 - 7 = 13$(개)

02-2 176

❶ $180 \div 16 = 11 \cdots 4$

180보다 작으면서 180에 가장 가까운 16의 배수는 $16 \times 11 = 176$이고,

180보다 크면서 180에 가장 가까운 16의 배수는 $16 \times 12 = 192$입니다.

❷ $180 - 176 = 4$, $192 - 180 = 12$이므로 180에 가장 가까운 수는 176입니다.

02-3 4개

❶ 14의 배수이면서 21의 배수인 수는 14와 21의 공배수입니다.

$$7 \underline{)14 \quad 21}$$
$$\quad \ 2 \quad \ 3 \ \Rightarrow \ \text{14와 21의 최소공배수: } 7 \times 2 \times 3 = 42$$

14와 21의 공배수는 14와 21의 최소공배수인 42의 배수와 같습니다.

❷ 1부터 199까지의 자연수 중에서 42의 배수의 개수: $199 \div 42 = 4 \cdots 31 \Rightarrow$ 4개

02-4 10개

❶ 15의 배수이면서 20의 배수인 수는 15와 20의 공배수입니다.

$$5 \underline{)15 \quad 20}$$
$$\quad \ 3 \quad \ 4 \ \Rightarrow \ \text{15와 20의 최소공배수: } 5 \times 3 \times 4 = 60$$

15와 20의 공배수는 15와 20의 최소공배수인 60의 배수와 같습니다.

❷ • 1부터 110까지의 자연수 중에서 60의 배수의 개수: $110 \div 60 = 1 \cdots 50 \Rightarrow$ 1개

• 1부터 699까지의 자연수 중에서 60의 배수의 개수: $699 \div 60 = 11 \cdots 39 \Rightarrow$ 11개

❸ 110보다 크고 700보다 작은 자연수 중에서 60의 배수의 개수: $11 - 1 = 10$(개)

대표 유형 03 6 cm

❶
$$2 \underline{)\ 48 \quad \ 18}$$
$$3 \underline{)\ 24 \quad \ \ 9}$$
$$\quad \ \ 8 \quad \ \ 3 \ \rightarrow \ \text{48과 18의 최대공약수: } 2 \times \boxed{3} = \boxed{6}$$

❷ 자를 수 있는 가장 큰 정사각형의 한 변의 길이: $\boxed{6}$ cm

예제 9 cm

❶
$$3 \underline{)27 \quad 45}$$
$$3 \underline{)\ 9 \quad 15}$$
$$\quad \ 3 \quad \ \ 5 \ \Rightarrow \ \text{27과 45의 최대공약수: } 3 \times 3 = 9$$

❷ 자를 수 있는 가장 큰 정사각형의 한 변의 길이: 9 cm

03-1 10 cm

❶
$$2 \underline{)30 \quad 20}$$
$$5 \underline{)15 \quad 10}$$
$$\quad \ 3 \quad \ \ 2 \ \Rightarrow \ \text{30과 20의 최대공약수: } 2 \times 5 = 10$$

❷ 자를 수 있는 가장 큰 정사각형의 한 변의 길이: 10 cm

03-2 12개

❶
$$2 \underline{)12 \quad 16}$$
$$2 \underline{)\ 6 \quad \ \ 8}$$
$$\quad \ 3 \quad \ \ 4 \ \Rightarrow \ \text{12와 16의 최대공약수: } 2 \times 2 = 4$$

❷ 자를 수 있는 가장 큰 정사각형의 한 변의 길이: 4 cm

❸ 가로로 $12 \div 4 = 3$(개), 세로로 $16 \div 4 = 4$(개)씩 모두 $3 \times 4 = 12$(개)의 정사각형을 만들 수 있습니다.

03-3 4개

❶
$$2 \underline{)30 \quad 18}$$
$$3 \underline{)15 \quad \ 9} \ \Rightarrow \ \text{30과 18의 최대공약수: } 2 \times 3 = 6$$
$$\quad \ 5 \quad \ \ 3 \qquad \text{30과 18의 공약수는 30과 18의 최대공약수인 6의 약수와 같습니다.}$$

$\Rightarrow$ 30과 18의 공약수: 1, 2, 3, 6

❷ ■가 될 수 있는 자연수: 1, 2, 3, 6 $\Rightarrow$ 4개

03-4 72 cm

❶ 가장 작은 정사각형을 만들려면 정사각형의 한 변의 길이는 종이의 가로와 세로의 최소공배수
가 되어야 합니다.

```
2)24  36
2)12  18
3) 6   9
   2   3  ⇨ 24와 36의 최소공배수: 2×2×3×2×3＝72
```

❷ 만들 수 있는 가장 작은 정사각형의 한 변의 길이: 72 cm

대표 유형 04 2, 3, 6

❶ 어떤 수가 될 수 있는 수: 42와 66의 ((공약수), 공배수)

```
2 )  42      66
3 ) 21      33
    7      11  → 42와 66의 최대공약수: 2× 3 ＝ 6
```

❷ 42와 66의 공약수는 42와 66의 최대공약수인 6 의 약수 1, 2 , 3 , 6 이므로
이 중에서 1보다 큰 수: 2 , 3 , 6

예제 2, 5, 10

❶ 어떤 수가 될 수 있는 수: 40과 70의 공약수

```
2)40  70
5)20  35
  4   7  ⇨ 40과 70의 최대공약수: 2×5＝10
```

❷ 40과 70의 공약수는 40과 70의 최대공약수인 10의 약수 1, 2, 5, 10이므로
이 중에서 1보다 큰 수: 2, 5, 10

04-1 7, 14

❶ 어떤 수가 될 수 있는 수: 19－5＝14와 33－5＝28의 공약수

```
2)14  28
7) 7  14
   1   2  ⇨ 14와 28의 최대공약수: 2×7＝14
```

❷ 어떤 수는 14와 28의 최대공약수인 14의 약수 1, 2, 7, 14이므로
이 중에서 나머지인 5보다 큰 수: 7, 14

04-2 36, 72

❶ 어떤 수가 될 수 있는 수: 9와 12의 (공약수 , (공배수))

```
3 ) 9    12
    3    4  → 9와 12의 최소공배수: 3× 3 × 4 ＝ 36
```

❷ 어떤 수는 9와 12의 최소공배수인 36 의 배수 36, 72 , 108 , …이므로
이 중에서 100보다 작은 수: 36 , 72

04-3 45

❶ (어떤 수)－5는 8과 10의 공배수입니다.

```
2)8  10
  4   5  ⇨ 8과 10의 최소공배수: 2×4×5＝40
```

❷ 어떤 수 중 가장 작은 수: 40＋5＝45

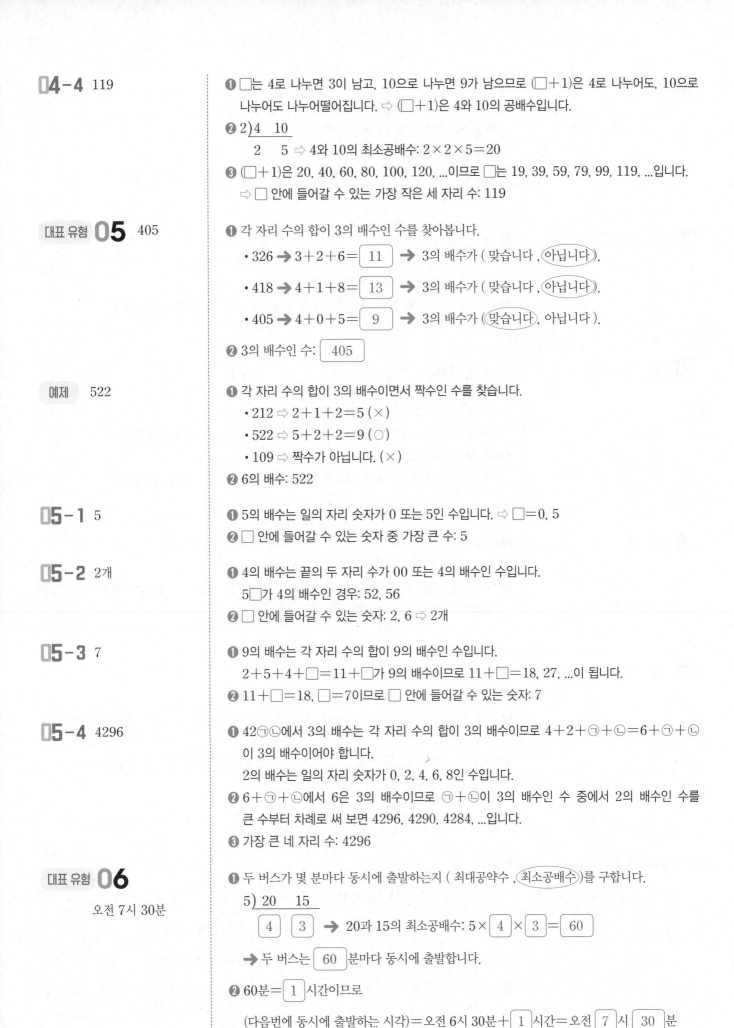

04-4 119

❶ ▢는 4로 나누면 3이 남고, 10으로 나누면 9가 남으므로 (▢+1)은 4로 나누어도, 10으로 나누어도 나누어떨어집니다. ⇨ (▢+1)은 4와 10의 공배수입니다.

❷ 2)4 10
    2 5 ⇨ 4와 10의 최소공배수: 2×2×5=20

❸ (▢+1)은 20, 40, 60, 80, 100, 120, ...이므로 ▢는 19, 39, 59, 79, 99, 119, ...입니다.
⇨ ▢ 안에 들어갈 수 있는 가장 작은 세 자리 수: 119

대표 유형 05 405

❶ 각 자리 수의 합이 3의 배수인 수를 찾아봅니다.

· 326 ➜ 3+2+6= 11 ➜ 3의 배수가 (맞습니다 , (아닙니다)).

· 418 ➜ 4+1+8= 13 ➜ 3의 배수가 (맞습니다 , (아닙니다)).

· 405 ➜ 4+0+5= 9 ➜ 3의 배수가 ((맞습니다) , 아닙니다).

❷ 3의 배수인 수: 405

예제 522

❶ 각 자리 수의 합이 3의 배수이면서 짝수인 수를 찾습니다.

· 212 ⇨ 2+1+2=5 (×)

· 522 ⇨ 5+2+2=9 (○)

· 109 ⇨ 짝수가 아닙니다. (×)

❷ 6의 배수: 522

05-1 5

❶ 5의 배수는 일의 자리 숫자가 0 또는 5인 수입니다. ⇨ ▢=0, 5

❷ ▢ 안에 들어갈 수 있는 숫자 중 가장 큰 수: 5

05-2 2개

❶ 4의 배수는 끝의 두 자리 수가 00 또는 4의 배수인 수입니다.
5▢가 4의 배수인 경우: 52, 56

❷ ▢ 안에 들어갈 수 있는 숫자: 2, 6 ⇨ 2개

05-3 7

❶ 9의 배수는 각 자리 수의 합이 9의 배수인 수입니다.
2+5+4+▢=11+▢가 9의 배수이므로 11+▢=18, 27, ...이 됩니다.

❷ 11+▢=18, ▢=7이므로 ▢ 안에 들어갈 수 있는 숫자: 7

05-4 4296

❶ 42㉠㉡에서 3의 배수는 각 자리 수의 합이 3의 배수이므로 4+2+㉠+㉡=6+㉠+㉡이 3의 배수이어야 합니다.
2의 배수는 일의 자리 숫자가 0, 2, 4, 6, 8인 수입니다.

❷ 6+㉠+㉡에서 6은 3의 배수이므로 ㉠+㉡이 3의 배수인 수 중에서 2의 배수인 수를 큰 수부터 차례로 써 보면 4296, 4290, 4284, ...입니다.

❸ 가장 큰 네 자리 수: 4296

대표 유형 06

오전 7시 30분

❶ 두 버스가 몇 분마다 동시에 출발하는지 (최대공약수 , (최소공배수))를 구합니다.

5) 20 15
     4   3 ➜ 20과 15의 최소공배수: 5× 4 × 3 = 60

➜ 두 버스는 60 분마다 동시에 출발합니다.

❷ 60분= 1 시간이므로

(다음번에 동시에 출발하는 시각)=오전 6시 30분+ 1 시간=오전 7 시 30 분

오전 9시 10분

❶ 5)10 35

    2   7 ⇨ 10과 35의 최소공배수: $5 \times 2 \times 7 = 70$

두 버스는 70분마다 동시에 출발합니다.

❷ 70분=1시간 10분이므로

(다음번에 동시에 출발하는 시각)=오전 8시+1시간 10분=오전 9시 10분

06-1 4월 29일

❶ 2)4 14

    2   7 ⇨ 4와 14의 최소공배수: $2 \times 2 \times 7 = 28$

두 사람은 28일 후에 함께 야구장에 갑니다.

❷ 다음번에 두 사람이 함께 야구장에 가는 날: 4월 1일부터 28일 후인 4월 29일

06-2 오후 6시 10분

❶ 3)30 45

  5)10 15

    2   3 ⇨ 30과 45의 최소공배수: $3 \times 5 \times 2 \times 3 = 90$

90분마다 동시에 출발하므로 세 번째로 동시에 출발하는 때는 180분 후입니다.

❷ 180분=3시간이므로

(세 번째로 동시에 출발하는 시각)=오후 3시 10분+3시간=오후 6시 10분

06-3 2번

❶ 2)6 8

    3   4 ⇨ 6과 8의 최소공배수: $2 \times 3 \times 4 = 24$

❷ 두 사람은 24분마다 출발점에서 만나므로 24분, 48분, 72분, ...에 출발점에서 만나고 출발한 후 60분 동안 출발점에서 2번 만납니다.

06-4 5월 1일

❶ 2)6 10

    3   5 ⇨ 6과 10의 최소공배수: $2 \times 3 \times 5 = 30$

❷ 기계 ㉮와 기계 ㉯는 30일마다 동시에 검사하므로 세 번째로 두 기계를 동시에 검사하는 날은 60일 후입니다.

❸ 3월은 31일까지, 4월은 30일까지 있으므로 세 번째로 두 기계를 동시에 검사하는 날:

3월 2일 $\xrightarrow{31일 후}$ 4월 2일 $\xrightarrow{29일 후}$ 5월 1일

대표 유형 07 61번

❶ 2)10 12

    5   6   → 10과 12의 최소공배수: 2 × 5 × 6 = 60

10과 12의 최소공배수인 60 초마다 두 전구가 동시에 켜집니다.

❷ (오후 9시 정각부터 오후 10시 정각까지의 시간)=1시간 → 3600초

❸ 3600÷ 60 = 60 (번)이고 오후 9시 정각에 동시에 켜진 횟수를 포함해야 하므로

두 전구가 동시에 켜지는 횟수: 61 번

예제 61번

❶ 5)15　20

　　 3　 4 ⇨ 15와 20의 최소공배수: $5 \times 3 \times 4 = 60$

15와 20의 최소공배수인 60초마다 두 전구가 동시에 켜집니다.

❷ (오후 8시 정각부터 오후 9시 정각까지의 시간)=1시간 ⇨ 3600초

❸ $3600 \div 60 = 60$(번)이고 오후 8시 정각에 동시에 켜진 횟수를 포함해야 하므로

　두 전구가 동시에 켜지는 횟수: 61번

07-1 181번

❶ 2)8　10

　　 4　 5 ⇨ 8과 10의 최소공배수: $2 \times 4 \times 5 = 40$

8과 10의 최소공배수인 40초마다 두 전구가 동시에 켜집니다.

❷ (오후 9시 정각부터 오후 11시 정각까지의 시간)=2시간 ⇨ 7200초

❸ $7200 \div 40 = 180$(번)이고 오후 9시 정각에 동시에 켜진 횟수를 포함해야 하므로

　두 전구가 동시에 켜지는 횟수: 181번

07-2 121번

❶ 3)9　30

　　 3　 10 ⇨ 9와 30의 최소공배수: $3 \times 3 \times 10 = 90$

9와 30의 최소공배수인 90초마다 두 등대가 동시에 켜집니다.

❷ (오후 7시 정각부터 오후 10시 정각까지의 시간)=3시간 ⇨ 10800초

❸ $10800 \div 90 = 120$(번)이고 오후 7시 정각에 동시에 켜진 횟수를 포함해야 하므로

　두 등대가 동시에 켜지는 횟수: 121번

07-3 14번

❶ 　2)13　20　26

　　13)13　10　13

　　　 1　 10　 1 ⇨ 13, 20, 26의 최소공배수: $2 \times 13 \times 1 \times 10 \times 1 = 260$

13, 20, 26의 최소공배수인 260초마다 세 전등이 동시에 켜집니다.

❷ (오후 10시 정각부터 오후 11시 정각까지의 시간)=1시간 ⇨ 3600초

❸ $3600 \div 260 = 13 \cdots 220$이고 오후 10시 정각에 동시에 켜진 횟수를 포함해야 하므로

　세 전등이 동시에 켜지는 횟수: 14번

대표 유형 08 3바퀴

❶ 3)30　45

　 5)10　15

　　 2　 3　→ 30과 45의 최소공배수: $3 \times \boxed{5} \times \boxed{2} \times \boxed{3} = \boxed{90}$

두 톱니바퀴의 톱니가 적어도 $\boxed{90}$ 개 맞물려야 처음 맞물렸던 곳에서 다시 맞물리게 됩니다.

❷ 톱니바퀴 ㉮는 적어도 $\boxed{90} \div 30 = \boxed{3}$ (바퀴) 돌아야 합니다.

예제 5바퀴

❶ 3)45　72

　 3)15　24

　　 5　 8 ⇨ 45와 72의 최소공배수: $3 \times 3 \times 5 \times 8 = 360$

두 톱니바퀴의 톱니가 적어도 360개 맞물려야 처음 맞물렸던 곳에서 다시 맞물리게 됩니다.

❷ 톱니바퀴 ㉯는 적어도 $360 \div 72 = 5$(바퀴) 돌아야 합니다.

08-1 7바퀴, 6바퀴

❶ 2)24　28
　　2)12　14
　　　　6　　7 ⇨ 24와 28의 최소공배수: $2 \times 2 \times 6 \times 7 = 168$
두 톱니바퀴의 톱니가 168개 맞물려야 처음 맞물렸던 곳에서 다시 맞물리게 됩니다.

❷ ㉮: $168 \div 24 = 7$(바퀴), ㉯: $168 \div 28 = 6$(바퀴)

08-2 1바퀴

❶ 5)75　50
　　5)15　10
　　　　3　　2 ⇨ 75와 50의 최소공배수: $5 \times 5 \times 3 \times 2 = 150$
두 톱니바퀴의 톱니가 150개 맞물려야 처음 맞물렸던 곳에서 다시 맞물리게 됩니다.

❷ ㉮: $150 \div 75 = 2$(바퀴), ㉯: $150 \div 50 = 3$(바퀴)

❸ 톱니바퀴 ㉯는 톱니바퀴 ㉮보다 $3 - 2 = 1$(바퀴) 더 많이 돌았습니다.

08-3 28분 후

❶ 2)54　42
　　3)27　21
　　　　9　　7 ⇨ 54와 42의 최소공배수: $2 \times 3 \times 9 \times 7 = 378$
두 톱니바퀴의 톱니가 378개 맞물려야 처음 맞물렸던 곳에서 다시 맞물리게 됩니다.

❷ 처음 맞물렸던 톱니가 다시 만나려면 톱니바퀴 ㉮는 $378 \div 54 = 7$(바퀴)를 돌아야 합니다.
톱니바퀴 ㉮는 한 바퀴 도는 데 4분이 걸리므로 7바퀴를 돌리면 $4 \times 7 = 28$(분)이 걸립니다.
⇨ 첫 번째로 다시 맞물릴 때: 28분 후

08-4 12바퀴

❶ 48, 60, 36의 최소공배수만큼 톱니가 맞물려야 처음에 맞물렸던 곳에서 첫 번째로 다시 맞물리게 됩니다.
　2)48　60　36
　2)24　30　18
　3)12　15　　9
　　　4　　5　　3 ⇨ 48, 60, 36의 최소공배수: $2 \times 2 \times 3 \times 4 \times 5 \times 3 = 720$

❷ ㉯: $720 \div 60 = 12$(바퀴)

대표 유형 09 125

❶ 최소공배수가 [250]이므로 $25 \times ㉠ \times 2 =$ [250], $50 \times ㉠ =$ [250], $㉠ =$ [5]

❷ 최대공약수가 25이므로 ㉮ $= 25 \times ㉠ = 25 \times$ [5] $=$ [125]

예제 105

❶ 최소공배수가 2100이므로 $15 \times 2 \times ㉡ = 210$, $30 \times ㉡ = 210$, $㉡ = 7$

❷ 최대공약수가 150이므로 ㉯ $= 15 \times ㉡ = 15 \times 7 = 105$

09-1 45

❶ 9)(어떤 수)　36
　　　　■　　　4
최소공배수가 1800이므로 $9 \times ■ \times 4 = 180$, $36 \times ■ = 180$, $■ = 5$

❷ 최대공약수가 9이므로 (어떤 수) $= 9 \times ■ = 9 \times 5 = 45$

09-2 1, 2, 3, 4, 6, 12

❶ (두 수의 곱) $=$ (최대공약수) $\times$ (최소공배수)이므로
$2160 =$ (최대공약수) $\times 180$, (최대공약수) $= 2160 \div 180 = 12$

❷ 두 수의 공약수는 두 수의 최대공약수인 12의 약수와 같으므로 1, 2, 3, 4, 6, 12입니다.

09-3 180

❶ (두 수의 곱)=(최대공약수)×(최소공배수)이므로
1350=15×(최소공배수), (최소공배수)=1350÷15=90
❷ 두 수의 공배수는 두 수의 최소공배수인 90의 배수와 같으므로 90, 180, 270, ...이고,
이 중 가장 작은 세 자리 수: 180

09-4 24, 56

❶ 두 수를 각각 ㉮, ㉯라고 할 때
8)㉮ ㉯   최소공배수가 168이므로 8×㉠×㉡=168, ㉠×㉡=21
㉠ ㉡   ㉠과 ㉡은 1과 21 또는 3과 7입니다.
❷ • ㉠과 ㉡이 1과 21인 경우
두 수는 8×1=8, 8×21=168이고 두 수의 합: 8+168=176 (×)
• ㉠과 ㉡이 3과 7인 경우
두 수는 8×3=24, 8×7=56이고 두 수의 합: 24+56=80 (○)
⇨ 두 수: 24, 56

실전
적용

60~63쪽

01 2개

❶ 2)80   120
2)40   60
2)20   30
5)10   15
2   3 ⇨ 80과 120의 최대공약수: 2×2×2×5=40
80과 120의 공약수는 80과 120의 최대공약수인 40의 약수와 같습니다.
⇨ 80과 120의 공약수: 1, 2, 4, 5, 8, 10, 20, 40
❷ 이 중에서 8의 배수: 8, 40 ⇨ 2개

02 7개

❶ • 1부터 100까지의 자연수 중에서 14의 배수의 개수: 100÷14=7…2 ⇨ 7개
• 1부터 199까지의 자연수 중에서 14의 배수의 개수: 199÷14=14…3 ⇨ 14개
❷ 100보다 크고 200보다 작은 자연수 중에서 14의 배수의 개수: 14-7=7(개)

03 6개

❶ 2)12   18
3) 6   9
2   3 ⇨ 12와 18의 최대공약수: 2×3=6
❷ 자를 수 있는 가장 큰 정사각형의 한 변의 길이: 6 cm
❸ 가로로 12÷6=2(개), 세로로 18÷6=3(개)씩 모두 2×3=6(개)의 정사각형을 만들 수 있습니다.

04 4번

❶ 파란색 구슬을 같은 순서에 놓는 곳: 2와 5의 최소공배수인 10의 배수인 곳
❷ 1부터 40까지의 수 중에서 2와 5의 공배수: 10, 20, 30, 40
⇨ 파란색 구슬을 같은 순서에 놓는 경우: 4번

05 2가지

❶ 남김없이 똑같이 나누어 담을 수 있는 방법은 12와 16의 공약수로 구합니다.
⇨ 12와 16의 공약수: 1, 2, 4
❷ 한 접시에 사과를 6개씩, 배를 8개씩 접시 2개에 나누어 담을 수 있습니다.
한 접시에 사과를 3개씩, 배를 4개씩 접시 4개에 나누어 담을 수 있습니다. ⇨ 2가지

06 2번

❶ 5)35 45

   7 9 ⇨ 35와 45의 최소공배수: 5×7×9=315

기차는 315분=5시간 15분마다 동시에 출발합니다.

❷ 오전 7시 이후부터 오후 6시까지 두 기차가 동시에 출발하는 시각:

오후 12시 15분, 오후 5시 30분 ⇨ 2번

07 3, 6

❶ 14와 20에서 각각 2를 뺀 수는 ■로 나누어떨어지므로

■에 알맞은 수는 14−2=12와 20−2=18의 공약수입니다.

2)12 18

3) 6 9

   2 3 ⇨ 12와 18의 최대공약수: 2×3=6

❷ ■에 알맞은 수: 12와 18의 최대공약수인 6의 약수 1, 2, 3, 6 중에서 나머지인 2보다 큰 수 3, 6

08 6120, 6165

❶ 5의 배수는 일의 자리 숫자가 0 또는 5이므로 네 자리 수는 61□0 또는 61□5입니다.

❷ 9의 배수는 각 자리 수의 합이 9의 배수인 수입니다.

61□0일 때: 6+1+□+0=7+□가 9의 배수이려면 □=2

61□5일 때: 6+1+□+5=12+□가 9의 배수이려면 □=6

5의 배수도 되고 9의 배수도 되는 네 자리 수: 6120, 6165

09 39

❶ ■×▲=(최대공약수)×(최소공배수)이므로

4860=(최대공약수)×270, (최대공약수)=4860÷270=18

❷ ■와 ▲의 공약수는 ■와 ▲의 최대공약수인 18의 약수이므로 1, 2, 3, 6, 9, 18입니다.

(■와 ▲의 모든 공약수의 합)=1+2+3+6+9+18=39

10 81번

❶ 2)18 30

   3) 9 15

      3 5 ⇨ 18과 30의 최소공배수: 2×3×3×5=90

18과 30의 최소공배수인 90초마다 두 전등이 동시에 켜집니다.

❷ (오후 8시 정각부터 오후 10시 정각까지의 시간)=2시간 ⇨ 7200초

❸ 7200÷90=80(번)이고 오후 8시 정각에 동시에 켜진 횟수를 포함해야 하므로

두 전등이 동시에 켜지는 횟수: 81번

11 33분 후

❶ 2)32 44

   2)16 22

      8 11 ⇨ 32와 44의 최소공배수: 2×2×8×11=352

두 톱니바퀴의 톱니가 352개 맞물려야 처음 맞물렸던 곳에서 다시 맞물리게 됩니다.

❷ 처음 맞물렸던 톱니가 다시 만나려면 ㉮: 352÷32=11(바퀴)를 돌아야 합니다.

톱니바퀴 ㉮는 한 바퀴 도는 데 3분이 걸리므로 11바퀴를 돌리면 3×11=33(분)이 걸립니다.

⇨ 첫 번째로 다시 맞물릴 때: 33분 후

12 42, 84

❶ 42)㉮ ㉯

   ㉠ ㉡ ⇨ 최소공배수: 42×㉠×㉡=252

42×㉠×㉡=252, ㉠×㉡=6이고 ㉠<㉡이므로 ㉠과 ㉡은 1과 6 또는 2와 3입니다.

❷ ㉠과 ㉡이 1과 6인 경우: ㉮=42×1=42, ㉯=42×6=252

㉠과 ㉡이 2와 3인 경우: ㉮=42×2=84, ㉯=42×3=126

⇨ ㉮=42, 84

66~69쪽

활용 개념 두 양 사이의 관계 알아보기

대응 관계를 식으로 나타내기

01

02 2, 4, 6, 8, 10

03 ◉ 삼각형의 수는 사각형의 수의 2배입니다.

04 2, 3, 4

05 ◉ 매듭의 수는 끈의 수보다 1만큼 더 작습니다.

01 탁자의 수, ×, 4 / 의자의 수, ÷, 4

02 ◉ □×4=◎, ◉ ◎÷4=□

03 70

04 ◉ ○×5=☆(또는 ☆÷5=○) /
◉ ☆−3=◇(또는 ◇+3=☆)

03 △는 ☆의 10배입니다. ⇨ ☆×10=△
☆=7이면 7×10=△, △=70

04 • ☆은 ○의 5배입니다. ⇨ ○×5=☆
• ◇는 ☆보다 3만큼 더 작습니다. ⇨ ☆−3=◇

70~83쪽

유형 변형

대표 유형 01 75

❶ ■와 ▲ 사이의 대응 관계를 식으로 나타내면 ■× 7 =▲

❷ • ㉠× 7 =35 ➔ ㉠= 5

• 10× 7 =㉡ ➔ ㉡= 70

❸ ㉠+㉡= 5 + 70 = 75

예제 31

❶ ☆은 ○보다 13만큼 더 작습니다. ⇨ ○−13=☆

❷ • ㉠−13=25 → ㉠=38

• 20−13=㉡ → ㉡=7

❸ 38>7이므로 ㉠−㉡=38−7=31

01-1 ㉠, ㉢, ㉡

❶ ◇를 3으로 나누면 ◎와 같습니다. ⇨ ◇÷3=◎

❷ • ㉠÷3=7 → ㉠=21

• 15÷3=㉡ → ㉡=5

• 39÷3=㉢ → ㉢=13

❸ 21>13>5이므로 ㉠>㉢>㉡입니다.

01-2 28

❶ ♡는 ♧보다 5만큼 더 큽니다. ⇨ ♧+5=♡

❷ • ㉠+5=7 → ㉠=2

• ㉡+5=10 → ㉡=5

• 13+5=㉢ → ㉢=18

❸ ㉠×㉡+㉢=2×5+18=28

01-3 57

❶ • ◎를 4로 나누면 △와 같습니다. ⇨ ◎÷4＝△

   • □는 △보다 7만큼 더 큽니다. ⇨ △＋7＝□

❷ • ㉠÷4＝12 → ㉠＝48

   • 2＋7＝㉡ → ㉡＝9

❸ ㉠＋㉡＝48＋9＝57

대표 유형 02 60

❶ 수의 순서와 늘어놓은 수 사이의 대응 관계를 표로 나타내 봅니다.

순서	1	2	3	4	5	⋯
수	6	12	18	24	30	⋯

❷ 순서를 ●, 수를 ★이라고 할 때, 두 양 사이의 대응 관계를 식으로 나타내면 ●×$\boxed{6}$＝★

❸ ●＝10일 때 10×$\boxed{6}$＝★, ★＝$\boxed{60}$ → 10번째 수: $\boxed{60}$

예제 264

❶

순서	1	2	3	4	5	⋯
수	12	24	36	48	60	⋯

❷ 순서를 ○, 수를 ☆이라고 할 때, 두 양 사이의 대응 관계를 식으로 나타내면 ○×12＝☆

❸ ○＝22일 때 22×12＝☆, ☆＝264 ⇨ 22번째 수: 264

02-1 20번째 수

❶

순서	1	2	3	4	5	⋯
수	15	30	45	60	75	⋯

❷ 순서를 ◇, 수를 ◎라고 할 때, 두 양 사이의 대응 관계를 식으로 나타내면 ◇×15＝◎

❸ ◎＝300일 때 ◇×15＝300, ◇＝300÷15, ◇＝20 ⇨ 300은 20번째 수입니다.

02-2 40

❶

순서	1	2	3	4	5	⋯
수	4	7	10	13	16	⋯

❷ 순서를 □, 수를 △라고 할 때, 두 양 사이의 대응 관계를 식으로 나타내면 □×3＋1＝△

❸ □＝13일 때 13×3＋1＝△, △＝40 ⇨ 13번째 수: 40

02-3 9번째 수

❶

순서	1	2	3	4	5	⋯
수	7	13	19	25	31	⋯

❷ 순서를 ♡, 수를 ♧라고 할 때, 두 양 사이의 대응 관계를 식으로 나타내면 ♡×6＋1＝♧

❸ • ♡＝8일 때 8×6＋1＝♧, ♧＝49 → 8번째 수: 49

   • ♡＝9일 때 9×6＋1＝♧, ♧＝55 → 9번째 수: 55

   ⇨ 처음으로 50보다 큰 수가 놓이는 것: 9번째 수

대표 유형 03 15

❶ 아란이가 말한 수와 준수가 답한 수 사이의 대응 관계를 표로 나타내 봅니다.

아란이가 말한 수	6	2	9	⋯
준수가 답한 수	10	6	13	⋯

❷ 두 수 사이의 대응 관계를 식으로 나타내면 (아란이가 말한 수)＋$\boxed{4}$＝(준수가 답한 수)

❸ 아란이가 11을 말할 때 (준수가 답해야 하는 수)＝11＋$\boxed{4}$＝$\boxed{15}$

예제   90

❶
유빈이가 말한 수	3	7	5	⋯
대연이가 답한 수	18	42	30	⋯

❷ (유빈이가 말한 수)×6＝(대연이가 답한 수)

❸ 유빈이가 15를 말할 때 (대연이가 답해야 하는 수)＝15×6＝90

03-1   2

❶
라온이가 낸 카드의 수	15	55	30	⋯
지우가 낸 카드의 수	3	11	6	⋯

❷ (라온이가 낸 카드의 수)÷5＝(지우가 낸 카드의 수)

❸ 라온이가 10을 냈을 때 (지우가 내야 하는 카드의 수)＝10÷5＝2

03-2   19

❶
하림이가 낸 카드의 수	13	20	10	⋯
이준이가 낸 카드의 수	4	11	1	⋯

❷ (하림이가 낸 카드의 수)−9＝(이준이가 낸 카드의 수)

❸ (이준이가 낸 카드의 수)＝10이면
    (하림이가 낸 카드의 수)−9＝10, (하림이가 낸 카드의 수)＝19

03-3   100

❶
상자에 넣은 공에 쓰인 수	4	9	5	⋯
바뀐 공에 쓰인 수	16	81	25	⋯

❷ 상자에 넣은 공에 쓰인 수를 ♣, 바뀐 공에 쓰인 수를 ♡라고 할 때,
    $4×4＝16, 9×9＝81, 5×5＝25$이므로
    ♣와 ♡ 사이의 대응 관계를 식으로 나타내면 ♣×♣＝♡

❸ ♣＝10이면 $10×10＝♡$, ♡＝100 ⇨ ㉠＝100

대표 유형 04   오후 1시

❶ 베를린의 시각은 서울의 시각보다 오전 11시−오전 3시＝ 8 시간 느립니다.

❷ 서울의 시각과 베를린의 시각 사이의 대응 관계를 식으로 나타내면
    (서울 의 시각)− 8 ＝(베를린 의 시각)입니다.

❸ 서울이 오후 9시일 때 베를린의 시각: 오후 9시− 8 시간＝오후 1 시

예제   오전 6시

❶ 웰링턴의 시각은 서울의 시각보다 오후 1시−오전 10시＝3시간 빠릅니다.

❷ (서울의 시각)＋3＝(웰링턴의 시각)

❸ 서울이 오전 3시일 때 웰링턴의 시각: 오전 3시＋3시간＝오전 6시

04-1   은우

❶ 서울의 시각은 런던의 시각보다 낮 12시−오전 3시＝9시간 빠릅니다.

❷ (런던의 시각)＋9＝(서울의 시각)

❸ 런던의 시각이 오후 1시일 때 서울의 시각: 오후 1시＋9시간＝오후 10시

❹ 잘못 말한 사람: 은우

04-2 오후 11시

❶ 파리의 시각은 서울의 시각보다 오후 5시−오전 9시=8시간 느립니다.

❷ (서울의 시각)−8=(파리의 시각) 또는 (파리의 시각)+8=(서울의 시각)

❸ 파리가 오후 3시일 때 서울의 시각: 오후 3시+8시간=오후 11시
　➪ 서영이는 서울의 시각으로 오후 11시에 전화를 해야 합니다.

04-3 7월 29일 오후 6시

❶ 산티아고의 시각은 서울의 시각보다 오후 3시−오전 2시=13시간 느립니다.

❷ (서울의 시각)−13=(산티아고의 시각)

❸ 서울이 7월 30일 오전 7시일 때 산티아고는 13시간 전의 시각이므로

7월 30일 오전 7시 $\xrightarrow{\text{12시간 전}}$ 7월 29일 오후 7시 $\xrightarrow{\text{1시간 전}}$ 7월 29일 오후 6시

대표 유형 05 27분

❶ 긴 통나무를 자른 횟수와 통나무 도막의 수 사이의 대응 관계를 표로 나타내 봅니다.

통나무를 자른 횟수(번)	1	2	3	4	5	…
통나무 도막의 수(도막)	2	3	4	5	6	…

❷ 통나무를 자른 횟수와 통나무 도막의 수 사이의 대응 관계를 식으로 나타내면

(통나무 도막의 수)−1=(통나무를 자른 횟수)입니다.

긴 통나무를 10도막으로 자르려면 10− 1 = 9 (번) 잘라야 합니다.

❸ (10도막으로 자르는 데 걸리는 시간)=(한 번 자르는 데 걸리는 시간)×(통나무를 자른 횟수)
　　　　　　　　　　　　　=3× 9 = 27 (분)

예제 55분

❶
통나무를 자른 횟수(번)	1	2	3	4	…
통나무 도막의 수(도막)	2	3	4	5	…

❷ (통나무 도막의 수)−1=(통나무를 자른 횟수)이므로
12도막으로 자르려면 12−1=11(번) 잘라야 합니다.

❸ (12도막으로 자르는 데 걸리는 시간)=5×11=55(분)

05-1 4, 5, 6 / 52분

❶ (통나무 도막의 수)−1=(통나무를 자른 횟수),
마지막에는 쉬지 않으므로 (통나무를 자른 횟수)−1=(쉬는 횟수)

❷ 7도막으로 자르려면 7−1=6(번) 잘라야 하고, 6−1=5(번) 쉬게 됩니다.

❸ (7도막으로 자르는 데 걸리는 시간)=(자르는 시간)+(쉬는 시간)=7×6+2×5=52(분)

05-2 5, 7, 9 / 12분

❶ (철사를 자른 횟수)×2+1=(철사 도막의 수)이므로 13도막으로 자르려면
(철사를 자른 횟수)×2+1=13, (철사를 자른 횟수)×2=12, (철사를 자른 횟수)=6번
➪ 13도막으로 자르려면 6번 잘라야 합니다.

❷ (13도막으로 자르는 데 걸리는 시간)=2×6=12(분)

05-3 2시간 31분

❶
통나무를 자른 횟수(번)	1	2	3	4	…
통나무 도막의 수(도막)	2	3	4	5	…

❷ (통나무 도막의 수)−1=(통나무를 자른 횟수),
마지막에는 쉬지 않으므로 (통나무를 자른 횟수)−1=(쉬는 횟수)
15도막으로 자르려면 15−1=14(번) 잘라야 하고, 14−1=13(번) 쉬게 됩니다.

❸ (15도막으로 자르는 데 걸리는 시간)=8×14+3×13=151(분) ➪ 2시간 31분

❶ 정사각형의 수와 성냥개비의 수 사이의 대응 관계를 표로 나타내 봅니다.

정사각형의 수(개)	1	2	3	4	5	…
성냥개비의 수(개)	4	7	10	13	16	…
식	$4+3×0$	$4+3×1$	$4+3×2$	$4+3×3$	$4+3×4$	…

❷ 정사각형의 수를 ●, 성냥개비의 수를 ▲라고 할 때,

두 양 사이의 대응 관계를 식으로 나타내면 $4+\boxed{3}×(●-1)=▲$ 입니다.

❸ ●=15이면 $4+\boxed{3}×(\boxed{15}-1)=▲$, ▲=$\boxed{46}$

→ 성냥개비가 $\boxed{46}$ 개 필요합니다.

❶

정오각형의 수(개)	1	2	3	4	…
성냥개비의 수(개)	5	9	13	17	…
식	$5+4×0$	$5+4×1$	$5+4×2$	$5+4×3$	…

❷ 정오각형의 수를 □, 성냥개비의 수를 ☆이라고 할 때,

두 양 사이의 대응 관계를 식으로 나타내면 $5+4×(□-1)=☆$

❸ □=17이면 $5+4×(17-1)=☆$, ☆=69 ⇨ 성냥개비가 69개 필요합니다.

❶

정육각형의 수(개)	1	2	3	4	…
성냥개비의 수(개)	6	11	16	21	…
식	$6+5×0$	$6+5×1$	$6+5×2$	$6+5×3$	…

❷ 정육각형의 수를 ◎, 성냥개비의 수를 ◇라고 할 때,

두 양 사이의 대응 관계를 식으로 나타내면 $6+5×(◎-1)=◇$

❸ ◎=14이면 $6+5×(14-1)=◇$, ◇=71 ⇨ 성냥개비가 71개 필요합니다.

❶

정삼각형의 수(개)	1	2	3	4	…
성냥개비의 수(개)	6	10	14	18	…
식	$6+4×0$	$6+4×1$	$6+4×2$	$6+4×3$	…

❷ 정삼각형의 수를 ▽, 성냥개비의 수를 □라고 할 때,

두 양 사이의 대응 관계를 식으로 나타내면 $6+4×(▽-1)=□$

❸ □=82이면 $6+4×(▽-1)=82$, $4×(▽-1)=76$, $▽-1=19$, $▽=20$

⇨ 정삼각형을 20개까지 만들 수 있습니다.

❶ 배열 순서와 바둑돌의 수 사이의 대응 관계를 표로 나타내 봅니다.

배열 순서(번째)	1	2	3	4	…
바둑돌의 수(개)	4	8	12	16	…

❷ 배열 순서를 ♥, 바둑돌의 수를 ▲라고 할 때,

두 양 사이의 대응 관계를 식으로 나타내면 $♥×\boxed{4}=▲$

❸ ♥=20이면 $20×\boxed{4}=▲$, ▲=$\boxed{80}$ → 20번째에 필요한 바둑돌의 수: $\boxed{80}$ 개

①

배열 순서(번째)	1	2	3	4	…
바둑돌의 수(개)	4	5	6	7	…

② 배열 순서를 ○, 바둑돌의 수를 △라고 할 때,

두 양 사이의 대응 관계를 식으로 나타내면 ○＋3＝△

③ ○＝28이면 28＋3＝△, △＝31

⇨ 28번째에 필요한 바둑돌의 수: 31개

07-1 15개, 28개

①

배열 순서(번째)	1	2	3	4	…
흰색 바둑돌의 수(개)	2	3	4	5	…
검은색 바둑돌의 수(개)	2	4	6	8	…

② 배열 순서를 ◇, 흰색 바둑돌의 수를 △, 검은색 바둑돌의 수를 ○라고 할 때,

두 양 사이의 대응 관계를 각각 식으로 나타내면 ◇＋1＝△, ◇×2＝○

③ • ◇＋1＝△에서 ◇＝14이면 14＋1＝△, △＝15

⇨ 14번째에 필요한 흰색 바둑돌의 수: 15개

• ◇×2＝○에서 ◇＝14이면 14×2＝○, ○＝28

⇨ 14번째에 필요한 검은색 바둑돌의 수: 28개

07-2 80개

①

배열 순서(번째)	1	2	3	4	…
노란색 구슬의 수(개)	2	4	6	8	…
초록색 구슬의 수(개)	1	4	9	16	…

② 배열 순서를 □, 노란색 구슬의 수를 △, 초록색 구슬의 수를 ○라고 할 때,

두 양 사이의 대응 관계를 각각 식으로 나타내면 □×2＝△, □×□＝○

③ • □×2＝△에서 □＝10이면 10×2＝△, △＝20

→ 10번째에 필요한 노란색 구슬의 수: 20개

• □×□＝○에서 □＝10이면 10×10＝○, ○＝100

→ 10번째에 필요한 초록색 구슬의 수: 100개

⇨ (초록색 구슬의 수)－(노란색 구슬의 수)＝100－20＝80(개)

07-3 18개

①

배열 순서(번째)	1	2	3	4	…
빨간색 점의 수(개)	1	3	5	7	…
파란색 점의 수(개)	2	3	4	5	…

② 배열 순서를 ◇, 빨간색 점의 수를 △, 파란색 점의 수를 ☆이라고 할 때,

두 양 사이의 대응 관계를 각각 식으로 나타내면 ◇×2－1＝△, ◇＋1＝☆

③ • ◇×2－1＝△에서 ◇＝20이면 20×2－1＝△, △＝39

→ 20번째에 찍게 되는 빨간색 점의 수: 39개

• ◇＋1＝☆에서 ◇＝20이면 20＋1＝☆, ☆＝21

→ 20번째에 찍게 되는 파란색 점의 수: 21개

⇨ (20번째에 찍게 되는 빨간색 점과 파란색 점의 수의 차)＝39－21＝18(개)

01 11

❶ ◎를 9로 나누면 △와 같습니다. ⇨ ◎÷9=△

❷ ・㉠÷9=11 → ㉠=99

　・81÷9=㉡ → ㉡=9

❸ ㉠÷㉡=99÷9=11

02 51

❶
준서가 낸 카드의 수	25	17	35	…
민정이가 낸 카드의 수	14	6	24	…

❷ (준서가 낸 카드의 수)-11=(민정이가 낸 카드의 수)

❸ 민정이가 40을 냈을 때 (준서가 낸 카드의 수)-11=40, (준서가 낸 카드의 수)=51

03 36번째 수

❶
순서	1	2	3	4	5	…
수	8	15	22	29	36	…

❷ 순서를 □, 수를 ◎라고 할 때,

　두 양 사이의 대응 관계를 식으로 나타내면 □×7+1=◎

❸ ・□=35일 때 35×7+1=◎, ◎=246 → 35번째 수: 246

　・□=36일 때 36×7+1=◎, ◎=253 → 36번째 수: 253

　⇨ 250-246=4, 253-250=3이므로 250에 가장 가까운 수는 253으로 36번째 수입니다.

04 107개

❶
배열 순서(번째)	1	2	3	4	…
바둑돌의 수(개)	5	11	17	23	…

❷ 배열 순서를 ◇, 바둑돌의 수를 ◎라고 할 때,

　두 양 사이의 대응 관계를 식으로 나타내면 ◇×6-1=◎

❸ ◇=18이면 18×6-1=◎, ◎=107 ⇨ 18번째에 필요한 바둑돌의 수: 107개

05 81개

❶
정육각형의 수(개)	1	2	3	4	…
성냥개비의 수(개)	6	11	16	21	…
식	6+5×0	6+5×1	6+5×2	6+5×3	…

❷ 정육각형의 수를 ◎, 성냥개비의 수를 △라고 할 때,

　두 양 사이의 대응 관계를 식으로 나타내면 6+5×(◎-1)=△

❸ ◎=16이면 6+5×(16-1)=△, △=81 ⇨ 성냥개비 81개가 필요합니다.

06 오후 4시

❶ 하노이의 시각은 인천의 시각보다 오전 8시-오전 6시=2시간 느립니다.

❷ (인천의 시각)-2=(하노이의 시각)

❸ 하노이에 도착했을 때 인천의 시각: 오후 1시 30분+4시간 30분=오후 6시

　⇨ 하노이에 도착했을 때 하노이의 시각: 오후 6시-2시간=오후 4시

❶
통나무를 자른 횟수(번)	1	2	3	4	…
통나무 도막의 수(도막)	2	3	4	5	…

❷ (통나무 도막의 수)$-1=$(통나무를 자른 횟수),
마지막에는 쉬지 않으므로 (통나무를 자른 횟수)$-1=$(쉬는 횟수)
9도막으로 자르려면 $9-1=8$(번) 잘라야 하고, $8-1=7$(번) 쉬게 됩니다.

❸ (9도막으로 자르는 데 걸리는 시간)$=11\times8+5\times7=123$(분) → 2시간 3분
⇨ 오후 1시$+$2시간 3분$=$오후 3시 3분

08 26개

❶
마름모의 수(개)	1	2	3	4	…
성냥개비의 수(개)	4	7	10	13	…
식	$4+3\times0$	$4+3\times1$	$4+3\times2$	$4+3\times3$	…

❷ 마름모의 수를 □, 성냥개비의 수를 ◎라고 할 때,
두 양 사이의 대응 관계를 식으로 나타내면 $4+3\times(□-1)=$◎

❸ 마름모가 26개일 때 $4+3\times(26-1)=$◎, ◎$=79$
→ 필요한 성냥개비의 수: 79개
마름모가 27개일 때 $4+3\times(27-1)=$◎, ◎$=82$
→ 필요한 성냥개비의 수: 82개
⇨ 성냥개비 80개로 마름모를 26개까지 만들 수 있습니다.

09 10번째

❶
배열 순서(번째)	1	2	3	4	…
빨간색 점의 수(개)	6	6	6	6	…
초록색 점의 수(개)	6	12	18	24	…
빨간색 점과 초록색 점의 수의 차(개)	0	6	12	18	…

❷ 배열 순서를 □, 빨간색 점과 초록색 점의 수의 차를 △라고 할 때,
두 양 사이의 대응 관계를 식으로 나타내면 $(□-1)\times6=$△

❸ △$=54$이면 $(□-1)\times6=54$, □$-1=9$, □$=10$
⇨ 빨간색 점과 초록색 점의 수의 차가 54개인 정육각형은 10번째입니다.

10 32분

❶
철사를 자른 횟수(번)	1	2	3	4	…
철사 도막의 수(도막)	4	7	10	13	…

❷ (철사를 자른 횟수)$\times3+1=$(철사 도막의 수)이므로 25도막으로 자르려면
(철사를 자른 횟수)$\times3+1=25$, (철사를 자른 횟수)$\times3=24$, (철사를 자른 횟수)$=8$번
⇨ 25도막으로 자르려면 8번 잘라야 합니다.

❸ (25도막으로 자르는 데 걸리는 시간)$=4\times8=32$(분)

4 약분과 통분

90~95쪽

활용 개념

크기가 같은 분수, 약분

01 (왼쪽부터) 10, 9, 20

02 $\dfrac{7}{21}$, $\dfrac{2}{6}$, $\dfrac{1}{3}$

03 (1) $\dfrac{1}{5}$ (2) $\dfrac{3}{7}$

04 (1) 27 (2) 3

05 8개

04 (1) $\dfrac{2}{9}=\dfrac{6}{\square}$ ➡ $2\times\square=6\times9$

$2\times\square=54$

$\square=27$

통분

01 (1) (왼쪽부터) 10, 10, 8, 8, $\dfrac{50}{80}$, $\dfrac{24}{80}$

(2) (왼쪽부터) 5, 5, 4, 4, $\dfrac{25}{40}$, $\dfrac{12}{40}$

02 (1) 28, 10 (2) 16, 30

03 24, 48, 72

04 예 $\dfrac{10}{15}$, $\dfrac{9}{15}$ / $\dfrac{20}{30}$, $\dfrac{18}{30}$

05 $\dfrac{54}{84}$, $\dfrac{40}{84}$

06 $\dfrac{7}{20}$, $\dfrac{11}{30}$

분수의 크기 비교, 분수와 소수의 크기 비교

01 (1) > (2) <

02 (1) $\dfrac{13}{50}$에 ○표 (2) 1.9에 ○표

03 $\dfrac{5}{8}$, $\dfrac{7}{12}$, $\dfrac{3}{10}$

04 $\dfrac{3}{5}$, $\dfrac{5}{8}$

05 ㉡, ㉢, ㉠

04 $\dfrac{3}{5}$ ➡ 6>5이므로 $\dfrac{3}{5}$>$\dfrac{1}{2}$,

$\dfrac{4}{11}$ ➡ 8<11이므로 $\dfrac{4}{11}$<$\dfrac{1}{2}$,

$\dfrac{5}{8}$ ➡ 10>8이므로 $\dfrac{5}{8}$>$\dfrac{1}{2}$,

$\dfrac{3}{7}$ ➡ 6<7이므로 $\dfrac{3}{7}$<$\dfrac{1}{2}$

유형 변형

96~109쪽

대표 유형 01 $\dfrac{6}{20}$, $\dfrac{7}{20}$

❶ 분모가 20인 분수를 $\dfrac{\blacksquare}{20}$라 하고 $\dfrac{1}{4}$과 $\dfrac{2}{5}$를 분모가 20인 분수로 통분합니다.

$\dfrac{1}{4}$ < $\dfrac{\blacksquare}{20}$ < $\dfrac{2}{5}$

$\dfrac{5}{20}$ < $\dfrac{\blacksquare}{20}$ < $\dfrac{8}{20}$ ➡ $\blacksquare$ = 6 , 7

❷ 구하려는 분수: $\dfrac{6}{20}$, $\dfrac{7}{20}$

예제 $\dfrac{17}{24}$, $\dfrac{18}{24}$, $\dfrac{19}{24}$, $\dfrac{20}{24}$

❶ 분모가 24인 분수를 $\dfrac{\square}{24}$라 하면

$\dfrac{2}{3}$ < $\dfrac{\square}{24}$ < $\dfrac{7}{8}$ ➡ $\dfrac{16}{24}$ < $\dfrac{\square}{24}$ < $\dfrac{21}{24}$이므로 $\square$=17, 18, 19, 20

❷ 구하려는 분수: $\dfrac{17}{24}$, $\dfrac{18}{24}$, $\dfrac{19}{24}$, $\dfrac{20}{24}$

01-1 4개

❶ 분모가 30인 분수를 $\dfrac{\square}{30}$라 하면

$$\dfrac{3}{10}<\dfrac{\square}{30}<\dfrac{7}{15} \Rightarrow \dfrac{9}{30}<\dfrac{\square}{30}<\dfrac{14}{30}$$이므로 $\square=10,\ 11,\ 12,\ 13$

❷ 구하려는 분수: $\dfrac{10}{30},\ \dfrac{11}{30},\ \dfrac{12}{30},\ \dfrac{13}{30} \Rightarrow$ 4개

01-2 $\dfrac{38}{45}$

❶ 분모가 45인 분수를 $\dfrac{\square}{45}$라 하면

$$\dfrac{8}{15}<\dfrac{\square}{45}<\dfrac{8}{9} \Rightarrow \dfrac{24}{45}<\dfrac{\square}{45}<\dfrac{40}{45}$$이므로 $\square=25,\ 26,\ \dots,\ 38,\ 39$

❷ $\dfrac{25}{45},\ \dfrac{26}{45},\ \dots,\ \dfrac{38}{45},\ \dfrac{39}{45}$ 중에서 가장 큰 기약분수는 $\dfrac{38}{45}$입니다.

01-3 $\dfrac{11}{36},\ \dfrac{13}{36}$

❶ 분모가 36인 분수를 $\dfrac{\square}{36}$라 하면

$$\dfrac{2}{9}<\dfrac{\square}{36}<\dfrac{5}{12} \Rightarrow \dfrac{8}{36}<\dfrac{\square}{36}<\dfrac{15}{36}$$이므로 $\square=9,\ 10,\ 11,\ 12,\ 13,\ 14$

❷ $\dfrac{9}{36},\ \dfrac{10}{36},\ \dfrac{11}{36},\ \dfrac{12}{36},\ \dfrac{13}{36},\ \dfrac{14}{36}$ 중에서 기약분수는 $\dfrac{11}{36},\ \dfrac{13}{36}$입니다.

01-4 3개

❶ 분모가 60인 분수를 $\dfrac{\square}{60}$라 하면

$$\dfrac{3}{5}<\dfrac{\square}{60}<\dfrac{3}{4} \Rightarrow \dfrac{36}{60}<\dfrac{\square}{60}<\dfrac{45}{60}$$이므로 $\square=37,\ 38,\ 39,\ 40,\ 41,\ 42,\ 43,\ 44$

❷ $\dfrac{37}{60},\ \dfrac{38}{60},\ \dfrac{39}{60},\ \dfrac{40}{60},\ \dfrac{41}{60},\ \dfrac{42}{60},\ \dfrac{43}{60},\ \dfrac{44}{60}$ 중에서 기약분수는 $\dfrac{37}{60},\ \dfrac{41}{60},\ \dfrac{43}{60}$으로 모두 3개입니다.

대표 유형 02 $\dfrac{36}{60}$

❶ $\dfrac{3}{5}$의 분모와 분자의 합: $5+\boxed{3}=\boxed{8}$

❷ 96은 $\dfrac{3}{5}$의 분모와 분자의 합의 $96\div(5+3)=\boxed{12}$ (배)

❸ 구하려는 분수: $\dfrac{3\times\boxed{12}}{5\times\boxed{12}}=\dfrac{\boxed{36}}{\boxed{60}}$

다른 풀이

구하려는 분수를 $\dfrac{3\times\square}{5\times\square}$라 하면 분모와 분자의 합이 96이므로

$5\times\square+3\times\square=96,\ 8\times\square=96,\ \square=12$

$\Rightarrow \dfrac{3\times12}{5\times12}=\dfrac{36}{60}$

예제 $\dfrac{55}{77}$

❶ $\dfrac{5}{7}$의 분모와 분자의 합: $7+5=12$

❷ 132는 $\dfrac{5}{7}$의 분모와 분자의 합의 $132\div(7+5)=11$(배)

❸ 구하려는 분수: $\dfrac{5\times11}{7\times11}=\dfrac{55}{77}$

02-1 $\dfrac{27}{72}$

❶ $\dfrac{3}{8}$의 분모와 분자의 차: $8-3=5$

❷ 45는 $\dfrac{3}{8}$의 분모와 분자의 차의 $45\div(8-3)=9$(배)

❸ 구하려는 분수: $\dfrac{3\times9}{8\times9}=\dfrac{27}{72}$

02-2 $\dfrac{28}{80}$

❶ $0.35=\dfrac{35}{100}=\dfrac{7}{20}$

❷ $\dfrac{7}{20}$의 분모와 분자의 차: $20-7=13$

❸ 52는 $\dfrac{7}{20}$의 분모와 분자의 차의 $52\div(20-7)=4$(배)

❹ 구하려는 분수: $\dfrac{7\times4}{20\times4}=\dfrac{28}{80}$

02-3 $\dfrac{25}{30}$

❶ 구하려는 분수를 $\dfrac{5\times\square}{6\times\square}$라 하면 분모와 분자의 곱이 750이므로

   $6\times\square\times5\times\square=750,\ 30\times\square\times\square=750,\ \square\times\square=25,\ \square=5$

❷ 구하려는 분수: $\dfrac{5\times5}{6\times5}=\dfrac{25}{30}$

02-4 $\dfrac{24}{30}$

❶ 구하려는 분수를 $\dfrac{4\times\square}{5\times\square}$라 하면 분모와 분자의 최소공배수가 120이므로

   $\underline{\square)(\text{분모})\ (\text{분자})}$
   $\qquad 5\qquad 4\quad\Rightarrow\square\times5\times4=120,\ \square\times20=120,\ \square=6$

❷ 구하려는 분수: $\dfrac{4\times6}{5\times6}=\dfrac{24}{30}$

대표 유형 03 7

❶ 분자 2와 5의 최소공배수인 10으로 분자를 같게 만듭니다.

$$\dfrac{2}{3}<\dfrac{5}{\blacksquare}\ \rightarrow\ \dfrac{2\times5}{3\times\boxed{5}}<\dfrac{5\times2}{\blacksquare\times\boxed{2}}\ \rightarrow\ \dfrac{10}{\boxed{15}}<\dfrac{10}{\blacksquare\times\boxed{2}}$$

❷ 분자가 같을 경우 분모가 작을수록 큰 수이므로

   분모의 크기를 비교하면 $\blacksquare\times2<\boxed{15}$입니다.

❸ ■에 들어갈 수 있는 자연수 중에서 가장 큰 수: $\boxed{7}$

예제 7

❶ 분자 5와 3의 최소공배수인 15로 분자를 같게 만듭니다.

$$\dfrac{5}{11}>\dfrac{3}{\square}\ \Rightarrow\ \dfrac{5\times3}{11\times3}>\dfrac{3\times5}{\square\times5}\ \Rightarrow\ \dfrac{15}{33}>\dfrac{15}{\square\times5}$$

❷ 분자가 같을 경우 분모가 작을수록 큰 수이므로

   분모의 크기를 비교하면 $\square\times5>33$입니다.

❸ $\square$ 안에 들어갈 수 있는 자연수 중에서 가장 작은 수: 7

03-1 5

❶ 분자 7과 2의 최소공배수인 14로 분자를 같게 만듭니다.

$$\dfrac{7}{20}<\dfrac{2}{\square}<1\ \Rightarrow\ \dfrac{7\times2}{20\times2}<\dfrac{2\times7}{\square\times7}<\dfrac{14}{14}\ \Rightarrow\ \dfrac{14}{40}<\dfrac{14}{\square\times7}<\dfrac{14}{14}$$

❷ 분자가 같을 경우 분모가 작을수록 큰 수이므로

   분모의 크기를 비교하면 $14<\square\times7<40$입니다.

❸ $\square$ 안에 들어갈 수 있는 자연수 중에서 가장 큰 수: 5

03-2 5개

❶ 분자 5, 6, 10의 최소공배수인 30으로 분자를 같게 만듭니다.

$$\frac{5}{6} > \frac{6}{\square} > \frac{10}{21} \Rightarrow \frac{5 \times 6}{6 \times 6} > \frac{6 \times 5}{\square \times 5} > \frac{10 \times 3}{21 \times 3} \Rightarrow \frac{30}{36} > \frac{30}{\square \times 5} > \frac{30}{63}$$

❷ 분자가 같을 경우 분모가 작을수록 큰 수이므로

분모의 크기를 비교하면 63>□×5>36입니다.

❸ □ 안에 들어갈 수 있는 자연수: 8, 9, 10, 11, 12 ⇨ 5개

03-3 5, 6

❶ $\frac{4}{\square} < \frac{8}{9} \Rightarrow \frac{4 \times 2}{\square \times 2} < \frac{8}{9} \Rightarrow \frac{8}{\square \times 2} < \frac{8}{9}$

분모의 크기를 비교하면 9<□×2이므로 □=5, 6, ...

❷ $\frac{3}{\square} > \frac{5}{11} \Rightarrow \frac{3 \times 5}{\square \times 5} > \frac{5 \times 3}{11 \times 3} \Rightarrow \frac{15}{\square \times 5} > \frac{15}{33}$

분모의 크기를 비교하면 33>□×5이므로 □=1, 2, 3, 4, 5, 6

❸ □ 안에 공통으로 들어갈 수 있는 자연수: 5, 6

대표 유형 04 $\frac{4}{5}$

❶ 만들 수 있는

┌ 분모가 4인 가장 큰 진분수: $\boxed{\dfrac{3}{4}}$

├ 분모가 5인 가장 큰 진분수: $\boxed{\dfrac{4}{5}}$

└ 분모가 8인 가장 큰 진분수: $\boxed{\dfrac{5}{8}}$

❷ ❶에서 만든 분수의 크기를 비교하면 $\boxed{\dfrac{4}{5}} > \boxed{\dfrac{3}{4}} > \boxed{\dfrac{5}{8}}$

❸ 만들 수 있는 가장 큰 진분수: $\dfrac{\boxed{4}}{\boxed{5}}$

예제 $\frac{6}{8}$

❶ 만들 수 있는

분모가 3인 가장 큰 진분수: $\frac{2}{3}$, 분모가 6인 가장 큰 진분수: $\frac{3}{6}$, 분모가 8인 가장 큰 진분수: $\frac{6}{8}$

❷ $\left(\frac{2}{3}, \frac{3}{6}, \frac{6}{8} \right) \Rightarrow \left(\frac{16}{24}, \frac{12}{24}, \frac{18}{24} \right) \Rightarrow \frac{6}{8} > \frac{2}{3} > \frac{3}{6}$

❸ 만들 수 있는 가장 큰 진분수: $\frac{6}{8}$

04-1 $9\frac{4}{5}$

❶ 가장 큰 대분수를 만들려면 자연수 부분에 가장 큰 수인 9가 놓여야 합니다.

❷ 만들 수 있는

분모가 4인 가장 큰 대분수: $9\frac{2}{4}$, 분모가 5인 가장 큰 대분수: $9\frac{4}{5}$

❸ $\left(9\frac{2}{4}, 9\frac{4}{5} \right) \Rightarrow \left(9\frac{10}{20}, 9\frac{16}{20} \right) \Rightarrow 9\frac{2}{4} < 9\frac{4}{5}$

04-2 0.875

❶ 만들 수 있는

분모가 2인 가장 큰 진분수: $\dfrac{1}{2}$, 분모가 7인 가장 큰 진분수: $\dfrac{2}{7}$, 분모가 8인 가장 큰 진분수: $\dfrac{7}{8}$

❷ $\left(\dfrac{1}{2},\ \dfrac{2}{7},\ \dfrac{7}{8}\right)$ ⇨ $\left(\dfrac{28}{56},\ \dfrac{16}{56},\ \dfrac{49}{56}\right)$ ⇨ $\dfrac{7}{8}>\dfrac{1}{2}>\dfrac{2}{7}$

❸ $\dfrac{7}{8}=\dfrac{875}{1000}=0.875$

04-3 1.125

❶ 만들 수 있는

분모가 4인 가장 작은 가분수: $\dfrac{5}{4}$, 분모가 5인 가장 작은 가분수: $\dfrac{8}{5}$,

분모가 8인 가장 작은 가분수: $\dfrac{9}{8}$

❷ $\left(\dfrac{5}{4},\ \dfrac{8}{5},\ \dfrac{9}{8}\right)$ ⇨ $\left(\dfrac{50}{40},\ \dfrac{64}{40},\ \dfrac{45}{40}\right)$ ⇨ $\dfrac{9}{8}<\dfrac{5}{4}<\dfrac{8}{5}$

❸ $\dfrac{9}{8}=1\dfrac{1}{8}=1\dfrac{125}{1000}=1.125$

대표 유형 05 $\dfrac{15}{17}$

❶ 5로 약분하기 전의 분수: $\dfrac{3\times5}{4\times5}=\dfrac{\boxed{15}}{\boxed{20}}$

❷ 분모에 3을 더하기 전의 분수: $\dfrac{\boxed{15}}{\boxed{20}-3}=\dfrac{\boxed{15}}{\boxed{17}}$

❸ 처음 분수: $\dfrac{\boxed{15}}{\boxed{17}}$

예제 $\dfrac{22}{36}$

❶ 4로 약분하기 전의 분수: $\dfrac{4\times4}{9\times4}=\dfrac{16}{36}$

❷ 분자에서 6을 빼기 전의 분수: $\dfrac{16+6}{36}=\dfrac{22}{36}$

❸ 처음 분수: $\dfrac{22}{36}$

05-1 $\dfrac{11}{53}$

❶ 6으로 약분하기 전의 분수: $\dfrac{3\times6}{10\times6}=\dfrac{18}{60}$

❷ 분모와 분자에 각각 7을 더하기 전의 분수: $\dfrac{18-7}{60-7}=\dfrac{11}{53}$

❸ 처음 분수: $\dfrac{11}{53}$

05-2 $\dfrac{23}{47}$

❶ 5로 약분하기 전의 분수: $\dfrac{4\times5}{11\times5}=\dfrac{20}{55}$

❷ 분자에서 3을 빼기 전의 분수: $\dfrac{20+3}{55}=\dfrac{23}{55}$

❸ 분모에 8을 더하기 전의 분수: $\dfrac{23}{55-8}=\dfrac{23}{47}$

❹ $\dfrac{\text{ⓒ}}{\text{⊙}}=\dfrac{23}{47}$

05-3 $\dfrac{13}{25}$

❶ 3으로 약분하기 전의 분수: $\dfrac{5 \times 3}{7 \times 3} = \dfrac{15}{21}$

❷ 분자에 2를 더하기 전의 분수: $\dfrac{15-2}{21} = \dfrac{13}{21}$

❸ 분모에서 4를 빼기 전의 분수: $\dfrac{13}{21+4} = \dfrac{13}{25}$

❹ 처음 분수: $\dfrac{13}{25}$

05-4 $\dfrac{31}{38}$

❶ 기약분수로 나타내기 전의 분수를 $\dfrac{4 \times \square}{5 \times \square}$라 하면

분모와 분자에서 각각 3을 빼기 전의 분수: $\dfrac{4 \times \square + 3}{5 \times \square + 3}$

❷ 분모가 38이므로 $5 \times \square + 3 = 38$, $5 \times \square = 35$, $\square = 7$

❸ 처음 분수: $\dfrac{4 \times 7 + 3}{38} = \dfrac{31}{38}$

대표 유형 06   8

❶ $\dfrac{\bigcirc + 2}{\bigcirc + 10}$에서 (분모와 분자의 차)$= 10 - 2 = \boxed{8}$

❷ $\dfrac{5}{9}$와 크기가 같은 분수: $\dfrac{5}{9} = \dfrac{\boxed{10}}{18} = \dfrac{\boxed{15}}{27} = \cdots$

    → 이 중에서 분모와 분자의 차가 $\boxed{8}$인 분수: $\dfrac{\boxed{10}}{\boxed{18}}$

❸ $\dfrac{\bigcirc + 2}{\bigcirc + 10} = \dfrac{\boxed{10}}{18}$이므로 $\bigcirc = \boxed{8}$

예제   5

❶ $\dfrac{\bigcirc + 3}{\bigcirc + 15}$에서 (분모와 분자의 차)$= 15 - 3 = 12$

❷ $\dfrac{2}{5}$와 크기가 같은 분수: $\dfrac{2}{5} = \dfrac{4}{10} = \dfrac{6}{15} = \dfrac{8}{20} = \cdots$ ⇨ 이 중에서 분모와 분자의 차가 12인 분수: $\dfrac{8}{20}$

❸ $\dfrac{\bigcirc + 3}{\bigcirc + 15} = \dfrac{8}{20}$이므로 $\bigcirc = 5$

06-1   11

❶ $\overset{\overset{\displaystyle 3 \quad\quad 3}{\frown \quad \frown}}{\underset{\bigcirc - 3 \quad \bigcirc \quad \bigcirc + 3}{\rule{4cm}{0.4pt}}}$ $\dfrac{\bigcirc - 3}{\bigcirc + 3}$에서 (분모와 분자의 차)$= 6$

❷ $\dfrac{4}{7}$와 크기가 같은 분수: $\dfrac{4}{7} = \dfrac{8}{14} = \dfrac{12}{21} = \cdots$ ⇨ 이 중에서 분모와 분자의 차가 6인 분수: $\dfrac{8}{14}$

❸ $\dfrac{\bigcirc - 3}{\bigcirc + 3} = \dfrac{8}{14}$이므로 $\bigcirc = 11$

06-2   9

❶ $\dfrac{27}{39}$에서 (분모와 분자의 차)$= 39 - 27 = 12$

❷ $\dfrac{3}{4}$과 크기가 같은 분수 중 분모는 39보다 크고 분자는 27보다 큰 수를 찾습니다.

$\dfrac{3}{4} = \dfrac{30}{40} = \dfrac{33}{44} = \dfrac{36}{48} = \cdots$ ⇨ 이 중에서 분모와 분자의 차가 12인 분수: $\dfrac{36}{48}$

❸ 분모와 분자에 각각 더한 수를 $\square$라 하면 $\dfrac{27 + \square}{39 + \square} = \dfrac{36}{48}$이므로 $\square = 9$

06-3 ㉠ 18, ㉡ 5

❶ $\dfrac{㉡}{㉠+2}$과 $\dfrac{㉡}{㉠+7}$에서 분자는 같고 분모는 $7-2=5$ 차이가 납니다.

❷ $\dfrac{1}{4}=\dfrac{2}{8}=\dfrac{3}{12}=\dfrac{4}{16}=\dfrac{5}{20}=\cdots$

　　$\dfrac{1}{5}=\dfrac{2}{10}=\dfrac{3}{15}=\dfrac{4}{20}=\dfrac{5}{25}=\cdots$

分자가 같고 분모의 차가 5인 분수: $\dfrac{5}{20}$와 $\dfrac{5}{25}$

❸ $\dfrac{㉡}{㉠+2}=\dfrac{5}{20}$이므로 ㉠$=18$, ㉡$=5$

대표 유형 07 16개

❶ $77=7\times\boxed{11}$이므로 분자가 7의 배수 또는 $\boxed{11}$의 배수일 때 약분이 됩니다.

❷ 1부터 76까지의 수 중 7의 배수의 개수: $76\div7=\boxed{10}\cdots\boxed{6}\rightarrow\boxed{10}$개

❸ 1부터 76까지의 수 중 11의 배수의 개수: $76\div11=\boxed{6}\cdots\boxed{10}\rightarrow\boxed{6}$개

❹ (약분이 되는 분수의 개수)$=\boxed{10}+\boxed{6}=\boxed{16}$(개)

예제 16개

❶ $65=5\times13$이므로 분자가 5의 배수 또는 13의 배수일 때 약분이 됩니다.

❷ 1부터 64까지의 수 중 5의 배수의 개수: $64\div5=12\cdots4\Rightarrow12$개

❸ 1부터 64까지의 수 중 13의 배수의 개수: $64\div13=4\cdots12\Rightarrow4$개

❹ (약분이 되는 분수의 개수)$=12+4=16$(개)

07-1 34개

❶ $75=3\times25=3\times5\times5$이므로 분자가 3의 배수 또는 5의 배수일 때 약분이 됩니다.

❷ 1부터 74까지의 수 중 3의 배수의 개수: $74\div3=24\cdots2\Rightarrow24$개

❸ 1부터 74까지의 수 중 5의 배수의 개수: $74\div5=14\cdots4\Rightarrow14$개

❹ 1부터 74까지의 수 중 15의 배수의 개수: $74\div15=4\cdots14\Rightarrow4$개

❺ (약분이 되는 분수의 개수)$=$(3의 배수의 개수)$+$(5의 배수의 개수)$-$(15의 배수의 개수)

　　$=24+14-4=34$(개)

└→ 중복되므로 빼야 합니다.

07-2 72개

❶ $91=7\times13$이므로 분자가 7의 배수 또는 13의 배수일 때 약분이 됩니다.

❷ 1부터 90까지의 수 중 7의 배수의 개수: $90\div7=12\cdots6\Rightarrow12$개

❸ 1부터 90까지의 수 중 13의 배수의 개수: $90\div13=6\cdots12\Rightarrow6$개

❹ (약분이 되는 분수의 개수)$=12+6=18$(개)

❺ (기약분수의 개수)$=$(전체 분수의 개수)$-$(약분이 되는 분수의 개수)

　　$=90-18=72$(개)

07-3 64개

❶ $169=13\times13$이므로 분자가 13의 배수일 때 약분이 됩니다.

❷ 1부터 168까지의 수 중 13의 배수의 개수: $168\div13=12\cdots12\rightarrow12$개

　　1부터 99까지의 수 중 13의 배수의 개수: $99\div13=7\cdots8\rightarrow7$개

　　$\Rightarrow$ 분자가 세 자리 수이고 13의 배수인 분수의 개수: $12-7=5$(개)

❸ 분자가 세 자리 수인 분수는 $168-99=69$(개)이므로

　　분자가 세 자리 수인 기약분수는 $69-5=64$(개)입니다.

01 $\dfrac{16}{20}$, $\dfrac{17}{20}$

❶ $0.9=\dfrac{9}{10}$

❷ 분모가 20인 분수를 $\dfrac{\square}{20}$라 하면

$\dfrac{3}{4}<\dfrac{\square}{20}<\dfrac{9}{10}$ ⇨ $\dfrac{15}{20}<\dfrac{\square}{20}<\dfrac{18}{20}$이므로 $\square=16$, 17

❸ 구하려는 분수: $\dfrac{16}{20}$, $\dfrac{17}{20}$

02 55

❶ 분모에 더해야 하는 수를 $\square$라 하면 $\dfrac{5}{11}=\dfrac{5+25}{11+\square}=\dfrac{30}{11+\square}$입니다.

❷ $\dfrac{5}{11}=\dfrac{10}{22}=\dfrac{15}{33}=\dfrac{20}{44}=\dfrac{25}{55}=\dfrac{30}{66}=\dots$ 중에서 분자가 30인 분수를 찾으면 $\dfrac{30}{66}$입니다.

❸ $\dfrac{30}{11+\square}=\dfrac{30}{66}$이므로 $11+\square=66$, $\square=55$

03 4

❶ 분자 7과 3의 최소공배수인 21로 분자를 같게 만듭니다.

$\dfrac{7}{9}>\dfrac{3}{\square}$ ⇨ $\dfrac{7\times3}{9\times3}>\dfrac{3\times7}{\square\times7}$ ⇨ $\dfrac{21}{27}>\dfrac{21}{\square\times7}$

❷ 분자가 같을 경우 분모가 작을수록 큰 수이므로

분모의 크기를 비교하면 $\square\times7>27$입니다.

❸ $\square$ 안에 들어갈 수 있는 자연수 중에서 가장 작은 수: 4

04 $\dfrac{36}{48}$

❶ $0.75=\dfrac{75}{100}=\dfrac{3}{4}$

❷ $\dfrac{3}{4}$의 분모와 분자의 합: $4+3=7$

❸ 84는 $\dfrac{3}{4}$의 분모와 분자의 합의 $84\div(4+3)=12$(배)

❹ 구하려는 분수: $\dfrac{3\times12}{4\times12}=\dfrac{36}{48}$

05 3개

❶ 분모가 48인 분수를 $\dfrac{\square}{48}$라 하면

$\dfrac{5}{8}<\dfrac{\square}{48}<\dfrac{5}{6}$ ⇨ $\dfrac{30}{48}<\dfrac{\square}{48}<\dfrac{40}{48}$이므로 $\square=31, 32, 33, \dots, 38, 39$

❷ $\dfrac{31}{48}$, $\dfrac{32}{48}$, $\dfrac{33}{48}$, $\dfrac{34}{48}$, $\dfrac{35}{48}$, $\dfrac{36}{48}$, $\dfrac{37}{48}$, $\dfrac{38}{48}$, $\dfrac{39}{48}$ 중에서 기약분수는 $\dfrac{31}{48}$, $\dfrac{35}{48}$, $\dfrac{37}{48}$로 모두 3개입니다.

06 $8\dfrac{5}{6}$

❶ 가장 큰 대분수를 만들려면 자연수 부분에 가장 큰 수인 8이 놓여야 합니다.

❷ 만들 수 있는

분모가 5인 가장 큰 대분수: $8\dfrac{3}{5}$, 분모가 6인 가장 큰 대분수: $8\dfrac{5}{6}$

❸ $\left(8\dfrac{3}{5}, 8\dfrac{5}{6}\right)$ ⇨ $\left(8\dfrac{18}{30}, 8\dfrac{25}{30}\right)$ ⇨ $8\dfrac{3}{5}<8\dfrac{5}{6}$

07 7, 8

❶ 분자 4, 5, 10의 최소공배수인 20으로 분자를 같게 만듭니다.

$\dfrac{4}{5} > \dfrac{5}{\square} > \dfrac{10}{17}$ ⇨ $\dfrac{4 \times 5}{5 \times 5} > \dfrac{5 \times 4}{\square \times 4} > \dfrac{10 \times 2}{17 \times 2}$ ⇨ $\dfrac{20}{25} > \dfrac{20}{\square \times 4} > \dfrac{20}{34}$

❷ 분자가 같을 경우 분모가 작을수록 큰 수이므로

분모의 크기를 비교하면 $34 > \square \times 4 > 25$입니다.

❸ $\square$ 안에 들어갈 수 있는 자연수: 7, 8

08 $\dfrac{15}{21}$

❶ 3으로 약분하기 전의 분수: $\dfrac{7 \times 3}{9 \times 3} = \dfrac{21}{27}$

❷ 분모와 분자에 각각 6을 더하기 전의 분수: $\dfrac{21-6}{27-6} = \dfrac{15}{21}$

❸ 처음 분수: $\dfrac{15}{21}$

09 $\dfrac{40}{81}$

❶ 분모가 81이므로 기약분수로 나타냈을 때 단위분수가 되는 분수는 분자가 81의 약수일 때입니다.

❷ 분자가 1, 3, 9, 27일 때 단위분수가 되므로 $\dfrac{1}{81} + \dfrac{3}{81} + \dfrac{9}{81} + \dfrac{27}{81} = \dfrac{40}{81}$

10 $\dfrac{2}{3}, \dfrac{3}{5}, \dfrac{5}{7}$

❶ 만들 수 있는 진분수: $\dfrac{2}{3}, \dfrac{2}{5}, \dfrac{3}{5}, \dfrac{2}{7}, \dfrac{3}{7}, \dfrac{5}{7}$

❷ $\dfrac{2}{3}$ ⇨ $4 > 3$이므로 $\dfrac{2}{3} > \dfrac{1}{2}$, $\dfrac{2}{5}$ ⇨ $4 < 5$이므로 $\dfrac{2}{5} < \dfrac{1}{2}$, $\dfrac{3}{5}$ ⇨ $6 > 5$이므로 $\dfrac{3}{5} > \dfrac{1}{2}$,

$\dfrac{2}{7}$ ⇨ $4 < 7$이므로 $\dfrac{2}{7} < \dfrac{1}{2}$, $\dfrac{3}{7}$ ⇨ $6 < 7$이므로 $\dfrac{3}{7} < \dfrac{1}{2}$, $\dfrac{5}{7}$ ⇨ $10 > 7$이므로 $\dfrac{5}{7} > \dfrac{1}{2}$

❸ $\dfrac{1}{2}$보다 큰 수: $\dfrac{2}{3}, \dfrac{3}{5}, \dfrac{5}{7}$

11 ㉠ 13, ㉡ 10

❶ $\dfrac{㉡}{㉠+2}$과 $\dfrac{㉡}{㉠+12}$에서 분자는 같고 분모는 $12-2=10$ 차이가 납니다.

❷ $\dfrac{2}{3} = \dfrac{4}{6} = \dfrac{6}{9} = \dfrac{8}{12} = \dfrac{10}{15} = \cdots$

$\dfrac{2}{5} = \dfrac{4}{10} = \dfrac{6}{15} = \dfrac{8}{20} = \dfrac{10}{25} = \cdots$ 분자가 같고 분모의 차가 10인 분수: $\dfrac{10}{15}$과 $\dfrac{10}{25}$

❸ $\dfrac{㉡}{㉠+2} = \dfrac{10}{15}$이므로 ㉠=13, ㉡=10

12 ㉠ 30, ㉡ 15

❶ $60 = 2 \times 30 = 2 \times 2 \times 15 = 2 \times 2 \times 3 \times 5$이므로 분모를 ㉠×㉠과 같이 같은 수를 2번 곱한 수로 나타내기 위해서는 분모와 분자에 각각 3×5를 곱해야 합니다.

❷ $\dfrac{1}{60} = \dfrac{3 \times 5}{(2 \times 3 \times 5) \times (2 \times 3 \times 5)} = \dfrac{15}{30 \times 30}$에서 ㉠=30, ㉡=15

5 분수의 덧셈과 뺄셈

활용 개념

분수의 덧셈

01 (1) $\dfrac{13}{20}$ (2) $1\dfrac{2}{35}$ (3) $4\dfrac{1}{12}$

02 (1) $1\dfrac{1}{18}$ (2) $6\dfrac{1}{10}$ **03** (1) $>$ (2) $<$

04 $2\dfrac{7}{24}$ km **05** (1) $1\dfrac{13}{30}$ (2) $4\dfrac{4}{15}$

---

01 (1) $\dfrac{2}{5}+\dfrac{1}{4}=\dfrac{8}{20}+\dfrac{5}{20}=\dfrac{13}{20}$

(2) $\dfrac{1}{5}+\dfrac{6}{7}=\dfrac{7}{35}+\dfrac{30}{35}=\dfrac{37}{35}=1\dfrac{2}{35}$

(3) $2\dfrac{1}{4}+1\dfrac{5}{6}=2\dfrac{3}{12}+1\dfrac{10}{12}=3\dfrac{13}{12}=4\dfrac{1}{12}$

02 (1) $\dfrac{1}{6}+\dfrac{8}{9}=\dfrac{3}{18}+\dfrac{16}{18}=\dfrac{19}{18}=1\dfrac{1}{18}$

(2) $4\dfrac{1}{2}+1\dfrac{3}{5}=4\dfrac{5}{10}+1\dfrac{6}{10}=5\dfrac{11}{10}=6\dfrac{1}{10}$

03 (1) $\dfrac{7}{15}+\dfrac{4}{5}=1\dfrac{4}{15}$ ⇨ $1\dfrac{4}{15}>1\dfrac{2}{15}$

(2) $1\dfrac{1}{2}+3\dfrac{4}{7}=5\dfrac{1}{14}$ ⇨ $5\dfrac{1}{14}<5\dfrac{3}{14}$

04 (집에서 도서관을 지나 학교까지 가는 전체 거리)

$=1\dfrac{7}{8}+\dfrac{5}{12}=1\dfrac{21}{24}+\dfrac{10}{24}=1\dfrac{31}{24}=2\dfrac{7}{24}$ (km)

05 (1) $\square-\dfrac{3}{5}=\dfrac{5}{6}$ ⇨ $\square=\dfrac{5}{6}+\dfrac{3}{5}=1\dfrac{13}{30}$

(2) $\square-2\dfrac{2}{3}=1\dfrac{3}{5}$ ⇨ $\square=1\dfrac{3}{5}+2\dfrac{2}{3}=4\dfrac{4}{15}$

분수의 뺄셈

01 (1) $\dfrac{4}{21}$ (2) $2\dfrac{11}{36}$ (3) $1\dfrac{1}{2}$

02 (1) $\dfrac{3}{20}$ (2) $2\dfrac{1}{12}$

03 $2\dfrac{5}{12}-1\dfrac{1}{3}=2\dfrac{5}{12}-1\dfrac{4}{12}$

$\qquad\qquad =(2-1)+\left(\dfrac{5}{12}-\dfrac{4}{12}\right)$

$\qquad\qquad =1+\dfrac{1}{12}=1\dfrac{1}{12}$

04 $1\dfrac{7}{36}$ L **05** (1) $\dfrac{1}{12}$ (2) $3\dfrac{3}{14}$

---

02 (1) $\dfrac{3}{4}<\dfrac{9}{10}$이므로 $\dfrac{9}{10}-\dfrac{3}{4}=\dfrac{18}{20}-\dfrac{15}{20}=\dfrac{3}{20}$

(2) $5\dfrac{3}{4}>3\dfrac{2}{3}$이므로 $5\dfrac{3}{4}-3\dfrac{2}{3}=5\dfrac{9}{12}-3\dfrac{8}{12}=2\dfrac{1}{12}$

04 (남은 우유의 양)$=1\dfrac{4}{9}-\dfrac{1}{4}=1\dfrac{16}{36}-\dfrac{9}{36}=1\dfrac{7}{36}$ (L)

05 (1) $\square+\dfrac{3}{4}=\dfrac{5}{6}$

$\qquad$ ⇨ $\square=\dfrac{5}{6}-\dfrac{3}{4}=\dfrac{10}{12}-\dfrac{9}{12}=\dfrac{1}{12}$

(2) $4\dfrac{1}{2}-\square=1\dfrac{2}{7}$

$\qquad$ ⇨ $\square=4\dfrac{1}{2}-1\dfrac{2}{7}=4\dfrac{7}{14}-1\dfrac{4}{14}=3\dfrac{3}{14}$

유형 변형

대표 유형 01 $12\dfrac{11}{40}$ m

❶ 삼각형의 세 변의 길이의 합은 $5\dfrac{\boxed{1}}{8}+4\dfrac{2}{5}+2\dfrac{\boxed{3}}{4}$ (m)입니다.

❷ (삼각형의 세 변의 길이의 합)

$=5\dfrac{\boxed{1}}{8}+4\dfrac{2}{5}+2\dfrac{\boxed{3}}{4}=5\dfrac{\boxed{5}}{40}+4\dfrac{\boxed{16}}{40}+2\dfrac{\boxed{30}}{40}$

$=11\dfrac{\boxed{51}}{40}=12\dfrac{\boxed{11}}{40}$ (m)

예제	$3\dfrac{1}{6}$ m

❶ 직사각형은 서로 마주 보는 두 변의 길이가 각각 같으므로

직사각형의 네 변의 길이의 합은 $\dfrac{5}{6}+\dfrac{3}{4}+\dfrac{5}{6}+\dfrac{3}{4}$ (m)입니다.

❷ (직사각형의 네 변의 길이의 합)$=\dfrac{5}{6}+\dfrac{3}{4}+\dfrac{5}{6}+\dfrac{3}{4}=\dfrac{10}{12}+\dfrac{9}{12}+\dfrac{10}{12}+\dfrac{9}{12}$

$=\dfrac{38}{12}=3\dfrac{2}{12}=3\dfrac{1}{6}$ (m)

01-1 $1\dfrac{1}{2}$

❶ (삼각형의 세 변의 길이의 합)$=1\dfrac{2}{5}+1\dfrac{3}{4}+\square=4\dfrac{13}{20}$ (m)

❷ $\square=4\dfrac{13}{20}-1\dfrac{2}{5}-1\dfrac{3}{4}=4\dfrac{13}{20}-1\dfrac{8}{20}-1\dfrac{15}{20}$

$=3\dfrac{5}{20}-1\dfrac{15}{20}=2\dfrac{25}{20}-1\dfrac{15}{20}=1\dfrac{10}{20}=1\dfrac{1}{2}$

01-2 $\dfrac{5}{8}$

❶ (사각형의 네 변의 길이의 합)$=\dfrac{2}{5}+\dfrac{1}{4}+\dfrac{2}{5}+\square=1\dfrac{27}{40}$ (m)

❷ $\dfrac{2}{5}+\dfrac{1}{4}+\dfrac{2}{5}=\dfrac{8}{20}+\dfrac{5}{20}+\dfrac{8}{20}=\dfrac{21}{20}=1\dfrac{1}{20}$이므로 $1\dfrac{1}{20}+\square=1\dfrac{27}{40}$

➪ $\square=1\dfrac{27}{40}-1\dfrac{1}{20}=1\dfrac{27}{40}-1\dfrac{2}{40}=\dfrac{25}{40}=\dfrac{5}{8}$

01-3 $2\dfrac{2}{3}$

❶ 이등변삼각형은 두 변의 길이가 같으므로

(이등변삼각형의 세 변의 길이의 합)$=4\dfrac{3}{8}+4\dfrac{3}{8}+\square=11\dfrac{5}{12}$ (m)

❷ $\square=11\dfrac{5}{12}-4\dfrac{3}{8}-4\dfrac{3}{8}=11\dfrac{10}{24}-4\dfrac{9}{24}-4\dfrac{9}{24}=7\dfrac{1}{24}-4\dfrac{9}{24}$

$=6\dfrac{25}{24}-4\dfrac{9}{24}=2\dfrac{16}{24}=2\dfrac{2}{3}$

대표 유형 **02**	1, 2

❶ 분모 5, 7, 35의 최소공배수인 35를 공통분모로 하여 통분해 봅니다.

$\dfrac{●}{5}+\dfrac{1}{7}=\dfrac{●\times7}{5\times\boxed{7}}+\dfrac{\boxed{5}}{35}=\dfrac{●\times7+\boxed{5}}{\boxed{35}}$

❷ $\dfrac{●\times7+\boxed{5}}{\boxed{35}}<\dfrac{24}{35}$이므로 분자의 크기를 비교해 보면

$●\times7+\boxed{5}<24$, $●\times7<\boxed{19}$ ➡ ●에 들어갈 수 있는 자연수: $\boxed{1}$, $\boxed{2}$

예제	1, 2, 3

❶ 분모 9, 12, 36의 최소공배수인 36으로 통분하면 $\dfrac{\square}{9}+\dfrac{5}{12}=\dfrac{\square\times4}{9\times4}+\dfrac{15}{36}=\dfrac{\square\times4+15}{36}$

❷ $\dfrac{\square\times4+15}{36}<\dfrac{29}{36}$이므로 $\square\times4+15<29$, $\square\times4<14$

➪ $\square$ 안에 들어갈 수 있는 자연수: 1, 2, 3

02-1 1, 2, 3, 4

❶ 분모 6, 7, 42의 최소공배수인 42로 통분하면 $\dfrac{5}{6}-\dfrac{\square}{7}=\dfrac{35}{42}-\dfrac{\square\times6}{7\times6}=\dfrac{35-\square\times6}{42}$

❷ $\dfrac{35-\square\times6}{42}>\dfrac{5}{42}$이므로 $35-\square\times6>5$, $\square\times6<30$

➪ $\square$ 안에 들어갈 수 있는 자연수: 1, 2, 3, 4

02-2 7개

❶ 대분수를 가분수로 나타내면 $\dfrac{\square}{9}+\dfrac{20}{7}<\dfrac{230}{63}$

분모 7, 9, 63의 최소공배수인 63으로 통분하면 $\dfrac{\square}{9}+\dfrac{20}{7}=\dfrac{\square\times7}{9\times7}+\dfrac{180}{63}=\dfrac{\square\times7+180}{63}$

❷ $\dfrac{\square\times7+180}{63}<\dfrac{230}{63}$ 이므로 $\square\times7+180<230$, $\square\times7<50$

$\square$ 안에 들어갈 수 있는 자연수: 1, 2, 3, 4, 5, 6, 7 ⇨ 7개

02-3 3개

❶ 분모 2, 6, 8의 최소공배수인 24로 통분하면 $\dfrac{1}{2}=\dfrac{12}{24}$, $\dfrac{1}{6}+\dfrac{\square}{8}=\dfrac{4+\square\times3}{24}$, $\dfrac{5}{6}=\dfrac{20}{24}$

❷ $\dfrac{12}{24}<\dfrac{4+\square\times3}{24}<\dfrac{20}{24}$ 이므로 $12<4+\square\times3<20$, $8<\square\times3<16$

$\square$ 안에 들어갈 수 있는 자연수: 3, 4, 5 ⇨ 3개

대표 유형 03 $2\dfrac{27}{40}$ m

❶ (색 테이프 2장의 길이의 합)$=1\dfrac{2}{5}+1\dfrac{2}{5}=2\dfrac{\boxed{4}}{5}$ (m)

(겹치는 부분의 길이)$=\dfrac{\boxed{1}}{8}$ m

❷ (이어 붙인 색 테이프의 전체 길이)=(색 테이프 2장의 길이의 합)−(겹치는 부분의 길이)

$=2\dfrac{\boxed{4}}{5}-\dfrac{\boxed{1}}{8}=2\dfrac{\boxed{32}}{40}-\dfrac{\boxed{5}}{40}=2\dfrac{\boxed{27}}{40}$ (m)

예제 $5\dfrac{4}{15}$ m

❶ (색 테이프 2장의 길이의 합)$=2\dfrac{5}{6}+2\dfrac{5}{6}=4\dfrac{10}{6}=5\dfrac{4}{6}=5\dfrac{2}{3}$ (m)

(겹치는 부분의 길이)$=\dfrac{2}{5}$ m

❷ (이어 붙인 색 테이프의 전체 길이)=(색 테이프 2장의 길이의 합)−(겹치는 부분의 길이)

$=5\dfrac{2}{3}-\dfrac{2}{5}=5\dfrac{10}{15}-\dfrac{6}{15}=5\dfrac{4}{15}$ (m)

03-1 $5\dfrac{7}{36}$ m

❶ (색 테이프 3장의 길이의 합)$=2\dfrac{1}{4}+2\dfrac{1}{4}+2\dfrac{1}{4}=6\dfrac{3}{4}$ (m)

(겹치는 부분의 길이의 합)$=\dfrac{7}{9}+\dfrac{7}{9}=\dfrac{14}{9}=1\dfrac{5}{9}$ (m)

❷ (이어 붙인 색 테이프의 전체 길이)=(색 테이프 3장의 길이의 합)−(겹치는 부분의 길이의 합)

$=6\dfrac{3}{4}-1\dfrac{5}{9}=6\dfrac{27}{36}-1\dfrac{20}{36}=5\dfrac{7}{36}$ (m)

03-2 $\dfrac{11}{12}$ m

❶ (색 테이프 2장의 길이의 합)$=3\dfrac{3}{4}+3\dfrac{3}{4}=6\dfrac{6}{4}=7\dfrac{2}{4}=7\dfrac{1}{2}$ (m)

❷ 겹치는 부분의 길이를 $\square$m라고 하면 $6\dfrac{7}{12}=7\dfrac{1}{2}-\square$ 이므로

$\square=7\dfrac{1}{2}-6\dfrac{7}{12}=7\dfrac{6}{12}-6\dfrac{7}{12}=6\dfrac{18}{12}-6\dfrac{7}{12}=\dfrac{11}{12}$ ⇨ 겹치는 부분의 길이: $\dfrac{11}{12}$ m

대표 유형 04 $2\dfrac{3}{4}$시간

❶ 12분$=\dfrac{\boxed{12}}{60}$시간$=\dfrac{1}{\boxed{5}}$시간

❷ (놀이공원에 가는 데 걸린 시간)$=\dfrac{1}{\boxed{5}}+1\dfrac{4}{5}+\dfrac{3}{4}=\dfrac{\boxed{4}}{20}+1\dfrac{\boxed{16}}{20}+\dfrac{\boxed{15}}{20}$

$=1\dfrac{\boxed{35}}{20}=\boxed{2}\dfrac{\boxed{15}}{20}=\boxed{2\dfrac{3}{4}}$(시간)

예제 $1\dfrac{2}{3}$시간

❶ 6분$=\dfrac{6}{60}$시간$=\dfrac{1}{10}$시간

❷ (할머니 댁에 가는 데 걸린 시간)$=1\dfrac{1}{6}+\dfrac{2}{5}+\dfrac{1}{10}=1\dfrac{5}{30}+\dfrac{12}{30}+\dfrac{3}{30}=1\dfrac{20}{30}=1\dfrac{2}{3}$(시간)

04-1 2시간 52분

❶ (국어 숙제와 수학 숙제를 하는 데 걸린 시간)$=1\dfrac{9}{20}+1\dfrac{5}{12}=1\dfrac{27}{60}+1\dfrac{25}{60}=2\dfrac{52}{60}$(시간)

❷ $2\dfrac{52}{60}$시간$=2$시간 52분

04-2 3시간 10분

❶ (강릉에 도착할 때까지 걸린 시간)$=1\dfrac{1}{12}+\dfrac{1}{3}+1\dfrac{3}{4}=1\dfrac{1}{12}+\dfrac{4}{12}+1\dfrac{9}{12}=2\dfrac{14}{12}$

$=3\dfrac{2}{12}=3\dfrac{1}{6}$(시간)

❷ $3\dfrac{1}{6}$시간$=3\dfrac{10}{60}$시간$=3$시간 10분

04-3 오전 11시 45분

❶ (울릉도에 가는 데 걸린 시간)$=\dfrac{1}{6}+2\dfrac{3}{4}+2\dfrac{5}{6}=\dfrac{2}{12}+2\dfrac{9}{12}+2\dfrac{10}{12}=5\dfrac{9}{12}=5\dfrac{3}{4}$(시간)

❷ $5\dfrac{3}{4}$시간$=5\dfrac{45}{60}$시간$=5$시간 45분

❸ 서아가 울릉도에 도착한 시각은 오전 6시$+5$시간 45분$=$오전 11시 45분

대표 유형 05 $6\dfrac{14}{15}$

❶ 가장 큰 대분수를 만들려면 자연수 부분에 가장 큰 수인 $\boxed{5}$을/를 놓고

남은 수 카드로 진분수를 만듭니다. ➡ 가장 큰 대분수: $\boxed{5\dfrac{1}{3}}$

❷ 가장 작은 대분수를 만들려면 자연수 부분에 가장 작은 수인 $\boxed{1}$을/를 놓고

남은 수 카드로 진분수를 만듭니다. ➡ 가장 작은 대분수: $\boxed{1\dfrac{3}{5}}$

❸ (가장 큰 대분수와 가장 작은 대분수의 합)$=\boxed{5}\dfrac{\boxed{1}}{3}+\boxed{1}\dfrac{3}{\boxed{5}}$

$=\boxed{5}\dfrac{5}{\boxed{15}}+\boxed{1}\dfrac{9}{\boxed{15}}=\boxed{6\dfrac{14}{15}}$

예제 $3\dfrac{59}{63}$

❶ 가장 큰 대분수: 자연수 부분에 가장 큰 수인 9를 놓고 남은 수 카드로 진분수를 만듭니다. ⇨ $9\dfrac{5}{7}$

❷ 가장 작은 대분수: 자연수 부분에 가장 작은 수인 5를 놓고 남은 수 카드로 진분수를 만듭니다. ⇨ $5\dfrac{7}{9}$

❸ (가장 큰 대분수와 가장 작은 대분수의 차)$=9\dfrac{5}{7}-5\dfrac{7}{9}=9\dfrac{45}{63}-5\dfrac{49}{63}=8\dfrac{108}{63}-5\dfrac{49}{63}=3\dfrac{59}{63}$

05-1 $3\dfrac{1}{72}$

❶ 서호: 자연수 부분에 가장 작은 수인 5를 놓고 남은 수 카드로 진분수를 만듭니다.

⇨ 가장 작은 대분수: $5\dfrac{8}{9}$

❷ 지수: 자연수 부분에 가장 작은 수인 2를 놓고 남은 수 카드로 진분수를 만듭니다.

⇨ 가장 작은 대분수: $2\dfrac{7}{8}$

❸ (두 사람이 만든 가장 작은 대분수의 차)$=5\dfrac{8}{9}-2\dfrac{7}{8}=5\dfrac{64}{72}-2\dfrac{63}{72}=3\dfrac{1}{72}$

05-2 $12\dfrac{17}{63}$

❶ 가장 큰 대분수: 자연수 부분에 가장 큰 수인 9를 놓습니다.

나머지 수 카드로 만들 수 있는 진분수 $\dfrac{2}{5}, \dfrac{2}{7}, \dfrac{5}{7}$ 중 $\dfrac{5}{7}$가 가장 큽니다. ⇨ $9\dfrac{5}{7}$

❷ 가장 작은 대분수: 자연수 부분에 가장 작은 수인 2를 놓습니다.

나머지 수 카드로 만들 수 있는 진분수 $\dfrac{5}{7}, \dfrac{5}{9}, \dfrac{7}{9}$ 중 $\dfrac{5}{9}$가 가장 작습니다. ⇨ $2\dfrac{5}{9}$

❸ (가장 큰 대분수와 가장 작은 대분수의 합)$=9\dfrac{5}{7}+2\dfrac{5}{9}=9\dfrac{45}{63}+2\dfrac{35}{63}=11\dfrac{80}{63}=12\dfrac{17}{63}$

대표 유형 06 $\dfrac{11}{18}$ kg

❶ (전체 물의 반의 무게)=(물이 가득 든 병의 무게)−(물의 반을 마시고 난 후의 병의 무게)

$$=4\dfrac{8}{9}-2\dfrac{3}{4}=4\dfrac{\boxed{32}}{36}-2\dfrac{\boxed{27}}{36}=\boxed{2}\dfrac{\boxed{5}}{36}\,(\text{kg})$$

❷ (빈 병의 무게)=(물의 반을 마시고 난 후의 병의 무게)−(전체 물의 반의 무게)

$$=2\dfrac{3}{4}-\boxed{2}\dfrac{\boxed{5}}{36}=2\dfrac{\boxed{27}}{36}-\boxed{2}\dfrac{\boxed{5}}{36}=\dfrac{\boxed{22}}{36}=\dfrac{\boxed{11}}{18}\,(\text{kg})$$

예제 $1\dfrac{3}{10}$ kg

❶ (전체 고추장의 반의 무게)

=(고추장이 가득 든 항아리의 무게)−(고추장의 반을 사용하고 난 후의 항아리의 무게)

$=6\dfrac{1}{5}-3\dfrac{3}{4}=6\dfrac{4}{20}-3\dfrac{15}{20}=5\dfrac{24}{20}-3\dfrac{15}{20}=2\dfrac{9}{20}\,(\text{kg})$

❷ (빈 항아리의 무게)=(고추장의 반을 사용하고 난 후의 항아리의 무게)−(전체 고추장의 반의 무게)

$=3\dfrac{3}{4}-2\dfrac{9}{20}=3\dfrac{15}{20}-2\dfrac{9}{20}=1\dfrac{6}{20}=1\dfrac{3}{10}\,(\text{kg})$

06-1 $\dfrac{9}{10}$ kg

❶ (전체 자두의 반의 무게)$=2\dfrac{4}{5}-1\dfrac{17}{20}=2\dfrac{16}{20}-1\dfrac{17}{20}=1\dfrac{36}{20}-1\dfrac{17}{20}=\dfrac{19}{20}\,(\text{kg})$

❷ (빈 바구니의 무게)$=1\dfrac{17}{20}-\dfrac{19}{20}=\dfrac{37}{20}-\dfrac{19}{20}=\dfrac{18}{20}=\dfrac{9}{10}\,(\text{kg})$

06-2 $\dfrac{19}{40}$ kg

❶ (전체 사과의 $\dfrac{1}{3}$의 무게)$=20\dfrac{19}{20}-14\dfrac{1}{8}=20\dfrac{38}{40}-14\dfrac{5}{40}=6\dfrac{33}{40}$ (kg)

❷ (빈 바구니의 무게)$=$(전체 사과의 $\dfrac{1}{3}$을 먹고 난 후의 바구니의 무게)

$-$(전체 사과의 $\dfrac{1}{3}$의 무게)$-$(전체 사과의 $\dfrac{1}{3}$의 무게)

$=14\dfrac{1}{8}-6\dfrac{33}{40}-6\dfrac{33}{40}=14\dfrac{5}{40}-6\dfrac{33}{40}-6\dfrac{33}{40}$

$=13\dfrac{45}{40}-6\dfrac{33}{40}-6\dfrac{33}{40}=7\dfrac{12}{40}-6\dfrac{33}{40}=6\dfrac{52}{40}-6\dfrac{33}{40}=\dfrac{19}{40}$ (kg)

06-3 $\dfrac{2}{15}$ kg

❶ (전체 감자의 $\dfrac{1}{4}$의 무게)$=20\dfrac{2}{5}-15\dfrac{1}{3}=20\dfrac{6}{15}-15\dfrac{5}{15}=5\dfrac{1}{15}$ (kg)

❷ (빈 바구니의 무게)$=15\dfrac{1}{3}-5\dfrac{1}{15}-5\dfrac{1}{15}-5\dfrac{1}{15}=15\dfrac{5}{15}-5\dfrac{1}{15}-5\dfrac{1}{15}-5\dfrac{1}{15}$

$=\dfrac{2}{15}$ (kg)

대표 유형 07 4일

❶ 전체 일의 양을 1이라 하면

지민이가 하루 동안 하는 일의 양: $\dfrac{1}{6}$, 상준이가 하루 동안 하는 일의 양: $\dfrac{1}{\boxed{12}}$

❷ (두 사람이 함께 하루 동안 하는 일의 양)$=\dfrac{1}{6}+\dfrac{\boxed{1}}{12}=\dfrac{\boxed{2}}{12}+\dfrac{\boxed{1}}{12}=\dfrac{\boxed{3}}{12}=\dfrac{1}{\boxed{4}}$

❸ 두 사람이 함께 하루 동안 하는 일의 양은 전체의 $\dfrac{1}{\boxed{4}}$이므로

두 사람이 함께 한다면 일을 끝내는 데 $\boxed{4}$ 일이 걸립니다.

예제 6일

❶ 전체 일의 양을 1이라 하면

경호가 하루 동안 하는 일의 양: $\dfrac{1}{8}$, 윤정이가 하루 동안 하는 일의 양: $\dfrac{1}{24}$

❷ (두 사람이 함께 하루 동안 하는 일의 양)$=\dfrac{1}{8}+\dfrac{1}{24}=\dfrac{3}{24}+\dfrac{1}{24}=\dfrac{4}{24}=\dfrac{1}{6}$

❸ 두 사람이 함께 한다면 일을 끝내는 데 6일이 걸립니다.

07-1 6일

❶ 전체 일의 양을 1이라 하면

정우가 하루 동안 하는 일의 양: $\dfrac{1}{10}$, 민주가 하루 동안 하는 일의 양: $\dfrac{1}{15}$

❷ (두 사람이 함께 하루 동안 하는 일의 양)$=\dfrac{1}{10}+\dfrac{1}{15}=\dfrac{3}{30}+\dfrac{2}{30}=\dfrac{5}{30}=\dfrac{1}{6}$

❸ 두 사람이 함께 한다면 일을 끝내는 데 6일이 걸립니다.

> **참고**
> 어떤 일을 끝내는 데 ●일이 걸린다면 하루 동안 하는 일의 양은 전체의 $\dfrac{1}{●}$입니다.

07-2 12분

❶ 물통의 들이를 1이라 하면

㉮ 수도꼭지로 1분 동안 받는 물의 양: $\dfrac{1}{20}$, ㉯ 수도꼭지로 1분 동안 받는 물의 양: $\dfrac{1}{30}$

❷ (㉮와 ㉯ 수도꼭지를 동시에 틀어 1분 동안 받는 물의 양)

$=\dfrac{1}{20}+\dfrac{1}{30}=\dfrac{3}{60}+\dfrac{2}{60}=\dfrac{5}{60}=\dfrac{1}{12}$

❸ 물통에 두 수도꼭지를 동시에 틀어 물을 가득 채우는 데 12분이 걸립니다.

07-3 3일

❶ 전체 일의 양을 1이라 하면 하루 동안 하는 일의 양은 석준: $\dfrac{1}{9}$, 미리: $\dfrac{1}{6}$, 병호: $\dfrac{1}{18}$

❷ (세 사람이 함께 하루 동안 하는 일의 양)$=\dfrac{1}{9}+\dfrac{1}{6}+\dfrac{1}{18}=\dfrac{2}{18}+\dfrac{3}{18}+\dfrac{1}{18}=\dfrac{6}{18}=\dfrac{1}{3}$

❸ 세 사람이 함께 한다면 일을 끝내는 데 3일이 걸립니다.

대표 유형 08 ㉠ 2, ㉡ 5

❶ $\dfrac{7}{10}$에서 분모 10의 약수: $\boxed{1}$, $\boxed{2}$, $\boxed{5}$, 10 ➡ 10의 약수 중 합이 7인 두 수: $\boxed{2}$, $\boxed{5}$

❷ $\dfrac{7}{10}=\dfrac{\boxed{5}}{10}+\dfrac{2}{10}=\dfrac{1}{\boxed{2}}+\dfrac{1}{\boxed{5}}$이므로 ㉠$=\boxed{2}$, ㉡$=\boxed{5}$

예제 ㉠ 5, ㉡ 10

❶ $\dfrac{3}{10}$에서 분모 10의 약수: 1, 2, 5, 10 ⇨ 10의 약수 중 합이 3인 두 수는 1, 2입니다.

❷ $\dfrac{3}{10}=\dfrac{2}{10}+\dfrac{1}{10}=\dfrac{1}{5}+\dfrac{1}{10}$이므로 ㉠$=5$, ㉡$=10$

08-1 ㉠ 2, ㉡ 12

❶ $\dfrac{5}{12}$에서 분모 12의 약수: 1, 2, 3, 4, 6, 12 ⇨ 12의 약수 중 차가 5인 두 수는 1, 6입니다.

❷ $\dfrac{5}{12}=\dfrac{6}{12}-\dfrac{1}{12}=\dfrac{1}{2}-\dfrac{1}{12}$이므로 ㉠$=2$, ㉡$=12$

08-2 6, 8

❶ $\dfrac{5}{24}$에서 분모 24의 약수: 1, 2, 3, 4, 6, 8, 12, 24

⇨ 24의 약수 중 합이 5인 두 수는 1과 4, 2와 3

❷ $\dfrac{5}{24}=\dfrac{4}{24}+\dfrac{1}{24}=\dfrac{1}{6}+\dfrac{1}{24}$, $\dfrac{5}{24}=\dfrac{3}{24}+\dfrac{2}{24}=\dfrac{1}{8}+\dfrac{1}{12}$

❸ ㉠에 알맞은 수: 6, 8

08-3 ㉠ 2, ㉡ 6, ㉢ 18

❶ $\dfrac{13}{18}$에서 분모 18의 약수: 1, 2, 3, 6, 9, 18

⇨ 18의 약수 중 합이 13인 서로 다른 세 수: 1, 3, 9

❷ $\dfrac{13}{18}=\dfrac{9}{18}+\dfrac{3}{18}+\dfrac{1}{18}=\dfrac{1}{2}+\dfrac{1}{6}+\dfrac{1}{18}$이므로 ㉠$=2$, ㉡$=6$, ㉢$=18$

01 $8\dfrac{23}{70}$ m

❶ (색 테이프 2장의 길이의 합)$=4\dfrac{3}{7}+5\dfrac{1}{10}=4\dfrac{30}{70}+5\dfrac{7}{70}=9\dfrac{37}{70}$ (m)

(겹치는 부분의 길이)$=1\dfrac{1}{5}$ m

❷ (이어 붙인 색 테이프의 전체 길이)=(색 테이프 2장의 길이의 합)−(겹치는 부분의 길이)

$=9\dfrac{37}{70}-1\dfrac{1}{5}=9\dfrac{37}{70}-1\dfrac{14}{70}=8\dfrac{23}{70}$ (m)

02 10

❶ 분모 2, 7, 8의 최소공배수인 56으로 통분하면 $\dfrac{\square}{7}-\dfrac{1}{8}=\dfrac{\square\times8-7}{56}$, $\dfrac{1}{2}=\dfrac{28}{56}$

❷ $\dfrac{\square\times8-7}{56}<\dfrac{28}{56}$이므로 $\square\times8-7<28$, $\square\times8<35$

⇨ $\square$ 안에 들어갈 수 있는 자연수는 1, 2, 3, 4이므로 합은 $1+2+3+4=10$

03 $1\dfrac{41}{90}$ m

❶ 변 ㄱㄴ의 길이를 $\square$ m라고 하면 $\square+2\dfrac{1}{6}+1\dfrac{4}{9}=5\dfrac{1}{15}$

❷ $\square=5\dfrac{1}{15}-1\dfrac{4}{9}-2\dfrac{1}{6}=5\dfrac{6}{90}-1\dfrac{40}{90}-2\dfrac{15}{90}=4\dfrac{96}{90}-1\dfrac{40}{90}-2\dfrac{15}{90}=1\dfrac{41}{90}$

04 5분

❶ 걸어간 시간을 $\square$시간이라 하면 $3\dfrac{1}{6}+2\dfrac{3}{4}+\square=6$

❷ $\square=6-3\dfrac{1}{6}-2\dfrac{3}{4}=5\dfrac{6}{6}-3\dfrac{1}{6}-2\dfrac{3}{4}=2\dfrac{5}{6}-2\dfrac{3}{4}=2\dfrac{10}{12}-2\dfrac{9}{12}=\dfrac{1}{12}$

❸ 걸어간 시간: $\dfrac{1}{12}$시간$=\dfrac{5}{60}$시간$=5$분

05 10개

❶ 대분수를 가분수로 나타내면 $\dfrac{31}{10}<\dfrac{9}{2}-\dfrac{\square}{10}<\dfrac{21}{5}$

분모 2, 5, 10의 최소공배수인 10으로 통분하면 $\dfrac{9}{2}-\dfrac{\square}{10}=\dfrac{45-\square}{10}$, $\dfrac{21}{5}=\dfrac{42}{10}$

❷ $\dfrac{31}{10}<\dfrac{45-\square}{10}<\dfrac{42}{10}$이므로 $31<45-\square<42$

❸ $\square=4, 5, 6, \ldots, 13$ ⇨ 10개

06 $5\dfrac{19}{28}$

❶ 차가 가장 크려면 (가장 큰 대분수)−(가장 작은 대분수)이어야 합니다.

❷ 가장 큰 대분수: $7\dfrac{1}{4}$, 가장 작은 대분수: $1\dfrac{4}{7}$

❸ (두 대분수의 차)$=7\dfrac{1}{4}-1\dfrac{4}{7}=7\dfrac{7}{28}-1\dfrac{16}{28}=6\dfrac{35}{28}-1\dfrac{16}{28}=5\dfrac{19}{28}$

07 오후 6시 10분

❶ (연습 시작할 때부터 끝날 때까지 걸린 시간)

$=1\dfrac{1}{12}+\dfrac{1}{3}+1\dfrac{3}{4}=1\dfrac{1}{12}+\dfrac{4}{12}+1\dfrac{9}{12}=2\dfrac{14}{12}=3\dfrac{2}{12}=3\dfrac{1}{6}$(시간)

❷ $3\dfrac{1}{6}$시간$=3\dfrac{10}{60}$시간$=3$시간 10분

❸ 연습이 끝난 시각은 오후 3시$+3$시간 10분$=$오후 6시 10분

08 ㉠ 2, ㉡ 14

❶ $\dfrac{4}{7}=\dfrac{8}{14}=\dfrac{12}{21}=\cdots$

❷ ・$\dfrac{4}{7}$에서 분모 7의 약수: 1, 7 ⇨ 7의 약수 중 합이 4인 두 수는 없습니다.

・$\dfrac{8}{14}$에서 분모 14의 약수: 1, 2, 7, 14 ⇨ 14의 약수 중 합이 8인 두 수: 1, 7

❸ $\dfrac{4}{7}=\dfrac{8}{14}=\dfrac{7}{14}+\dfrac{1}{14}=\dfrac{1}{2}+\dfrac{1}{14}$이므로 ㉠=2, ㉡=14

09 $\dfrac{2}{5}$ m

❶ (리본 3개의 길이의 합)$=3\dfrac{1}{5}+4\dfrac{3}{10}+2\dfrac{2}{15}=9\dfrac{19}{30}$ (m)

❷ (겹치는 부분의 길이의 합)$=9\dfrac{19}{30}-8\dfrac{5}{6}=\dfrac{4}{5}$ (m)

❸ 겹치는 부분은 2군데이고 $\dfrac{4}{5}=\dfrac{2}{5}+\dfrac{2}{5}$이므로 $\dfrac{2}{5}$ m씩 겹치게 이어 붙였습니다.

10 8일

❶ 전체 일의 양을 1이라 하면

효정이가 하루 동안 하는 일의 양 : $\dfrac{1}{12}$, 병수가 하루 동안 하는 일의 양 : $\dfrac{1}{18}$

❷ (두 사람이 함께 하루 동안 하는 일의 양)$=\dfrac{1}{12}+\dfrac{1}{18}=\dfrac{3}{36}+\dfrac{2}{36}=\dfrac{5}{36}$

❸ 일을 모두 끝내는 데 $\dfrac{5}{36}+\dfrac{5}{36}+\dfrac{5}{36}+\dfrac{5}{36}+\dfrac{5}{36}+\dfrac{5}{36}+\dfrac{5}{36}+\dfrac{5}{36}=\dfrac{40}{36}$이므로 적어도 8일이 걸립니다.

11 $\dfrac{1}{5}$ kg

❶ (식용유 $\dfrac{1}{3}$의 무게)

$=$(식용유가 가득 든 통의 무게)$-$(식용유 $\dfrac{1}{3}$만큼을 덜어 내고 난 후 통의 무게)

$=7\dfrac{5}{8}-5\dfrac{3}{20}=7\dfrac{25}{40}-5\dfrac{6}{40}=2\dfrac{19}{40}$ (kg)

❷ (빈 통의 무게)$=5\dfrac{3}{20}-2\dfrac{19}{40}-2\dfrac{19}{40}=5\dfrac{6}{40}-2\dfrac{19}{40}-2\dfrac{19}{40}$

$=4\dfrac{46}{40}-2\dfrac{19}{40}-2\dfrac{19}{40}=\dfrac{8}{40}=\dfrac{1}{5}$ (kg)

12 $17\dfrac{3}{10}$

❶ 두 수의 합이 가장 크려면 자연수 부분에 가장 큰 수인 9와 두 번째로 큰 수인 7을 놓아야 합니다.

❷ 나머지 수 카드로 만들 수 있는 두 진분수의 합은

$\dfrac{4}{5}+\dfrac{1}{2}=\dfrac{8}{10}+\dfrac{5}{10}=\dfrac{13}{10}=1\dfrac{3}{10}$, $\dfrac{2}{5}+\dfrac{1}{4}=\dfrac{8}{20}+\dfrac{5}{20}=\dfrac{13}{20}$,

$\dfrac{1}{5}+\dfrac{2}{4}=\dfrac{4}{20}+\dfrac{10}{20}=\dfrac{14}{20}=\dfrac{7}{10}$ ⇨ 두 진분수의 합이 $\dfrac{4}{5}+\dfrac{1}{2}$일 때 가장 큽니다.

❸ 두 대분수의 합이 가장 크게 될 때의 합은 $9\dfrac{4}{5}+7\dfrac{1}{2}=17\dfrac{3}{10}$ 또는 $9\dfrac{1}{2}+7\dfrac{4}{5}=17\dfrac{3}{10}$

활용 개념

다각형의 둘레 구하기

01 24 cm   **02** 56 cm

03 ㉡   **04** 11 cm

05 12 cm   **06** 7 cm

01 (직사각형의 둘레)$=(8+4)\times2=24$ (cm)

02 (마름모의 둘레)$=14\times4=56$ (cm)

03 ㉠ 한 변의 길이가 8 cm인 정삼각형의 둘레
    $\Rightarrow 8\times3=24$ (cm)

    ㉡ 한 변의 길이가 7 cm인 정사각형의 둘레
    $\Rightarrow 7\times4=28$ (cm)

    ㉢ 한 변의 길이가 4 cm인 정오각형의 둘레
    $\Rightarrow 4\times5=20$ (cm)

04 (가로)$=48\div2-13$
        $=24-13$
        $=11$ (cm)

05 직사각형의 세로를 □ cm라 하면 가로는 (□+4) cm입니다.
둘레가 40 cm인 직사각형의
(가로)+(세로)$=40\div2=20$ (cm)이므로
□$+4+$□$=20$, □$+$□$=16$, □$=8$
$\Rightarrow$ (가로)$=8+4=12$ (cm)

06

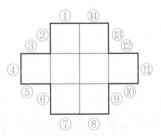

정사각형 한 변의 길이를 □ cm라 하면
□$\times14=98$, □$=7$

직사각형, 평행사변형, 삼각형의 넓이

01 104 cm^2 **02** 36 cm^2

03 16 cm   **04** 8 cm

05 다

01 (평행사변형의 넓이)$=13\times8=104$ (cm^2)

02 (삼각형의 넓이)$=12\times6\div2=72\div2=36$ (cm^2)

03 (가로)$=$(직사각형의 넓이)$\div$(세로)
            $=128\div8=16$ (cm)

04 (높이)$=$(삼각형의 넓이)$\times2\div$(밑변의 길이)
            $=72\times2\div18=8$ (cm)

05 도형 가, 나, 다, 라의 높이는 모두 같지만 도형 다만 밑변의 길이가 다르므로 넓이가 다릅니다.

마름모, 사다리꼴의 넓이

01 110 cm^2 **02** 72 cm^2

03 4 cm   **04** 140 cm^2

05 405 cm^2

01 (사다리꼴의 넓이)$=(8+14)\times10\div2=110$ (cm^2)

02 (마름모의 넓이)$=$(정사각형의 넓이)$\div2$
              $=12\times12\div2=72$ (cm^2)

03 (윗변의 길이)
    $=$(사다리꼴의 넓이)$\times2\div$(높이)$-$(아랫변의 길이)
    $=56\times2\div7-12=4$ (cm)

04

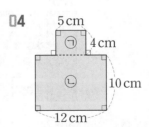

(㉠의 넓이)$=5\times4=20$ (cm^2)
(㉡의 넓이)$=12\times10=120$ (cm^2)
$\Rightarrow 20+120=140$ (cm^2)

05

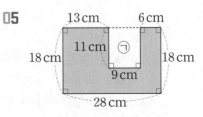

큰 직사각형에서 ㉠을 뺍니다.
$\Rightarrow (28\times18)-(9\times11)=504-99=405$ (cm^2)

대표 유형 01 44 cm

❶ 도형의 둘레는 가로가 13 cm, 세로가 ⑨ cm인 직사각형의 둘레와 같습니다.

❷ 도형의 둘레= (13 + 9) ×2= 44 (cm)

예제 48 cm

❶ 도형의 둘레는 가로가 14 cm, 세로가 10 cm인 직사각형의 둘레와 같습니다.

❷ (도형의 둘레)=(14+10)×2=48 (cm)

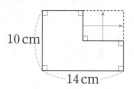

01-1 126 cm

❶ 도형의 둘레는 가로가 36 cm, 세로가 27 cm인 직사각형의 둘레와 같습니다.

❷ (도형의 둘레)=(36+27)×2=126 (cm)

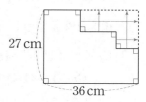

01-2 186 cm

❶ 가로가 45 cm, 세로가 30 cm인 직사각형의 둘레와 ● 표시한 선분의 길이의 합을 구합니다.

❷ (도형의 둘레)=(45+30)×2+18×2=186 (cm)

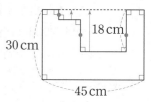

01-3 58 m

❶ (가로로 된 선분의 길이의 합)
=11+8−□+11+□+8=38 (m)

❷ (도형의 둘레)=38+10×2=38+20=58 (m)

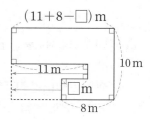

대표 유형 02 176 cm²

❶ 직사각형 3개로 나누어 봅니다.

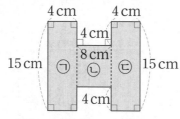

❷ (㉠의 넓이)=4×15= 60 (cm²), (㉡의 넓이)=8×(15−4−4)= 56 (cm²),

(㉢의 넓이)=4×15= 60 (cm²)

❸ (도형의 넓이)=(㉠의 넓이)+(㉡의 넓이)+(㉢의 넓이)

= 60 + 56 + 60 = 176 (cm²)

예제 156 cm²

❶ 직사각형 3개로 나누어 봅니다.

❷ (㉠의 넓이)=6×5=30 (cm²)

(㉡의 넓이)=16×6=96 (cm²)

(㉢의 넓이)=6×5=30 (cm²)

❸ (도형의 넓이)=30+96+30=156 (cm²)

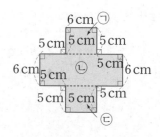

02-1 168 cm²

❶ 가로가 19 cm, 세로가 12 cm인 큰 직사각형의 넓이에서
㉠의 넓이와 ㉡의 넓이를 뺍니다.

❷ (큰 직사각형의 넓이)=19×12=228 (cm²),
(㉠의 넓이)=8×3=24 (cm²),
(㉡의 넓이)=6×6=36 (cm²)

❸ (도형의 넓이)=228-24-36=168 (cm²)

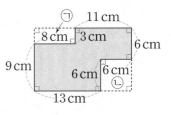

02-2 1188 cm²

❶ 가로가 48 cm, 세로가 45 cm인 큰 직사각형의 넓이에서
㉠의 넓이와 ㉡의 넓이를 뺍니다.

❷ (큰 직사각형의 넓이)=48×45=2160 (cm²)
(㉠의 넓이)=18×27=486 (cm²)
(㉡의 넓이)=18×27=486 (cm²)

❸ (도형의 넓이)=2160-486-486=1188 (cm²)

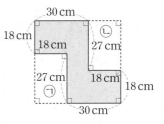

02-3 136 m²

❶ ㉢의 가로가 20 m이고 넓이가 140 m²이므로 세로는 140÷20=7 (m)입니다.
㉠은 가로가 9 m, 세로가 8 m인 직사각형이므로 넓이는 9×8=72 (m²)입니다.
㉡은 가로가 8 m, 세로가 8 m인 직사각형이므로 넓이는 8×8=64 (m²)입니다.

❷ (㉠과 ㉡의 넓이의 합)=72+64=136 (m²)

대표 유형 03 78 cm²

❶ 삼각형 ㄱㅂㄷ에서 밑변이 선분 ㄱㅂ일 때 높이는 선분 ㄷㅁ 입니다.

❷ (삼각형 ㄱㅂㄷ의 넓이)=(밑변의 길이)×(높이)÷2=13× 12 ÷2= 78 (cm²)

예제 160 cm²

❶ 삼각형 ㄱㅂㄷ에서 밑변이 선분 ㄱㅂ일 때 높이는 선분 ㄷㅁ입니다.

❷ (삼각형 ㄱㅂㄷ의 넓이)=20×16÷2=160 (cm²)

03-1 96 cm²

❶ 삼각형 ㄱㅁㅂ에서 밑변이 선분 ㄱㅁ일 때 높이는 선분 ㅁㅂ입니다.

❷ (선분 ㄱㅁ)=12 cm, (선분 ㅁㅂ)=36-20=16 (cm)

❸ (삼각형 ㄱㅁㅂ의 넓이)=12×16÷2=96 (cm²)

> **다른 풀이**
>
> (삼각형 ㄱㄷㅁ의 넓이)=36×12÷2=216 (cm²)
> (삼각형 ㄱㄷㅂ의 넓이)=20×12÷2=120 (cm²)
> (삼각형 ㄱㅁㅂ의 넓이)=(삼각형 ㄱㄷㅁ의 넓이)-(삼각형 ㄱㄷㅂ의 넓이)
> =216-120=96 (cm²)

03-2 60 cm²

❶ 삼각형 ㄱㅁㅂ에서 밑변이 선분 ㄱㅁ일 때 높이는 선분 ㅁㅂ입니다.

❷ (선분 ㄱㅁ)=8 cm, (선분 ㅁㅂ)=32-17=15 (cm)

❸ (삼각형 ㄱㅁㅂ의 넓이)=8×15÷2=60 (cm²)

> **다른 풀이**
>
> (삼각형 ㄱㄷㅁ의 넓이)=8×32÷2=128 (cm²)
> (삼각형 ㄱㄷㅂ의 넓이)=17×8÷2=68 (cm²)
> (삼각형 ㄱㅁㅂ의 넓이)=(삼각형 ㄱㄷㅁ의 넓이)-(삼각형 ㄱㄷㅂ의 넓이)
> =128-68=60 (cm²)

03-3 168 cm²

❶ 사각형 ㄱㄴㄷㄹ은 평행사변형이므로 (선분 ㄱㄹ)=18 cm입니다.
❷ 사다리꼴 ㄱㄴㄷㅂ의 높이를 □ cm라 하면
  (선분 ㄱㅂ)=18+12=30 (cm)
  (30+18)×□÷2=336, □=14
  ⇨ (선분 ㅁㄷ)=□×2=14×2=28 (cm)
❸ (마름모 ㅁㄹㄷㅂ의 넓이)=12×28÷2=168 (cm²)

대표 유형 04 299 cm²

❶ 잘라 내고 남은 부분을 겹치지 않게 이어 붙이면 밑변의 길이가 27−4= ⬚23 (cm),
  높이가 16−3= ⬚13 (cm)인 평행사변형이 됩니다.
❷ (잘라 내고 남은 종이의 넓이)= ⬚23 × ⬚13 = ⬚299 (cm²)

예제 375 cm²

❶ 잘라 내고 남은 부분을 겹치지 않게 이어 붙이면 밑변의 길이가 25 cm, 높이가 15 cm인 평행사변형이 됩니다.
❷ (잘라 내고 남은 종이의 넓이)=25×15=375 (cm²)

04-1 234 cm²

❶ 잘라 내고 남은 부분을 겹치지 않게 이어 붙이면 다음과 같은 직사각형이 됩니다.

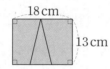

❷ (잘라 내고 남은 종이의 넓이)=18×13=234(cm²)

04-2 792 m²

❶ 길을 내고 남은 밭을 겹치지 않게 이어 붙이면 다음과 같은 직사각형이 됩니다.

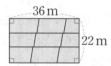

❷ (길을 내고 남은 밭의 넓이)=36×22=792(m²)

04-3 7

❶ 잘라 내고 남은 부분을 겹치지 않게 이어 붙이면 다음과 같은 직사각형이 됩니다.

❷ (38−㉠)×19=589, 38−㉠=31, ㉠=7

대표 유형 05 24 cm

❶ 가장 작은 직사각형의 짧은 변의 길이를 ㉠ cm라 하면 긴 변의 길이는 (㉠× ⬚4)cm입니다.
❷ 가장 작은 직사각형 한 개의 둘레가 60 cm이므로
  (㉠× ⬚4 +㉠)×2=60, ㉠×5= ⬚30 , ㉠= ⬚6
❸ (정사각형의 한 변의 길이)= ⬚6 ×4= ⬚24 (cm)

❶ 가장 작은 직사각형의 짧은 변의 길이를 ㉠ cm라 하면 긴 변의 길이는
(㉠×5) cm입니다.

❷ (㉠×5+㉠)×2=48, ㉠×6=24, ㉠=4
    ↳㉠+㉠+㉠+㉠+㉠

❸ (정사각형의 한 변의 길이)=4×5=20 (cm)

05-1   36 cm

❶ 가장 작은 직사각형의 두 변의 길이를 ㉠ cm, ㉡ cm라 합니다.

❷ ㉠×2+㉡×2=60이고 ㉠×2=㉡×3이므로
    ㉡×3+㉡×2=60, ㉡×5=60, ㉡=12

❸ (정사각형의 한 변의 길이)=㉡×3=12×3=36 (cm)

㉠ cm
㉡ cm

05-2   588 cm²

❶ 가장 작은 직사각형 한 개의 짧은 변의 길이를 □ cm라 하면
(변 ㄱㄹ의 길이)=(변 ㄴㄷ의 길이)=(□×3) cm
(변 ㄱㄴ의 길이)=(변 ㄹㄷ의 길이)=□×3+□=□×4 (cm)

❷ (사각형 ㄱㄴㄷㄹ의 둘레)=□×3+□×3+□×4+□×4=98 (cm),
□×14=98, □=7

❸ 변 ㄱㄹ의 길이는 7×3=21 (cm), 변 ㄱㄴ의 길이는 7×4=28 (cm)입니다.

❹ (사각형 ㄱㄴㄷㄹ의 넓이)=21×28=588 (cm²)

05-3   24 cm

❶ 정사각형의 한 변의 길이를 □ cm라 하면 색칠한 부분은 직각삼각형이고
넓이는 (3×□)×□÷2=54 (cm²)입니다.

❷ (3×□)×□÷2=54, □×□×3=108, □×□=36이므로 □=6

❸ 정사각형의 한 변의 길이가 6 cm이므로 둘레는 6×4=24 (cm)입니다.

대표 유형 06   12 cm

❶ 삼각형 ㄱㄴㄷ의 밑변의 길이가 24 cm일 때 높이는 18 cm이므로
(삼각형 ㄱㄴㄷ의 넓이)=24× 18 ÷ 2 = 216 (cm²)

❷ 삼각형 ㄱㄴㄷ의 밑변이 선분 ㄱㄷ일 때 높이는 선분 ㄴㄹ입니다.
선분 ㄴㄹ의 길이를 ● cm라 하면 삼각형 ㄱㄴㄷ의 넓이는 36×●÷2= 216 (cm²)

❸ 36×●÷2= 216 , 36×●= 432 , ●= 12

예제   7 cm

❶ 삼각형 ㄱㄴㄷ의 밑변의 길이가 14 cm일 때 높이는 8 cm이므로
(삼각형 ㄱㄴㄷ의 넓이)=14×8÷2=56 (cm²)

❷ 삼각형 ㄱㄴㄷ의 밑변이 선분 ㄱㄷ일 때 높이는 선분 ㄷㄹ입니다.
선분 ㄷㄹ의 길이를 □ cm라 하면 (삼각형 ㄱㄴㄷ의 넓이)=16×□÷2=56 (cm²)

❸ 16×□÷2=56, 16×□=112, □=7

06-1   9 cm

❶ 삼각형 ㄱㄴㄷ의 밑변의 길이가 15 cm일 때 높이는 6 cm이므로
(삼각형 ㄱㄴㄷ의 넓이)=15×6÷2=45 (cm²)

❷ 삼각형 ㄱㄴㄷ의 밑변의 길이가 10 cm일 때 높이는 선분 ㄱㅁ입니다.
(삼각형 ㄱㄴㄷ의 넓이)=10×□÷2=45 (cm²)

❸ 10×□÷2=45, 10×□=90, □=9

06-2 392 cm²

❶ (삼각형 ㄱㄷㄹ의 넓이)=32×10÷2=160 (cm²)

❷ (밑변의 길이가 20 cm일 때 삼각형 ㄱㄷㄹ의 높이)=(삼각형 ㄱㄷㄹ의 넓이)×2÷20
$$=160×2÷20=16 (cm)$$

❸ 밑변의 길이가 20 cm일 때 삼각형 ㄱㄷㄹ의 높이는 사다리꼴 ㄱㄴㄷㄹ의 높이와 같습니다.
⇨ (사다리꼴 ㄱㄴㄷㄹ의 넓이)=(20+29)×16÷2=392 (cm²)

06-3 20 cm

❶ (사다리꼴 ㄱㄴㄷㄹ의 높이)=(사다리꼴 ㄱㄴㄷㄹ의 넓이)×2÷(24+18)
$$=210×2÷42=10 (cm)$$

❷ 삼각형 ㄴㄷㄹ의 밑변의 길이가 18 cm일 때 높이가 10 cm이므로
(삼각형 ㄴㄷㄹ의 넓이)=18×10÷2=90 (cm²)

❸ (선분 ㄴㄹ의 길이)=(삼각형 ㄴㄷㄹ의 넓이)×2÷9
$$=90×2÷9=20 (cm)$$

대표 유형 07 140 cm²

❶ (겹쳐진 부분의 넓이)=(18−10)×(10−5)=8×5= 40 (cm²)

❷ (색칠한 부분의 넓이)=(직사각형 한 개의 넓이)−(겹쳐진 부분의 넓이)
$$=18×10− 40 = 140 (cm²)$$

예제 136 cm²

❶ (겹쳐진 부분의 넓이)=(14−8)×(14−4)=6×10=60 (cm²)

❷ (색칠한 부분의 넓이)=(정사각형 한 개의 넓이)−(겹쳐진 부분의 넓이)
$$=14×14−60=196−60=136 (cm²)$$

07-1 845 cm²

❶ (겹쳐진 부분의 넓이)=(30−23)×(15−5)=7×10=70 (cm²)

❷ (도형 전체의 넓이)=(직사각형의 넓이)+(정사각형의 넓이)−(겹쳐진 부분의 넓이)
$$=(30×23)+(15×15)−70=690+225−70=845 (cm²)$$

07-2 300 cm

❶ (정사각형의 넓이)=60×60=3600 (cm²)

❷ (직사각형의 가로)=3600÷40=90 (cm)

❸ (도형 전체의 둘레)=(60+90)×2=300 (cm)

07-3 546 cm²

❶ (마름모 한 개의 넓이)=(13×12÷2)×4=312 (cm²)

❷ 겹쳐진 부분은 마름모이므로 (겹쳐진 부분의 넓이)=13×12÷2=78 (cm²)

❸ (만든 도형 전체의 넓이)=312×2−78=546 (cm²)

대표 유형 08 314 cm²

❶ 보조선을 그어 삼각형 2개로 나눕니다.

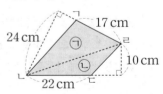

❷ (삼각형 ㉠의 넓이)=17× 24 ÷ 2 = 204 (cm²)

(삼각형 ㉡의 넓이)=22× 10 ÷ 2 = 110 (cm²)

❸ (사각형 ㄱㄴㄷㄹ의 넓이)=(삼각형 ㉠의 넓이)+(삼각형 ㉡의 넓이)
$$= 204 + 110 = 314 (cm²)$$

예제 1479 cm²

❶ 보조선을 그어 삼각형 2개로 나눕니다.

❷ (삼각형 ㉠의 넓이)=48×26÷2=624 (cm²)

　(삼각형 ㉡의 넓이)=38×45÷2=855 (cm²)

❸ (사각형 ㄱㄴㄷㄹ의 넓이)

　=(삼각형 ㉠의 넓이)＋(삼각형 ㉡의 넓이)

　=624＋855＝1479 (cm²)

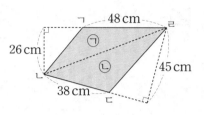

08-1 315 cm²

❶ 다각형을 삼각형 2개로 나눕니다.

❷ (삼각형 ㉠의 넓이)=12×20÷2=120 (cm²)

　(삼각형 ㉡의 넓이)=10×39÷2=195 (cm²)

❸ (다각형의 넓이)=(삼각형 ㉠의 넓이)＋(삼각형 ㉡의 넓이)

　　　　　=120＋195＝315 (cm²)

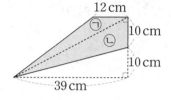

08-2 282 cm²

❶ 다각형을 사다리꼴과 삼각형으로 나눕니다.

❷ (사다리꼴 ㉠의 넓이)=(16＋22)×13÷2＝247 (cm²)

　(삼각형 ㉡의 넓이)=7×10÷2＝35 (cm²)

❸ (다각형의 넓이)=(사다리꼴 ㉠의 넓이)＋(삼각형 ㉡의 넓이)

　　　　　=247＋35＝282 (cm²)

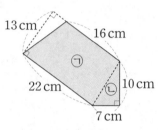

08-3 276 cm²

❶ 다각형을 삼각형과 사다리꼴로 나누어 넓이를 구합니다.

❷ (삼각형 ㉠의 넓이)=12×14÷2＝84 (cm²)

　(사다리꼴 ㉡의 넓이)=(18＋14)×12÷2

　　　　　　　＝192 (cm²)

❸ (다각형의 넓이)=(삼각형 ㉠의 넓이)＋(사다리꼴 ㉡의 넓이)

　　　　　=84＋192＝276 (cm²)

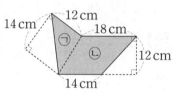

다른 풀이

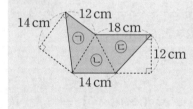

다각형을 삼각형 3개로 나누어 넓이를 구합니다.

(다각형의 넓이)

＝(㉠의 넓이)＋(㉡의 넓이)＋(㉢의 넓이)

＝(12×14÷2)＋(14×12÷2)＋(18×12÷2)

＝84＋84＋108＝276 (cm²)

대표 유형 09 172 cm²

❶ (사다리꼴 ㄱㄴㄷㄹ의 넓이)=(12＋20)× ⎡17⎤ ÷ ⎡2⎤ ＝ ⎡272⎤ (cm²)

❷ (삼각형 ㄷㄹㅁ의 넓이)=20× ⎡10⎤ ÷ ⎡2⎤ ＝ ⎡100⎤ (cm²)

❸ (색칠한 부분의 넓이)=(사다리꼴 ㄱㄴㄷㄹ의 넓이)－(삼각형 ㄷㄹㅁ의 넓이)

　　　　　= ⎡272⎤ － ⎡100⎤ ＝ ⎡172⎤ (cm²)

예제 120 cm²

❶ (사다리꼴의 넓이)=(16＋12)×12÷2＝168 (cm²)

❷ (삼각형 ㉠의 넓이)=16×6÷2＝48 (cm²)

❸ (색칠한 부분의 넓이)=168－48＝120 (cm²)

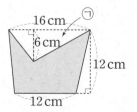

09-1 144 cm²

❶ (큰 마름모의 넓이)=24×16÷2=192 (cm²)

❷ 작은 마름모는 대각선의 길이가 각각 24÷2=12 (cm), 16÷2=8 (cm)이므로
(작은 마름모의 넓이)=12×8÷2=48 (cm²)

❸ (색칠한 부분의 넓이)=(큰 마름모의 넓이)−(작은 마름모의 넓이)
=192−48=144 (cm²)

09-2 336 cm²

❶ 삼각형 ㄱㅁㄹ은 두 각의 크기가 45°인 이등변삼각형이므로 선분 ㄱㅁ의 길이는 선분 ㄱㄹ과 같은 12 cm입니다.

❷ 선분 ㄱㅁ의 길이가 12 cm, 선분 ㅁㅅ의 길이는 20−12=8 (cm)이고
(각 ㅂㅁㅅ)=45°, (각 ㅂㅅㅁ)=90°이므로
(각 ㅁㅂㅅ)=45°입니다.

❸ 삼각형 ㅁㅂㅅ은 이등변삼각형이므로 (선분 ㅂㅅ)=(선분 ㅁㅅ)=8 cm,
(선분 ㄴㄷ)=12+8+12=32 (cm)입니다.

❹ (색칠한 부분의 넓이)
=(사다리꼴 ㄱㄴㄷㄹ의 넓이)−(삼각형 ㄱㅁㄹ의 넓이)−(삼각형 ㅁㅂㅅ의 넓이)
=(12+32)×20÷2−12×12÷2−8×8÷2
=440−72−32=336 (cm²)

09-3 256 cm²

❶ (선분 ㄷㅇ)=(선분 ㄴㄷ)=8 cm

❷ (각 ㅅㅂㅇ)=45°, (각 ㅅㅇㅂ)=45°이고 삼각형 ㅂㅅㅇ은 이등변삼각형이므로
(선분 ㅅㅇ)=20−8=12 (cm), (선분 ㅅㅂ)=(선분 ㅅㅇ)=12 cm
⇨ (선분 ㄱㅁ)=8+12+8=28 (cm)

❸ (색칠한 부분의 넓이)
=(사다리꼴 ㄱㄴㄷㅁ의 넓이)−(삼각형 ㄴㄷㅇ의 넓이)−(삼각형 ㅂㅅㅇ의 넓이)
=(28+8)×20÷2−8×8÷2−12×12÷2
=360−32−72=256 (cm²)

대표 유형 10 8 cm

❶ (직사각형 ㅁㄴㄷㄹ의 넓이)=15× 9 = 135 (cm²)

❷ (평행사변형 ㄱㄴㄷㅂ의 넓이)=15× 9 = 135 (cm²)

❸ 삼각형 ㅅㄴㄷ의 넓이를 ● cm²라 하면
(색칠한 부분의 넓이)=135+135−●, 210= 135 + 135 −●, ●= 60

❹ (선분 ㅅㄴ)=(삼각형 ㅅㄴㄷ의 넓이)×2÷(선분 ㄴㄷ)= 60 ×2÷15= 8 (cm)

예제 9 cm

❶ (직사각형 ㄱㄴㄷㄹ의 넓이)=9×21=189 (cm²)

❷ (평행사변형 ㄱㅁㅂㄹ의 넓이)=9×21=189 (cm²)

❸ 삼각형 ㄱㄹㅅ의 넓이를 □ cm²라 하면
324=189+189−□, 324=378−□, □=54

❹ (선분 ㄹㅅ)=54×2÷9=12 (cm), (선분 ㅅㄷ)=21−12=9 (cm)

10-1 10 cm

❶ (직사각형 ㄱㄴㄷㅁ의 넓이)=(평행사변형 ㄱㅂㅅㅁ의 넓이)
　　　　　　　　　　　　　　=12×14=168 (cm²)

❷ (삼각형 ㄱㄹㅁの 넓이)=(직사각형 ㄱㄴㄷㅁ의 넓이)+(평행사변형 ㄱㅂㅅㅁ의 넓이)
　　　　　　　　　　　　　　−(색칠한 부분의 넓이)
　　　　　　　　　　　　　=168+168−276=60 (cm²)

❸ 선분 ㅁㄹ의 길이를 □ cm라 하면 12×□÷2=60, 12×□=120, □=10

10-2 10 cm

❶ (직사각형 ㅁㄴㄷㄹ의 넓이)=18×11=198 (cm²)

❷ (평행사변형 ㄱㄴㄷㅂ의 넓이)=18×11=198 (cm²)

❸ 삼각형 ㅅㄴㄷの 넓이를 ● cm²라 하면
　(색칠한 부분의 넓이)=198+198−●, 306=198+198−●, ●=90

❹ (선분 ㅅㄴ)=90×2÷18=10 (cm)

10-3 8 cm

❶ 삼각형 ㅅㅁㄷ은 삼각형 ㄱㄴㄷ과 삼각형 ㄹㅁㅂ에 공통으로 속하므로 사각형 ㄱㄴㅁㅅ과
　사각형 ㄹㅅㄷㅂ의 넓이는 같습니다.
　(사각형 ㄱㄴㅁㅅ의 넓이)=230÷2=115 (cm²)

❷ 사각형 ㄱㄴㅁㅅ은 사다리꼴이므로 선분 ㅅㅁ의 길이를 □ cm라 하면
　(□+15)×10÷2=115, □+15=23, □=8

실전 적용

168~171쪽

01 114 cm

❶ 도형의 둘레는 가로 30 cm, 세로 27 cm인 직사각형의 둘레와 같습니다.

❷ (도형의 둘레)=(30+27)×2=114 (cm)

02 355 cm²

❶ 가로 22 cm, 세로 20 cm인 직사각형의 넓이에서
　직사각형 ㉠의 넓이와 직사각형 ㉡의 넓이를 뺍니다.

❷ (도형의 넓이)=(22×20)−(5×5)−(10×6)
　　　　　　　　=440−25−60
　　　　　　　　=355 (cm²)

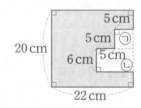

03 312 cm²

❶ 삼각형 ㄱㅂㄷ의 밑변이 선분 ㄱㅂ일 때 높이는 선분 ㄷㅁ입니다.

❷ (삼각형 ㄱㅂㄷの 넓이)=26×24÷2=312 (cm²)

04 49 cm²

❶ 잘라 내고 남은 부분을 겹치지 않게 이어 붙이면
　가로가 (11−4) cm, 세로가 (10−3) cm인 직사각형이 됩니다.

❷ (잘라 내고 남은 종이의 넓이)=(11−4)×(10−3)=49 (cm²)

05 48 cm

❶ 정사각형의 한 변의 길이는 72÷4=18 (cm)

❷ 가장 작은 직사각형의 긴 변의 길이가 18 cm일 때 (짧은 변의 길이)=18÷3=6 (cm)

❸ (직사각형 한 개의 둘레)=(6+18)×2=48 (cm)

06 308 cm²

❶ (삼각형 ㄱㄷㄹ의 넓이)=28×9÷2=126 (cm²)
❷ 삼각형 ㄱㄷㄹ에서 밑변의 길이가 18 cm일 때 높이는 126×2÷18=14 (cm)
  삼각형 ㄱㄷㄹ에서 밑변이 선분 ㄱㄹ일 때 높이는 사다리꼴 ㄱㄴㄷㄹ의 높이와 같으므로
  사다리꼴 ㄱㄴㄷㄹ의 높이는 14 cm입니다.
❸ (사다리꼴 ㄱㄴㄷㄹ의 넓이)=(18+26)×14÷2=308 (cm²)

07 126 cm

❶ (정사각형의 넓이)=22×22=484 (cm²)
❷ (직사각형의 넓이)=862−484=378 (cm²)
❸ (직사각형의 가로)=36−22=14 (cm), (직사각형의 세로)=378÷14=27 (cm)
❹ (도형 전체의 둘레)=(36+27)×2=126 (cm)

08 882 cm²

❶ (마름모 한 개의 넓이)=(21×12÷2)×4=504 (cm²)
❷ (겹쳐진 부분의 넓이)=(마름모 한 개의 넓이)÷4=126 (cm²)
❸ (만든 도형 전체의 넓이)=(마름모 2개의 넓이)−(겹쳐진 부분의 넓이)
    =504×2−126=882 (cm²)

09 906 m²

❶ (삼각형 ㉠의 넓이)=28×39÷2=546 (m²)
❷ (삼각형 ㉡의 넓이)=16×45÷2=360 (m²)
❸ (사각형 ㄱㄴㄷㄹ의 넓이)
    =(삼각형 ㉠의 넓이)+(삼각형 ㉡의 넓이)
    =546+360=906 (m²)

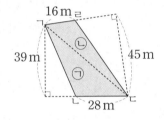

10 54 cm²

❶ (삼각형 ㄱㄴㄷ의 넓이)=12×11÷2=66 (cm²)
❷ (삼각형 ㄹㄴㄷ의 넓이)=12×5÷2=30 (cm²)
❸ (삼각형 ㅁㄴㄷ의 넓이)=12×3÷2=18 (cm²)
❹ (색칠한 부분의 넓이)
    =(삼각형 ㄱㄴㄷ의 넓이)−(삼각형 ㄹㄴㄷ의 넓이)+(삼각형 ㅁㄴㄷ의 넓이)
    =66−30+18=54 (cm²)

11 312 cm²

❶ (큰 마름모 한 개의 넓이)=(13×8÷2)×4=208 (cm²)
❷ (작은 마름모의 넓이)=208÷4=52 (cm²)
❸ (색칠한 부분의 넓이)=((큰 마름모 한 개의 넓이)−(작은 마름모의 넓이))×2
    =(208−52)×2=312 (cm²)

다른 풀이

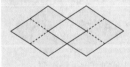 보조선을 왼쪽과 같이 그어 보면 색칠한 부분의 넓이는 큰 마름모 하나를 똑같이 4로 나눈 작은 마름모 6개의 넓이와 같습니다.
⇨ (색칠한 부분의 넓이)=(26×16÷2)÷4×6=312 (cm²)

12 9 cm

❶ 삼각형 ㅅㅁㄷ은 삼각형 ㄱㄴㄷ과 삼각형 ㄹㅁㅂ에 공통으로 속하므로
  사각형 ㄱㄴㅁㅅ과 사각형 ㄹㅅㄷㅂ의 넓이는 같습니다.
❷ (사각형 ㄱㄴㅁㅅ의 넓이)=324÷2=162 (cm²)
❸ 사각형 ㄱㄴㅁㅅ은 사다리꼴이므로 선분 ㅅㅁ의 길이를 ☐ cm라 하면
    (☐+18)×12÷2=162, (☐+18)×12=324, ☐+18=27, ☐=9

정답 및 풀이

1 자연수의 혼합 계산

유형 변형하기 ──────────── 2~4쪽

1 7   **2** 14

3 85 cm

4 $160 \div 2 + 25 - 60 \div 3 = 85$ / 85 g

5 $(20 \div 2 + 3 - 1) \times (2 + 5)$ / 84

6 59   **7** 6

8 8개   **9** 58 g

---

1 ❶ $(12 \times 4 + 6) \div 3 + 5 \times \square > 48$

$(48 + 6) \div 3 + 5 \times \square > 48$

$54 \div 3 + 5 \times \square > 48$

$18 + 5 \times \square > 48$

$5 \times \square > 30$

$\square > 6$

❷ $\square > 6$이므로 $\square$ 안에 들어갈 수 있는 가장 작은 자연수는 7입니다.

2 ❶ $16 \odot 4 = (16 + 4) \div 4$

$= 20 \div 4 = 5$

❷ $7 \blacktriangle (16 \odot 4) = 7 \blacktriangle 5$

$= 7 \times (7 - 5)$

$= 7 \times 2 = 14$

3 ❶ 색 테이프 8장의 길이의 합: 15×8 (cm)

❷ 겹치는 부분의 길이의 합:

겹치는 부분이 7군데이므로 5×7 (cm)

❸ (이어 붙인 색 테이프의 전체 길이)

$= 15 \times 8 - 5 \times 7$

$= 120 - 5 \times 7$

$= 120 - 35 = 85$ (cm)

4 ❶ 공책 한 권의 무게: $160 \div 2$ (g)

❷ 지우개 한 개의 무게: $60 \div 3$ (g)

❸ (공책 한 권의 무게) + (연필 한 자루의 무게)

$-$ (지우개 한 개의 무게)

$= 160 \div 2 + 25 - 60 \div 3$

$= 80 + 25 - 60 \div 3$

$= 80 + 25 - 20$

$= 105 - 20 = 85$ (g)

5 ❶ 계산 결과가 가장 크려면 곱해지는 수와 곱하는 수가 각각 크게 되도록 ( )로 묶습니다.

❷ $(20 \div 2 + 3 - 1) \times (2 + 5) = (10 + 3 - 1) \times (2 + 5)$

$= 12 \times (2 + 5)$

$= 12 \times 7 = 84$

6 ❶ 계산 결과가 가장 클 때: 가장 큰 두 수를 곱해야 합니다.

❷ $8 \times 7 + 6 \div 3 - 1 = 56 + 6 \div 3 - 1$

$= 56 + 2 - 1 = 58 - 1 = 57$

$8 \times 7 + 6 \div 1 - 3 = 56 + 6 \div 1 - 3$

$= 56 + 6 - 3 = 62 - 3 = 59$

$8 \times 7 + 6 - 3 \div 1 = 56 + 6 - 3 \div 1$

$= 56 + 6 - 3 = 62 - 3 = 59$

$8 \times 7 \div 1 + 6 - 3 = 56 \div 1 + 6 - 3$

$= 56 + 6 - 3 = 62 - 3 = 59$

❸ $57 < 59$이므로 계산 결과가 가장 클 때의 값은 59입니다.

7 ❶ 어떤 수를 $\square$라 하면

잘못 계산한 식: $(16 + \square) \div 4 \times 8 = 40$

$(16 + \square) \div 4 = 5$

$16 + \square = 20$

$\square = 4$

❷ 바르게 계산한 식: $(16 - 4) \times 4 \div 8 = 12 \times 4 \div 8$

$= 48 \div 8 = 6$

8 ❶ 사탕 6개의 값: $2500 \div 5 \times 6$ (원)

❷ 초콜릿 한 개의 값: $2100 \div 3$ (원)

❸ 산 초콜릿의 수를 $\square$개라 하면

$2500 \div 5 \times 6 + 2100 \div 3 \times \square = 10000 - 1400$

$3000 + 700 \times \square = 8600$

$700 \times \square = 5600$

$\square = 8$

⇨ 소정이가 산 초콜릿은 8개입니다.

9 ❶ 야구공 한 개의 무게: $(1845 - 1410) \div 3$ (g)

❷ (빈 상자의 무게)

$=$ (야구공 8개가 들어 있는 상자의 무게)

$-$ (야구공 8개의 무게)

$= 1410 - (1845 - 1410) \div 3 \times 8$

$= 1410 - 435 \div 3 \times 8$

$= 1410 - 1160 = 250$ (g)

❸ (테니스공 한 개의 무게) $= (540 - 250) \div 5$

$= 290 \div 5 = 58$ (g)

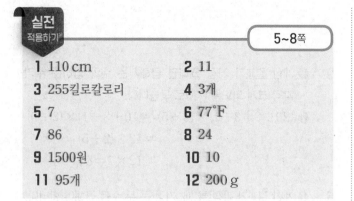
1 110 cm **2** 11

3 255킬로칼로리 **4** 3개

5 7 **6** 77°F

7 86 **8** 24

9 1500원 **10** 10

11 95개 **12** 200 g

1 (㉠에서 ㉡까지의 길이)＝46＋59－22＋27
$$=105-22+27$$
$$=83+27=110 \,(\text{cm})$$

2 $\square+(25-13)\times 6\div 8=20$
$$\square+12\times 6\div 8=20$$
$$\square+72\div 8=20$$
$$\square+9=20$$
$$\square=11$$

3 ❶ 약과 1개의 열량: 580÷4(킬로칼로리)
❷ 자두 2개의 열량: 30×2(킬로칼로리)
❸ (재민이가 오늘 먹은 간식의 열량)
$$=50+580\div 4+30\times 2$$
$$=50+145+60=255(\text{킬로칼로리})$$

4 ❶ $54\div(12-6)+13=54\div 6+13$
$$=9+13=22$$
❷ $36\div 9+\square\times 5<22$, $4+\square\times 5<22$,
$\square\times 5<18$에서 $\square$ 안에 들어갈 수 있는 자연수는
1, 2, 3으로 모두 3개입니다.

5 ❶ $8\bigstar 6=8\div(8-6)+6$
$$=8\div 2+6$$
$$=4+6=10$$
❷ $(8\bigstar 6)\bigstar 5=10\bigstar 5$
$$=10\div(10-5)+5$$
$$=10\div 5+5$$
$$=2+5=7$$

6 ❶ 화씨온도를 $\square$°F라 하면
$(\square-32)\times 5\div 9=25$, $(\square-32)\times 5=225$,
$\square-32=45$, $\square=77$
❷ 현재 기온 25℃를 화씨로 나타내면 77°F입니다.

7 ❶ 계산 결과가 가장 클 때:
큰 수끼리 곱하고 가장 작은 수로 나누어야 합니다.
❷ $16\times 5+8-4\div 2=80+8-4\div 2$
$$=80+8-2$$
$$=88-2=86$$

8 ❶ $(180\div 6)-2+1=30-2+1=28+1=29$
$180\div(6-2)+1=180\div 4+1=45+1=46$
$180\div 6-(2+1)=180\div 6-3=30-3=27$
$(180\div 6-2)+1=(30-2)+1=28+1=29$
$180\div(6-2+1)=180\div(4+1)=180\div 5=36$
❷ 계산 결과가 될 수 없는 수: 24

9 ❶ 연필 2자루의 값: 2700÷3×2(원)
❷ (공책 한 권의 값)＝4000－2700÷3×2－700
$$=4000-1800-700=1500(\text{원})$$

10 ❶ 어떤 수를 $\square$라 하면
잘못 계산한 식: $(\square-16)\div(10+2)=4$,
$(\square-16)\div 12=4$,
$\square-16=48$, $\square=64$
❷ 바르게 계산한 식: $(64+16)\div(10-2)$
$$=80\div(10-2)$$
$$=80\div 8=10$$

11 ❶ 지희네 반 학생 수를 $\square$명이라 하면
4개씩 나누어 줄 때 사탕의 수: $4\times\square-9$(개)
3개씩 나누어 줄 때 사탕의 수: $3\times\square+17$(개)
❷ 4개씩 나누어 줄 때와 3개씩 나누어 줄 때의 사탕 수는
같으므로
$$4\times\square-9=3\times\square+17$$
$$4\times\square-3\times\square=17+9$$
$$\square=26$$
❸ (사탕의 수)＝$4\times 26-9$
$$=104-9=95(\text{개})$$

12 ❶ 감자 한 개의 무게: $(2400-1650)\div 3$ (g)
❷ (빈 상자의 무게)＝(감자 5개가 들어 있는 상자의 무게)
$$-(\text{감자 5개의 무게})$$
$$=1650-(2400-1650)\div 3\times 5$$
$$=1650-750\div 3\times 5$$
$$=1650-1250=400\,(\text{g})$$
❸ (고구마 한 개의 무게)＝$(1600-400)\div 6$
$$=1200\div 6=200\,(\text{g})$$

2 약수와 배수

9~11쪽

유형 변형하기

1 5가지	2 3개	3 54 cm
4 119	5 3672	6 4월 22일
7 37번	8 4바퀴	9 42, 63

1 ❶ 나누어 줄 수 있는 방법은 36과 54의 공약수로 구합니다.
⇨ 36과 54의 공약수: 1, 2, 3, 6, 9, 18
❷ 축구공과 배구공을 학생 1명, 2명, 3명, 6명, 9명, 18명에게 남김없이 똑같이 나누어 줄 수 있습니다.
⇨ 1명보다 많은 학생에게 나누어 줄 수 있는 방법: 5가지

2 ❶ 12와 20의 최소공배수: 60
12와 20의 공배수는 12와 20의 최소공배수인 60의 배수와 같습니다.
❷ • 1부터 200까지의 자연수 중에서 60의 배수의 개수:
$200 \div 60 = 3 \cdots 20$ ⇨ 3개
• 1부터 399까지의 자연수 중에서 60의 배수의 개수:
$399 \div 60 = 6 \cdots 39$ ⇨ 6개
❸ 200보다 크고 400보다 작은 자연수 중에서 60의 배수의 개수: $6 - 3 = 3$(개)

3 ❶ 가장 작은 정사각형을 만들려면 정사각형의 한 변의 길이는 종이의 가로와 세로의 최소공배수가 되어야 합니다.
18과 27의 최소공배수: 54
❷ 만들 수 있는 가장 작은 정사각형의 한 변의 길이:
54 cm

4 ❶ □는 6으로 나누면 5가 남고, 10으로 나누면 9가 남으므로 (□+1)은 6으로 나누어도, 10으로 나누어도 나누어떨어집니다.
⇨ (□+1)은 6과 10의 공배수입니다.
❷ 2) 6 10
    3 5 ⇨ 6과 10의 최소공배수: $2 \times 3 \times 5 = 30$
❸ (□+1)은 30, 60, 90, 120, …이므로 □는 29, 59, 89, 119, …입니다.
⇨ □ 안에 들어갈 수 있는 가장 작은 세 자리 수: 119

5 ❶ 36㉠㉡에서 9의 배수는 각 자리 수의 합이 9의 배수이므로 $3 + 6 + ㉠ + ㉡ = 9 + ㉠ + ㉡$이 9의 배수이어야 합니다.
4의 배수는 끝의 두 자리 수가 00 또는 4의 배수인 수입니다.

❷ $9 + ㉠ + ㉡$에서 9는 9의 배수이므로 $㉠ + ㉡$이 9의 배수인 수 중에서 4의 배수인 수를 큰 수부터 차례로 써 보면 3672, 3636, 3600입니다.
❸ 가장 큰 네 자리 수: 3672

6 ❶ 12와 8의 최소공배수: 24
❷ ㉮ 학교와 ㉯ 학교는 24일마다 함께 봉사 활동을 가므로 세 번째로 함께 봉사 활동을 가는 날은 48일 후입니다.
❸ 3월은 31일까지, 4월은 30일까지 있으므로 세 번째로 함께 봉사 활동을 가는 날:
3월 5일 $\xrightarrow{31일 후}$ 4월 5일 $\xrightarrow{17일 후}$ 4월 22일

7 ❶ 5) 10 20 25
    2) 2 4 5 ⇨ 10, 20, 25의 최소공배수:
      1 2 5 $5 \times 2 \times 1 \times 2 \times 5 = 100$
10, 20, 25의 최소공배수인 100초마다 세 전등이 동시에 켜집니다.
❷ (오후 9시 정각부터 오후 10시 정각까지의 시간)
$=1$시간 ⇨ 3600초
❸ $3600 \div 100 = 36$이고 오후 9시 정각에 동시에 켜진 횟수를 포함해야 하므로 세 전등이 동시에 켜지는 횟수: 37번

8 ❶ 42, 84, 63의 최소공배수만큼 톱니가 맞물려야 처음에 맞물렸던 곳에서 첫 번째로 다시 맞물리게 됩니다.
3) 42 84 63
7) 14 28 21
2) 2 4 3 ⇨ 42, 84, 63의 최소공배수:
  1 2 3 $3 \times 7 \times 2 \times 1 \times 2 \times 3 = 252$
❷ ㉯: $252 \div 63 = 4$(바퀴)

9 ❶ 두 수를 각각 ㉮, ㉯라고 할 때
21) ㉮ ㉯
    ㉠ ㉡
최소공배수가 126이므로
$21 \times ㉠ \times ㉡ = 126$, $㉠ \times ㉡ = 6$입니다.
㉠과 ㉡은 1과 6 또는 2와 3입니다.
❷ • ㉠과 ㉡이 1과 6인 경우:
두 수는 $21 \times 1 = 21$, $21 \times 6 = 126$이고
두 수의 합: $21 + 126 = 147$ (×)
• ㉠과 ㉡이 2와 3인 경우:
두 수는 $21 \times 2 = 42$, $21 \times 3 = 63$이고
두 수의 합: $42 + 63 = 105$ (○)
⇨ 두 수: 42, 63

1 4개	**2** 16개	**3** 12개
4 5번	**5** 3가지	**6** 3번
7 5, 10	**8** 2910, 2940, 2970	
9 60	**10** 33번	**11** 25분 후
12 36, 108		

1 ❶ 90과 150의 최대공약수: 30
90과 150의 공약수는 90과 150의 최대공약수인 30의 약수와 같습니다.
⇨ 90과 150의 공약수: 1, 2, 3, 5, 6, 10, 15, 30
❷ 이 중에서 5의 배수: 5, 10, 15, 30 ⇨ 4개

2 ❶ • 1부터 100까지의 자연수 중에서 12의 배수의 개수:
$100 \div 12 = 8 \cdots 4$ ⇨ 8개
• 1부터 299까지의 자연수 중에서 12의 배수의 개수:
$299 \div 12 = 24 \cdots 11$ ⇨ 24개
❷ 100보다 크고 300보다 작은 자연수 중에서 12의 배수의 개수: $24 - 8 = 16$(개)

3 ❶ 27과 36의 최대공약수: 9
❷ 자를 수 있는 가장 큰 정사각형의 한 변의 길이: 9 cm
❸ 가로로 $27 \div 9 = 3$(개), 세로로 $36 \div 9 = 4$(개)씩 모두 $3 \times 4 = 12$(개)의 정사각형을 만들 수 있습니다.

4 ❶ 초록색 구슬을 같은 순서에 놓는 곳:
4와 3의 최소공배수인 12의 배수인 곳
❷ 1부터 60까지의 수 중에서 4와 3의 공배수:
12, 24, 36, 48, 60
⇨ 초록색 구슬을 같은 순서에 놓는 경우: 5번

5 ❶ 남김없이 똑같이 나누어 담을 수 있는 방법은 32와 40의 공약수로 구합니다. ⇨ 32와 40의 공약수: 1, 2, 4, 8
❷ 한 접시에 도토리를 16개씩, 밤을 20개씩 접시 2개에 나누어 담을 수 있습니다.
한 접시에 도토리를 8개씩, 밤을 10개씩 접시 4개에 나누어 담을 수 있습니다.
한 접시에 도토리를 4개씩, 밤을 5개씩 접시 8개에 나누어 담을 수 있습니다.
⇨ 3가지

6 ❶ 25와 30의 최소공배수: 150
기차는 150분=2시간 30분마다 동시에 출발합니다.
❷ 오전 9시 이후부터 오후 5시까지 두 기차가 동시에 출발하는 시각: 오전 11시 30분, 오후 2시, 오후 4시 30분
⇨ 3번

7 ❶ 43과 53에서 각각 3을 뺀 수는 ◉로 나누어떨어지므로 ◉에 알맞은 수는 $43 - 3 = 40$과 $53 - 3 = 50$의 공약수입니다. ⇨ 40과 50의 최대공약수: 10
❷ ◉에 알맞은 수: 40과 50의 최대공약수인 10의 약수 1, 2, 5, 10 중에서 나머지인 3보다 큰 수 5, 10입니다.

8 ❶ 5의 배수는 일의 자리 숫자가 0 또는 5이므로 네 자리 수는 29□0 또는 29□5입니다.
❷ 6의 배수: 각 자리 수의 합이 3의 배수이면서 짝수
29□0일 때: $2 + 9 + □ + 0 = 11 + □$가 3의 배수이려면 □=1, 4, 7입니다.
29□5일 때: 5는 짝수가 아니므로 없습니다.
5의 배수도 되고 6의 배수도 되는 네 자리 수:
2910, 2940, 2970

9 ❶ ●×▼=(최대공약수)×(최소공배수)이므로
$3456 =$ (최대공약수)$\times 144$, (최대공약수)$= 24$
❷ ●와 ▼의 공약수는 ●와 ▼의 최대공약수인 24의 약수이므로 1, 2, 3, 4, 6, 8, 12, 24입니다.
(●와 ▼의 모든 공약수의 합)
$= 1 + 2 + 3 + 4 + 6 + 8 + 12 + 24 = 60$

10 ❶ 28과 32의 최소공배수: 224
28과 32의 최소공배수인 224초마다 두 전등이 동시에 켜집니다.
❷ (오후 7시 정각부터 오후 9시 정각까지의 시간)
=2시간 ⇨ 7200초
❸ $7200 \div 224 = 32 \cdots 32$이고 오후 7시 정각에 동시에 켜진 횟수를 포함해야 하므로 두 전등이 동시에 켜지는 횟수: 33번

11 ❶ 30과 42의 최소공배수: 210
두 톱니바퀴의 톱니가 210개 맞물려야 처음 맞물렸던 곳에서 다시 맞물리게 됩니다.
❷ 처음 맞물렸던 톱니가 다시 만나려면 톱니바퀴 ㉯는 $210 \div 42 = 5$(바퀴)를 돌아야 합니다.
톱니바퀴 ㉯는 한 바퀴 도는 데 5분이 걸리므로 5바퀴 돌리면 $5 \times 5 = 25$(분)이 걸립니다.
⇨ 첫 번째로 다시 맞물릴 때: 25분 후

12 ❶ 36)㉮ ㉯
㉠ ㉡ ⇨ 최소공배수: $36 \times ㉠ \times ㉡ = 540$
$36 \times ㉠ \times ㉡ = 540$, $㉠ \times ㉡ = 150$이고 ㉠<㉡이므로
㉠과 ㉡은 1과 15 또는 3과 5입니다.
❷ ㉠과 ㉡이 1과 15인 경우: ㉮=36, ㉯=540
㉠과 ㉡이 3과 5인 경우: ㉮=108, ㉯=180
⇨ ㉮=36, 108

③ 규칙과 대응

16~17쪽

유형 변형하기

1 18   **2** 8번째 수   **3** 16

4 1월 30일 오전 2시

5 1시간 44분   **6** 12개   **7** 101개

1 ❶ ♣를 3으로 나누면 ◇와 같습니다. ⇨ ♣÷3=◇

♡는 ◇보다 12만큼 더 큽니다. ⇨ ◇+12=♡

❷ ㉠÷3=11 → ㉠=33, 3+12=㉡ → ㉡=15

❸ ㉠-㉡=33-15=18

2 ❶

순서	1	2	3	4	5	…
수	9	17	25	33	41	…

❷ 순서를 △, 수를 □라고 할 때, 두 양 사이의 대응 관계를 식으로 나타내면 △×8+1=□

· △=7일 때 7×8+1=□, □=57 → 7번째 수: 57

· △=8일 때 8×8+1=□, □=65 → 8번째 수: 65

⇨ 처음으로 60보다 큰 수가 놓이는 것: 8번째 수

3 ❶

상자에 넣은 공에 쓰인 수	6	11	8	…
바뀐 공에 쓰인 수	10	15	12	…

❷ 상자에 넣은 공에 쓰인 수를 △, 바뀐 공에 쓰인 수를 □라고 할 때, △와 □ 사이의 대응 관계를 식으로 나타내면 △+4=□

❸ △=12이면 12+4=□, □=16 ⇨ ㉠=16

4 ❶ 프라하의 시각은 서울의 시각보다 오후 2시-오전 6시=8시간 느립니다.

❷ (서울의 시각)-8=(프라하의 시각)

❸ 서울이 1월 30일 오전 10시일 때 프라하는 1월 30일 오전 10시-8시간=1월 30일 오전 2시

5 ❶

통나무를 자른 횟수(번)	1	2	3	4	…
통나무 도막의 수(도막)	2	3	4	5	…

❷ (통나무 도막의 수)-1=(통나무를 자른 횟수), 마지막에는 쉬지 않으므로 (통나무를 자른 횟수)-1=(쉬는 횟수)

13도막으로 자르려면 13-1=12(번) 잘라야 하고, 12-1=11(번) 쉬게 됩니다.

❸ (13도막으로 자르는 데 걸리는 시간)=5×12+4×11=104(분) ⇨ 1시간 44분

6 ❶

정사각형의 수(개)	1	2	3	4	…
성냥개비의 수(개)	8	14	20	26	…
식	8+6×0	8+6×1	8+6×2	8+6×3	

❷ 정사각형의 수를 ▽, 성냥개비의 수를 □라고 하면 □=8+6×(▽-1)

❸ □=74이면 8+6×(▽-1)=74, 6×(▽-1)=66, ▽-1=11, ▽=12

⇨ 정사각형을 12개까지 만들 수 있습니다.

7 ❶

배열 순서(번째)	1	2	3	4	…
초록색 점의 수(개)	2	4	6	8	…
파란색 점의 수(개)	3	5	7	9	…

❷ 배열 순서를 ◇, 초록색 점의 수를 △, 파란색 점의 수를 ☆이라고 할 때, 두 양 사이의 대응 관계를 각각 식으로 나타내면 ◇×2=△, ◇×2+1=☆

❸ ◇×2=△에서 ◇=25이면 25×2=△, △=50 → 25번째에 찍게 되는 초록색 점: 50개

◇×2+1=☆에서 ◇=25이면 25×2+1=☆, ☆=51 → 25번째에 찍게 되는 파란색 점: 51개

⇨ (25번째에 찍게 되는 초록색 점과 파란색 점의 수의 합)=50+51=101(개)

실전 적용하기

18~21쪽

1 18   **2** 38   **3** 38번째 수

4 72개   **5** 127개   **6** 오후 3시

7 오후 5시 15분   **8** 29개   **9** 9번째

10 45분

1 ❶ △를 4로 나누면 ○와 같습니다. ⇨ △÷4=○

❷ · ㉠÷4=36 → ㉠=144   · 32÷4=㉡ → ㉡=8

❸ ㉠÷㉡=144÷8=18

2 ❶

민우가 낸 카드의 수	34	19	41	…
연주가 낸 카드의 수	22	7	29	…

❷ (민우가 낸 카드의 수)-12=(연주가 낸 카드의 수)

❸ 연주가 26을 냈을 때 (민우가 낸 카드의 수)-12=26, (민우가 낸 카드의 수)=38

3 ❶

순서	1	2	3	4	5	⋯
수	6	14	22	30	38	⋯

❷ 순서를 □, 수를 ◎라고 할 때,
두 양 사이의 대응 관계를 식으로 나타내면
$$□×8-2=◎$$

❸ ㆍ□=37일 때 37×8-2=◎, ◎=294
→ 37번째 수 : 294
ㆍ□=38일 때 38×8-2=◎, ◎=302
→ 38번째 수 : 302
⇨ 300-294=6, 302-300=2이므로
300에 가장 가까운 수는 302로 38번째 수입니다.

4 ❶

배열 순서(번째)	1	2	3	4	⋯
바둑돌의 수(개)	7	12	17	22	⋯

❷ 배열 순서를 ◇, 바둑돌의 수를 ◎라고 할 때,
두 양 사이의 대응 관계를 식으로 나타내면
$$◇×5+2=◎$$

❸ ◇=14이면 14×5+2=◎, ◎=72
⇨ 14번째에 필요한 바둑돌의 수: 72개

5 ❶

정팔각형의 수(개)	1	2	3	4	5	⋯
성냥개비의 수(개)	8	15	22	29	36	⋯
식	8+7×0	8+7×1	8+7×2	8+7×3	8+7×4	⋯

❷ 정팔각형의 수를 ◎, 성냥개비의 수를 ◇라고 할 때,
두 양 사이의 대응 관계를 식으로 나타내면
$$8+7×(◎-1)=◇$$

❸ ◎=18이면 8+7×(18-1)=◇, ◇=127
⇨ 성냥개비 127개가 필요합니다.

6 ❶ 로마의 시각은 서울의 시각보다
오후 9시-오후 1시=8시간 느립니다.
❷ (서울의 시각)-8=(로마의 시각)
❸ 로마에 도착했을 때 서울의 시각:
오전 10시 30분+12시간 30분=오후 11시
⇨ 로마에 도착했을 때 로마의 시각:
오후 11시-8시간=오후 3시

7 ❶

통나무를 자른 횟수(번)	1	2	3	4	⋯
통나무 도막의 수(도막)	2	3	4	5	⋯

❷ (통나무 도막의 수)-1=(통나무를 자른 횟수),
마지막에는 쉬지 않으므로
(통나무를 자른 횟수)-1=(쉬는 횟수)
7도막으로 자르려면 7-1=6(번) 잘라야 하고,
6-1=5(번) 쉬게 됩니다.
❸ (7도막으로 자르는 데 걸리는 시간)
=15×6+9×5=135(분) → 2시간 15분
⇨ 오후 3시+2시간 15분=오후 5시 15분

8 ❶

오각형의 수(개)	1	2	3	4	⋯
성냥개비의 수(개)	5	9	13	17	⋯
식	5+4×0	5+4×1	5+4×2	5+4×3	⋯

❷ 오각형의 수를 □, 성냥개비의 수를 ◎라고 할 때,
두 양 사이의 대응 관계를 식으로 나타내면
$$◎=5+4×(□-1)$$

❸ ㆍ□=29일 때 ◎=5+4×(29-1), ◎=117
→ 오각형이 29개일 때 성냥개비의 수: 117개
ㆍ□=30일 때 ◎=5+4×(30-1), ◎=121
→ 오각형이 30개일 때 성냥개비의 수: 121개
⇨ 성냥개비 120개로 오각형을 29개까지 만들 수 있습니다.

9 ❶

배열 순서(번째)	1	2	3	4	⋯
빨간색 점의 수(개)	5	5	5	5	⋯
파란색 점의 수(개)	5	10	15	20	⋯
빨간색 점과 파란색 점의 수의 차(개)	0	5	10	15	⋯

❷ 배열 순서를 □, 빨간색 점과 파란색 점의 수의 차를 △라고 할 때, 두 양 사이의 대응 관계를 식으로 나타내면
$$(□-1)×5=△$$

❸ △=40이면 (□-1)×5=40, □-1=8, □=9
⇨ 빨간색 점과 파란색 점의 수의 차가 40개인 정오각형은 9번째입니다.

10 ❶

철사를 자른 횟수(번)	1	2	3	4	⋯
철사 도막의 수(도막)	5	9	13	17	⋯

❷ (철사 도막의 수)=(철사를 자른 횟수)×4+1이므로
37도막으로 자르려면 37=(철사를 자른 횟수)×4+1,
(철사를 자른 횟수)×4=36, (철사를 자른 횟수)=9번
⇨ 37도막으로 자르려면 9번 잘라야 합니다.
❸ (37도막으로 자르는 데 걸리는 시간)=5×9=45(분)

4 약분과 통분

유형 변형하기

22~23쪽

1 2개   **2** $\dfrac{15}{35}$ **3** 8

4 1.25   **5** $\dfrac{44}{50}$

6 ㉠ 46, ㉡ 6   **7** 81개

---

1 ❶ 분모가 56인 분수를 $\dfrac{\square}{56}$라 하면

$\dfrac{5}{8} < \dfrac{\square}{56} < \dfrac{5}{7}$ $\Rightarrow$ $\dfrac{35}{56} < \dfrac{\square}{56} < \dfrac{40}{56}$이므로

$\square = 36, 37, 38, 39$

❷ $\dfrac{36}{56}, \dfrac{37}{56}, \dfrac{38}{56}, \dfrac{39}{56}$ 중에서 기약분수는 $\dfrac{37}{56}, \dfrac{39}{56}$로

모두 2개입니다.

2 ❶ 구하려는 분수를 $\dfrac{3 \times \square}{7 \times \square}$라 하면

분모와 분자의 최소공배수가 105이므로

$\square$)(분모) (분자) $\Rightarrow$ $\square \times 7 \times 3 = 105$,
      7   3 $\square \times 21 = 105$, $\square = 5$

❷ 구하려는 분수: $\dfrac{3 \times 5}{7 \times 5} = \dfrac{15}{35}$

3 ❶ $\dfrac{9}{10} > \dfrac{3}{\square}$ $\Rightarrow$ $\dfrac{9}{10} > \dfrac{3 \times 3}{\square \times 3}$ $\Rightarrow$ $\dfrac{9}{10} > \dfrac{9}{\square \times 3}$

분모의 크기를 비교하면 $\square \times 3 > 10$이므로

$\square = 4, 5, \ldots$

❷ $\dfrac{6}{13} < \dfrac{4}{\square}$ $\Rightarrow$ $\dfrac{6 \times 2}{13 \times 2} < \dfrac{4 \times 3}{\square \times 3}$ $\Rightarrow$ $\dfrac{12}{26} < \dfrac{12}{\square \times 3}$

분모의 크기를 비교하면 $\square \times 3 < 26$이므로

$\square = 1, 2, 3, 4, 5, 6, 7, 8$

❸ $\square$ 안에 공통으로 들어갈 수 있는 자연수:

4, 5, 6, 7, 8이므로 이 중 가장 큰 수는 8입니다.

4 ❶ 만들 수 있는

분모가 3인 가장 작은 가분수: $\dfrac{4}{3}$,

분모가 4인 가장 작은 가분수: $\dfrac{5}{4}$,

분모가 5인 가장 작은 가분수: $\dfrac{9}{5}$

❷ $\left(\dfrac{4}{3}, \dfrac{5}{4}, \dfrac{9}{5} \right)$ $\Rightarrow$ $\left(\dfrac{80}{60}, \dfrac{75}{60}, \dfrac{108}{60} \right)$ $\Rightarrow$ $\dfrac{5}{4} < \dfrac{4}{3} < \dfrac{9}{5}$

❸ $\dfrac{5}{4} = 1\dfrac{1}{4} = 1\dfrac{25}{100} = 1.25$

---

5 ❶ 기약분수로 나타내기 전의 분수를 $\dfrac{7 \times \square}{8 \times \square}$라 하면

분모와 분자에서 각각 2를 빼기 전의 분수: $\dfrac{7 \times \square + 2}{8 \times \square + 2}$

❷ 분모가 50이므로 $8 \times \square + 2 = 50$, $8 \times \square = 48$, $\square = 6$

❸ 처음 분수: $\dfrac{7 \times 6 + 2}{50} = \dfrac{44}{50}$

6 ❶ $\dfrac{㉡}{㉠ + 2}$과 $\dfrac{㉡}{㉠ + 8}$에서 분자는 같고 분모는

$8 - 2 = 6$ 차이가 납니다.

❷ $\dfrac{1}{8} = \dfrac{2}{16} = \dfrac{3}{24} = \dfrac{4}{32} = \dfrac{5}{40} = \dfrac{6}{48} = \cdots$

$\dfrac{1}{9} = \dfrac{2}{18} = \dfrac{3}{27} = \dfrac{4}{36} = \dfrac{5}{45} = \dfrac{6}{54} = \cdots$

$\Rightarrow$ 분자가 같고 분모의 차가 6인 분수: $\dfrac{6}{48}$과 $\dfrac{6}{54}$

❸ $\dfrac{㉡}{㉠ + 2} = \dfrac{6}{48}$이므로 ㉠ = 46, ㉡ = 6

7 ❶ $121 = 11 \times 11$이므로 분자가 11의 배수일 때 약분이 됩니다.

❷ 두 자리 수 중 11의 배수의 개수:

11, 22, 33, 44, 55, 66, 77, 88, 99로 9개

❸ 분자가 두 자리 수인 분수는 $99 - 9 = 90$(개)이므로

분자가 두 자리 수인 기약분수는 $90 - 9 = 81$(개)입니다.

실전 적용하기

24~27쪽

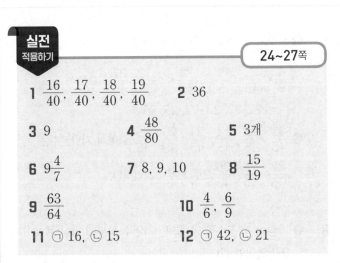

1 $\dfrac{16}{40}, \dfrac{17}{40}, \dfrac{18}{40}, \dfrac{19}{40}$ **2** 36

3 9   **4** $\dfrac{48}{80}$ **5** 3개

6 $9\dfrac{4}{7}$ **7** 8, 9, 10   **8** $\dfrac{15}{19}$

9 $\dfrac{63}{64}$ **10** $\dfrac{4}{6}, \dfrac{6}{9}$

11 ㉠ 16, ㉡ 15   **12** ㉠ 42, ㉡ 21

---

1 ❶ $0.5 = \dfrac{5}{10}$

❷ 분모가 40인 분수를 $\dfrac{\square}{40}$라 하면

$\dfrac{3}{8} < \dfrac{\square}{40} < \dfrac{5}{10}$ $\Rightarrow$ $\dfrac{15}{40} < \dfrac{\square}{40} < \dfrac{20}{40}$이므로

$\square = 16, 17, 18, 19$

❸ 구하려는 분수: $\dfrac{16}{40}, \dfrac{17}{40}, \dfrac{18}{40}, \dfrac{19}{40}$

2 ❶ 분모에 더해야 하는 수를 □라 하면

$$\frac{7}{12}=\frac{7+21}{12+\square}=\frac{28}{12+\square}$$ 입니다.

❷ $\frac{7}{12}=\frac{14}{24}=\frac{21}{36}=\frac{28}{48}=\cdots$ 중에서 분자가 28인 분수

를 찾으면 $\frac{28}{48}$ 입니다.

❸ $\frac{28}{12+\square}=\frac{28}{48}$ 이므로 $12+\square=48$, $\square=36$

3 ❶ 분자 5와 6의 최소공배수인 30으로 분자를 같게 만듭니다.

$$\frac{5}{\square}>\frac{6}{11}\ \Rightarrow\ \frac{5\times6}{\square\times6}>\frac{6\times5}{11\times5}\ \Rightarrow\ \frac{30}{\square\times6}>\frac{30}{55}$$

❷ 분자가 같을 경우 분모가 작을수록 큰 수이므로
분모의 크기를 비교하면 $55>\square\times6$입니다.

❸ □ 안에 들어갈 수 있는 자연수 중에서 가장 큰 수: 9

4 ❶ $0.6=\frac{6}{10}=\frac{3}{5}$

❷ $\frac{3}{5}$ 의 분모와 분자의 합: $5+3=8$

❸ 128은 $\frac{3}{5}$ 의 분모와 분자의 합 $128\div(5+3)=16$(배)

❹ 구하려는 분수: $\frac{3\times16}{5\times16}=\frac{48}{80}$

5 ❶ 분모가 45인 분수를 $\frac{\square}{45}$ 라 하면

$$\frac{4}{9}<\frac{\square}{45}<\frac{3}{5}\ \Rightarrow\ \frac{20}{45}<\frac{\square}{45}<\frac{27}{45}$$ 이므로

$\square=21, 22, 23, 24, 25, 26$

❷ $\frac{21}{45}, \frac{22}{45}, \frac{23}{45}, \frac{24}{45}, \frac{25}{45}, \frac{26}{45}$ 중에서 기약분수는

$\frac{22}{45}, \frac{23}{45}, \frac{26}{45}$ 으로 모두 3개입니다.

6 ❶ 가장 큰 대분수를 만들려면 자연수 부분에 가장 큰 수인 9가 놓여야 합니다.

❷ 만들 수 있는

분모가 4인 가장 큰 대분수: $9\frac{1}{4}$,

분모가 7인 가장 큰 대분수: $9\frac{4}{7}$

❸ $\left(9\frac{1}{4},\ 9\frac{4}{7}\right)\ \Rightarrow\ \left(9\frac{7}{28},\ 9\frac{16}{28}\right)$

$\Rightarrow\ 9\frac{1}{4}<9\frac{4}{7}$

7 ❶ 분자 4, 6, 9의 최소공배수인 36으로 분자를 같게 만듭니다.

$$\frac{4}{7}<\frac{6}{\square}<\frac{9}{11}\ \Rightarrow\ \frac{4\times9}{7\times9}<\frac{6\times6}{\square\times6}<\frac{9\times4}{11\times4}$$

$$\Rightarrow\ \frac{36}{63}<\frac{36}{\square\times6}<\frac{36}{44}$$

❷ 분자가 같을 경우 분모가 작을수록 큰 수이므로
분모의 크기를 비교하면 $44<\square\times6<63$입니다.

❸ □ 안에 들어갈 수 있는 자연수: 8, 9, 10

8 ❶ 4로 약분하기 전의 분수: $\frac{5\times4}{6\times4}=\frac{20}{24}$

❷ 분모와 분자에 각각 5를 더하기 전의 분수:

$$\frac{20-5}{24-5}=\frac{15}{19}$$

❸ 처음 분수: $\frac{15}{19}$

9 ❶ 분모가 64이므로 기약분수로 나타냈을 때 단위분수가 되는 분수는 분자가 64의 약수일 때입니다.

❷ 분자가 1, 2, 4, 8, 16, 32일 때 단위분수가 되므로

$$\frac{1}{64}+\frac{2}{64}+\frac{4}{64}+\frac{8}{64}+\frac{16}{64}+\frac{32}{64}=\frac{63}{64}$$

10 ❶ 만들 수 있는 진분수: $\frac{1}{4}, \frac{1}{6}, \frac{4}{6}, \frac{1}{9}, \frac{4}{9}, \frac{6}{9}$

❷ $\frac{1}{4}<\frac{1}{2}, \frac{1}{6}<\frac{1}{2}, \frac{4}{6}>\frac{1}{2},$

$\frac{1}{9}<\frac{1}{2}, \frac{4}{9}<\frac{1}{2}, \frac{6}{9}>\frac{1}{2}$

❸ $\frac{1}{2}$ 보다 큰 수: $\frac{4}{6}, \frac{6}{9}$

11 ❶ $\frac{ⓒ}{㉠+4}$ 과 $\frac{ⓒ}{㉠+19}$ 에서 분자는 같고 분모는

$19-4=15$ 차이가 납니다.

❷ $\frac{3}{4}=\frac{6}{8}=\frac{9}{12}=\frac{12}{16}=\frac{15}{20}=\cdots$

$\frac{3}{7}=\frac{6}{14}=\frac{9}{21}=\frac{12}{28}=\frac{15}{35}=\cdots$

$\Rightarrow$ 분자가 같고 분모의 차가 15인 분수: $\frac{15}{20}$ 와 $\frac{15}{35}$

❸ $\frac{ⓒ}{㉠+4}=\frac{15}{20}$ 이므로 $㉠=16$, $ⓒ=15$

12 ❶ $84=2\times42=2\times2\times21=2\times2\times3\times7$이므로 분모를 $㉠\times㉠$과 같이 같은 수를 2번 곱한 수로 나타내기 위해서는 분모와 분자에 각각 3×7을 곱해야 합니다.

❷ $\frac{1}{84}=\frac{3\times7}{(2\times3\times7)\times(2\times3\times7)}=\frac{21}{42\times42}$에서

$㉠=42$, $ⓒ=21$

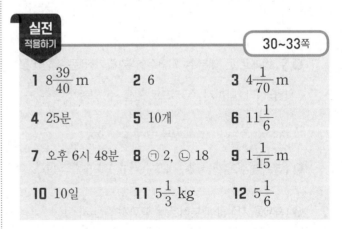

유형 변형하기

28~29쪽

1 $4\dfrac{2}{3}$	**2** 4개	**3** $1\dfrac{5}{6}$ m
4 오후 6시 24분	**5** $7\dfrac{9}{40}$	**6** $\dfrac{12}{35}$ kg
7 4일	**8** ㉠ 3, ㉡ 6, ㉢ 9	

1 ❶ (이등변삼각형의 세 변의 길이의 합)

$$=2\dfrac{5}{6}+2\dfrac{5}{6}+\square=10\dfrac{1}{3}\text{(m)}$$

❷ $\square=10\dfrac{1}{3}-2\dfrac{5}{6}-2\dfrac{5}{6}=9\dfrac{8}{6}-2\dfrac{5}{6}-2\dfrac{5}{6}$

$$=4\dfrac{4}{6}=4\dfrac{2}{3}$$

2 ❶ 분모 3, 5, 10의 최소공배수인 30으로 통분하면

$$\dfrac{1}{3}=\dfrac{10}{30},\ \dfrac{1}{5}+\dfrac{\square}{10}=\dfrac{6+\square\times3}{30},\ \dfrac{4}{5}=\dfrac{24}{30}$$

❷ $\dfrac{10}{30}<\dfrac{6+\square\times3}{30}<\dfrac{24}{30}$이므로

$10<6+\square\times3<24,\ 4<\square\times3<18$

$\square$ 안에 들어갈 수 있는 자연수: 2, 3, 4, 5 ⇨ 4개

3 ❶ (색 테이프 2장의 길이의 합)$=5\dfrac{5}{8}+5\dfrac{5}{8}=11\dfrac{1}{4}$ (m)

❷ 겹치는 부분의 길이를 $\square$ m라고 하면

$$9\dfrac{5}{12}=11\dfrac{1}{4}-\square$$이므로

$$\square=11\dfrac{1}{4}-9\dfrac{5}{12}=10\dfrac{15}{12}-9\dfrac{5}{12}=1\dfrac{10}{12}=1\dfrac{5}{6}$$

⇨ 겹치는 부분의 길이: $1\dfrac{5}{6}$ m

4 ❶ (제주도에 가는 데 걸린 시간)

$$=\dfrac{1}{4}+1\dfrac{2}{5}+1\dfrac{3}{4}=\dfrac{5}{20}+1\dfrac{8}{20}+1\dfrac{15}{20}$$

$$=2\dfrac{28}{20}=3\dfrac{8}{20}=3\dfrac{2}{5}\text{(시간)}$$

❷ $3\dfrac{2}{5}$시간$=3\dfrac{24}{60}$시간$=3$시간 24분

❸ 희주가 제주도에 도착한 시각은

오후 3시$+3$시간 24분$=$오후 6시 24분

5 ❶ 가장 큰 대분수: 자연수 부분에 가장 큰 수인 8을 놓습

니다. 나머지 수 카드로 만들 수 있는 진분수 $\dfrac{1}{3}$, $\dfrac{1}{5}$,

$\dfrac{3}{5}$ 중 $\dfrac{3}{5}$이 가장 큽니다. ⇨ $8\dfrac{3}{5}$

❷ 가장 작은 대분수: 자연수 부분에 가장 작은 수인 1을

놓습니다. 나머지 수 카드로 만들 수 있는 진분수 $\dfrac{3}{5}$,

$\dfrac{3}{8}$, $\dfrac{5}{8}$ 중 $\dfrac{3}{8}$이 가장 작습니다. ⇨ $1\dfrac{3}{8}$

❸ (가장 큰 대분수와 가장 작은 대분수의 차)

$$=8\dfrac{3}{5}-1\dfrac{3}{8}=8\dfrac{24}{40}-1\dfrac{15}{40}=7\dfrac{9}{40}$$

6 ❶ (전체 귤의 $\dfrac{1}{3}$의 무게)$=9\dfrac{3}{7}-6\dfrac{2}{5}=9\dfrac{15}{35}-6\dfrac{14}{35}$

$$=3\dfrac{1}{35}\text{(kg)}$$

❷ (빈 상자의 무게)$=6\dfrac{2}{5}-3\dfrac{1}{35}-3\dfrac{1}{35}$

$$=6\dfrac{14}{35}-3\dfrac{1}{35}-3\dfrac{1}{35}=\dfrac{12}{35}\text{(kg)}$$

7 ❶ 전체 일의 양을 1이라 하면 하루 동안 하는 일의 양은

도윤: $\dfrac{1}{8}$, 예리: $\dfrac{1}{12}$, 주헌: $\dfrac{1}{24}$

❷ (세 사람이 함께 하루 동안 하는 일의 양)

$$=\dfrac{1}{8}+\dfrac{1}{12}+\dfrac{1}{24}=\dfrac{3}{24}+\dfrac{2}{24}+\dfrac{1}{24}=\dfrac{6}{24}=\dfrac{1}{4}$$

❸ 세 사람이 함께 한다면 일을 끝내는 데 4일이 걸립니다.

8 ❶ $\dfrac{11}{18}$에서 분모 18의 약수: 1, 2, 3, 6, 9, 18

⇨ 18의 약수 중 합이 11인 서로 다른 세 수: 2, 3, 6

❷ $\dfrac{11}{18}=\dfrac{6}{18}+\dfrac{3}{18}+\dfrac{2}{18}=\dfrac{1}{3}+\dfrac{1}{6}+\dfrac{1}{9}$이므로

㉠$=3$, ㉡$=6$, ㉢$=9$입니다.

실전 적용하기

30~33쪽

1 $8\dfrac{39}{40}$ m	**2** 6	**3** $4\dfrac{1}{70}$ m
4 25분	**5** 10개	**6** $11\dfrac{1}{6}$
7 오후 6시 48분	**8** ㉠ 2, ㉡ 18	**9** $1\dfrac{1}{15}$ m
10 10일	**11** $5\dfrac{1}{3}$ kg	**12** $5\dfrac{1}{6}$

1 ❶ (색 테이프 2장의 길이의 합)

$$=3\dfrac{7}{8}+6\dfrac{2}{5}=3\dfrac{35}{40}+6\dfrac{16}{40}=9\dfrac{51}{40}=10\dfrac{11}{40}\text{(m)}$$

❷ (이어 붙인 색 테이프의 전체 길이)

$=$(색 테이프 2장의 길이의 합)$-$(겹치는 부분의 길이)

$$=10\dfrac{11}{40}-1\dfrac{3}{10}=9\dfrac{51}{40}-1\dfrac{12}{40}=8\dfrac{39}{40}\text{(m)}$$

2

❶ 분모 3, 4, 9의 최소공배수인 36으로 통분하면

$$\frac{\square}{4} - \frac{1}{9} = \frac{\square \times 9 - 4}{36}, \frac{2}{3} = \frac{24}{36}$$

❷ $\frac{\square \times 9 - 4}{36} < \frac{24}{36}$ 이므로 $\square \times 9 - 4 < 24$, $\square \times 9 < 28$

➡ $\square$ 안에 들어갈 수 있는 자연수는 1, 2, 3이므로
합은 $1 + 2 + 3 = 6$

3

❶ 변 ㄱㄴ의 길이를 $\square$ m라고 하면

$$\square + 3\frac{1}{5} + 2\frac{2}{7} = 9\frac{1}{2}$$

❷ $\square = 9\frac{1}{2} - 2\frac{2}{7} - 3\frac{1}{5} = 9\frac{35}{70} - 2\frac{20}{70} - 3\frac{14}{70} = 4\frac{1}{70}$

4

❶ 걸어간 시간을 $\square$시간이라 하면 $1\frac{5}{12} + 3\frac{1}{6} + \square = 5$

❷ $\square = 5 - 1\frac{5}{12} - 3\frac{1}{6} = 4\frac{12}{12} - 1\frac{5}{12} - 3\frac{2}{12} = \frac{5}{12}$

❸ 걸어간 시간: $\frac{5}{12}$시간 $= \frac{25}{60}$시간 $= 25$분

5

❶ 대분수를 가분수로 나타내면 $\frac{13}{6} < \frac{10}{3} - \frac{\square}{12} < \frac{37}{12}$

분모 3, 6, 12의 최소공배수인 12로 통분하면

$$\frac{13}{6} = \frac{26}{12}, \frac{10}{3} - \frac{\square}{12} = \frac{40 - \square}{12}$$

❷ $\frac{26}{12} < \frac{40 - \square}{12} < \frac{37}{12}$ 이므로 $26 < 40 - \square < 37$

❸ $\square = 4, 5, 6, ..., 13$ ➡ 10개

6

❶ 가장 큰 대분수: 자연수 부분에 가장 큰 수인 5를 놓습

니다. 나머지 수 카드로 만들 수 있는 진분수 $\frac{1}{2}$, $\frac{1}{3}$,

$\frac{2}{3}$ 중 $\frac{2}{3}$가 가장 큽니다. ➡ $5\frac{2}{3}$

❷ 두 번째로 큰 대분수: 자연수 부분에 가장 큰 수인 5를

놓습니다. 나머지 수 카드로 만들 수 있는 진분수 $\frac{1}{2}$,

$\frac{1}{3}$, $\frac{2}{3}$ 중 $\frac{1}{2}$이 두 번째로 큽니다. ➡ $5\frac{1}{2}$

❸ (두 대분수의 합) $= 5\frac{2}{3} + 5\frac{1}{2} = 5\frac{4}{6} + 5\frac{3}{6} = 11\frac{1}{6}$

7

❶ (숙제를 시작할 때부터 끝날 때까지 걸린 시간)

$$= 1\frac{2}{15} + \frac{1}{2} + 1\frac{1}{6} = 1\frac{4}{30} + \frac{15}{30} + 1\frac{5}{30}$$

$$= 2\frac{24}{30} = 2\frac{4}{5}(시간)$$

❷ $2\frac{4}{5}$시간 $= 2\frac{48}{60}$시간 $= 2$시간 48분

❸ 숙제가 끝난 시각:

오후 4시 + 2시간 48분 = 오후 6시 48분

8

❶ $\frac{5}{9} = \frac{10}{18} = \frac{15}{27} = \cdots$

❷ • $\frac{5}{9}$에서 분모 9의 약수: 1, 3, 9

➡ 9의 약수 중 합이 5인 두 수는 없습니다.

• $\frac{10}{18}$에서 분모 18의 약수: 1, 2, 3, 6, 9, 18

➡ 18의 약수 중 합이 10인 두 수: 1, 9

❸ $\frac{5}{9} = \frac{10}{18} = \frac{9}{18} + \frac{1}{18} = \frac{1}{2} + \frac{1}{18}$이므로

㉠ $= 2$, ㉡ $= 18$

9

❶ (색 테이프 3장의 길이의 합)

$$= 2\frac{3}{4} + 3\frac{9}{10} + 2\frac{3}{20} = 8\frac{4}{5}(m)$$

❷ (겹치는 부분의 길이의 합) $= 8\frac{4}{5} - 6\frac{2}{3} = 2\frac{2}{15}(m)$

❸ 겹치는 부분은 2군데이고 $2\frac{2}{15} = 1\frac{1}{15} + 1\frac{1}{15}$이므로

$1\frac{1}{15}$ m씩 겹치게 이어 붙였습니다.

10

❶ 전체 일의 양을 1이라 하면 지훈이가 하루 동안 하는 일

의 양 : $\frac{1}{16}$, 미영이가 하루 동안 하는 일의 양 : $\frac{1}{24}$

❷ (두 사람이 함께 하루 동안 하는 일의 양)

$$= \frac{1}{16} + \frac{1}{24} = \frac{3}{48} + \frac{2}{48} = \frac{5}{48}$$

❸ 일을 모두 끝내는 데

$$\frac{5}{48} + \frac{5}{48} + \frac{5}{48} + \frac{5}{48} + \frac{5}{48} + \frac{5}{48} + \frac{5}{48} + \frac{5}{48}$$

$$+ \frac{5}{48} + \frac{5}{48} = \frac{50}{48}$$이므로 적어도 10일이 걸립니다.

11

❶ (물 $\frac{1}{4}$의 무게) $= 10\frac{8}{15} - 9\frac{7}{30} = 1\frac{3}{10}(kg)$

❷ (빈 수조의 무게) $= 9\frac{7}{30} - 1\frac{3}{10} - 1\frac{3}{10} - 1\frac{3}{10}$

$$= 5\frac{1}{3}(kg)$$

12

❶ 두 수의 합이 가장 작으려면 자연수 부분에 각각 가장

작은 수인 1과 두 번째로 작은 수인 3을 놓아야 합니다.

❷ 나머지 수 카드로 만들 수 있는 두 진분수의 합은

$$\frac{4}{6} + \frac{8}{9} = 1\frac{5}{9}, \frac{4}{8} + \frac{6}{9} = 1\frac{1}{6}, \frac{4}{9} + \frac{6}{8} = 1\frac{7}{36}$$

➡ 두 분수의 합이 $\frac{4}{8} + \frac{6}{9}$일 때 가장 작습니다.

❸ 두 대분수의 합이 가장 작게 될 때의 합은

$1\frac{4}{8} + 3\frac{6}{9} = 5\frac{1}{6}$ 또는 $1\frac{6}{9} + 3\frac{4}{8} = 5\frac{1}{6}$

6 다각형의 둘레와 넓이

1 66 m	**2** 123 m²
3 330 cm²	**4** 7
5 32 m	**6** 24 cm
7 1071 cm²	**8** 435 cm²
9 260 cm²	**10** 4 cm

1 ❶ (세로로 된 선분의 길이의 합)
= 8+9-□+8+□+9=34 (m)
❷ (도형의 둘레)=34+16×2=34+32=66 (m)

2 ❶ ㉡은 넓이가 120 m²이고 세로가 24 m이므로 가로는
120÷24=5 (m)입니다.
㉠은 가로가 8 m, 세로가 9 m인 직사각형이므로 넓이
는 8×9=72 (m²)입니다.
㉢은 가로가 13 m, 세로가 15 m인 직사각형이므로
넓이는 13×15=195 (m²)입니다.
❷ 195>72이므로
(㉠과 ㉢의 넓이의 차)=195-72=123 (m²)

3 ❶ 사각형 ㄱㄴㄷㄹ은 평행사변형이므로
(선분 ㄱㄹ)=30 cm
❷ 사다리꼴 ㄱㄴㄷㅂ의 높이를 □ cm라 하면
(선분 ㄱㅂ)=30+22=52 (cm)
(52+30)×□÷2=615, □=15
⇨ (선분 ㅁㄷ)=□×2=15×2=30 (cm)
❸ 마름모 ㅁㄹㄷㅂ에서 한 대각선이 22 cm,
다른 대각선이 30 cm이므로
(마름모 ㅁㄹㄷㅂ의 넓이)=22×30÷2=330 (cm²)

4 ❶ 잘라 내고 남은 부분을 겹치지
않게 이어 붙이면 오른쪽과 같은
직사각형이 됩니다.
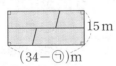
(34-㉠)m
❷ (34-㉠)×15=405, 34-㉠=27, ㉠=7

5 ❶ 정사각형의 한 변의 길이를 □ m라 하면 색칠한 부분
은 직각삼각형이므로 넓이는
(4×□)×□÷2=128 (m²)입니다.
❷ (4×□)×□÷2=128, 4×□×□=256,
□×□=64이므로 □=8
❸ 한 변이 8 m인 정사각형의 둘레는 8×4=32 (m)입
니다.

6 ❶ (사다리꼴 ㄱㄴㄷㄹ의 높이)
=(사다리꼴 ㄱㄴㄷㄹ의 넓이)×2÷(28+16)
=396×2÷44=18 (cm)
❷ 삼각형 ㄴㄷㄹ의 밑변의 길이가 16 cm일 때 높이가
18 cm이므로
삼각형 ㄴㄷㄹ의 넓이는 16×18÷2=144 (cm²)
❸ (선분 ㄴㄹ의 길이)=(삼각형 ㄴㄷㄹ의 넓이)×2÷12
=144×2÷12=24 (cm)

7 ❶ (마름모 한 개의 넓이)=(17×18÷2)×4
=612 (cm²)
❷ (겹쳐진 부분의 넓이)=17×18÷2=153 (cm²)
❸ (만든 도형 전체의 넓이)=612×2-153
=1071 (cm²)

8 ❶ 다각형을 사다리꼴과 삼각형으로 나누어 넓이를 구합
니다.
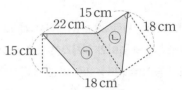
❷ (다각형의 넓이)=(㉠의 넓이)+(㉡의 넓이)
=(22+18)×15÷2+(15×18÷2)
=300+135
=435 (cm²)

9 ❶ (선분 ㄷㅇ)=(선분 ㄷㄹ)=10 cm
❷ (선분 ㅂㅇ)=18-10=8 (cm),
(선분 ㅂㅅ)=(선분 ㅂㅇ)=8 cm
⇨ (선분 ㄱㅁ)=10+8+10=28 (cm)
❸ (색칠한 부분의 넓이)
=(사다리꼴 ㄱㄷㄹㅁ의 넓이)-(삼각형 ㄷㄹㅇ의 넓이)
-(삼각형 ㅅㅇㅂ의 넓이)
=(10+28)×18÷2-10×10÷2-8×8÷2
=342-50-32=260 (cm²)

10 ❶ 삼각형 ㅅㅁㄷ은 삼각형 ㄱㄴㄷ과 삼각형 ㄹㅁㅂ에
공통으로 속하므로 사각형 ㄱㄴㅁㅅ과 사각형 ㄹㅅㄷㅂ
의 넓이는 같습니다.
(사각형 ㄱㄴㅁㅅ의 넓이)=480÷2=240 (cm²)
❷ 사각형 ㄱㄴㅁㅅ은 사다리꼴이므로
선분 ㅅㅁ의 길이를 □ cm라 하면
(□+16)×24÷2=240, □+16=20, □=4

1 144 cm	**2** 593 cm²
3 250 cm²	**4** 165 cm²
5 60 cm	**6** 504 cm²
7 100 cm	**8** 441 cm²
9 784 m²	**10** 210 cm²
11 420 cm²	**12** 18 cm

1 ❶ 도형의 둘레는 가로 32 cm, 세로 40 cm인 직사각형의
둘레와 같습니다.
❷ $(32+40) \times 2 = 144$ (cm)

2

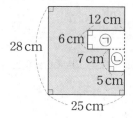

❶ 가로 25 cm, 세로 28 cm인 직사각형의 넓이에서
직사각형 ㉠의 넓이와 직사각형 ㉡의 넓이를 뺍니다.
❷ (도형의 넓이)$=(25 \times 28)-(12 \times 6)-(5 \times 7)$
$=593$ (cm²)

3 ❶ 삼각형 ㄱㅂㄷ의 밑변이 선분 ㄱㅂ일 때 높이는
선분 ㄷㅁ입니다.
❷ (삼각형 ㄱㅂㄷ의 넓이)$=25 \times 20 \div 2=250$ (cm²)

4 ❶ 잘라 내고 남은 부분을 겹치지 않게 이어 붙이면
가로가 $(20-5)$ cm, 세로가 $(15-4)$ cm인 직사각형이
됩니다.
❷ (잘라 내고 남은 종이의 넓이)$=(20-5) \times (15-4)$
$=165$ (cm²)

5 ❶ 정사각형의 한 변의 길이는 $96 \div 4=24$ (cm)
❷ 작은 직사각형의 세로가 24 cm일 때
(가로)$=24 \div 4=6$ (cm)
❸ (직사각형 한 개의 둘레)$=(6+24) \times 2=60$ (cm)

6 ❶ (삼각형 ㄱㄷㄹ의 넓이)$=27 \times 14 \div 2=189$ (cm²)
❷ 삼각형 ㄱㄷㄹ에서 밑변의 길이가 18 cm일 때 높이는
$189 \times 2 \div 18=21$ (cm)
삼각형 ㄱㄷㄹ에서 밑변이 선분 ㄱㄹ일 때 높이는 사다
리꼴 ㄱㄴㄷㄹ의 높이와 같으므로 사다리꼴 ㄱㄴㄷㄹ의
높이는 21 cm입니다.
❸ (사다리꼴 ㄱㄴㄷㄹ의 넓이)$=(18+30) \times 21 \div 2$
$=504$ (cm²)

7 ❶ (정사각형의 넓이)$=15 \times 15=225$ (cm²)
❷ (직사각형의 넓이)$=501-225=276$ (cm²)
❸ (직사각형의 가로)$=27-15=12$ (cm),
(직사각형의 세로)$=276 \div 12=23$ (cm)
❹ (도형 전체의 둘레)$=(27+23) \times 2=100$ (cm)

8 ❶ (마름모 한 개의 넓이)$=(14 \times 9 \div 2) \times 4$
$=252$ (cm²)
❷ (겹쳐진 부분의 넓이)$=$(마름모 한 개의 넓이)$\div 4$
$=63$ (cm²)
❸ (만든 도형 전체의 넓이)
$=$(마름모 2개의 넓이)$-$(겹쳐진 부분의 넓이)
$=252 \times 2-63=441$ (cm²)

9

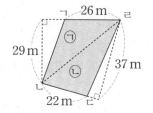

❶ (삼각형 ㉠의 넓이)$=26 \times 29 \div 2=377$ (m²)
❷ (삼각형 ㉡의 넓이)$=22 \times 37 \div 2=407$ (m²)
❸ (사각형 ㄱㄴㄷㄹ의 넓이)
$=$(삼각형 ㉠의 넓이)$+$(삼각형 ㉡의 넓이)
$=377+407=784$ (m²)

10 ❶ (삼각형 ㄱㄴㄷ의 넓이)$=30 \times 25 \div 2=375$ (cm²)
❷ (삼각형 ㄹㄴㄷ의 넓이)$=30 \times 17 \div 2=255$ (cm²)
❸ (삼각형 ㅁㄴㄷ의 넓이)$=30 \times 6 \div 2=90$ (cm²)
❹ (색칠한 부분의 넓이)$=375-255+90=210$ (cm²)

11 ❶ (큰 마름모 한 개의 넓이)$=20 \times 28 \div 2=280$ (cm²)
❷ (작은 마름모의 넓이)$=280 \div 4=70$ (cm²)
❸ (색칠한 부분의 넓이)
$=($(큰 마름모 한 개의 넓이)
$-$(작은 마름모의 넓이)$) \times 2$
$=(280-70) \times 2=420$ (cm²)

12 ❶ 삼각형 ㅅㅁㄷ은 삼각형 ㄱㄴㄷ과 삼각형 ㄹㄷㅂ에
공통으로 속하므로 사각형 ㄱㄴㅁㅅ과 사각형 ㄹㅅㄷㅂ
의 넓이는 같습니다.
❷ (사각형 ㄱㄴㅁㅅ의 넓이)$=1296 \div 2=648$ (cm²)
❸ 사각형 ㄱㄴㅁㅅ은 사다리꼴이므로 선분 ㅅㅁ의 길이를
☐ cm라 하면
$(☐+36) \times 24 \div 2=648$, $☐+36=54$, $☐=18$

똑똑한
하루 시/리/즈

배우는 즐거움! 쌓이는 기초 실력!

공부 습관을
만들자!
하루 10분!

똑똑한
하루
독해

NEW

1 단계 A

과목	교재 구성	과목	교재 구성
하루 독해	예비초~6학년 각 A·B (14권)	하루 VOCA	3~6학년 각 A·B (8권)
하루 어휘	예비초~6학년 각 A·B (14권)	하루 Grammar	3~6학년 각 A·B (8권)
하루 글쓰기	예비초~6학년 각 A·B (14권)	하루 Reading	3~6학년 각 A·B (8권)
하루 한자	예비초: 예비초 A·B (2권) 1~6학년: 1A~4C (12권)	하루 Phonics	Starter A·B / 1A~3B (8권)
하루 수학	1~6학년 1·2학기 (12권)	하루 봄·여름·가을·겨울	1~2학년 각 2권 (8권)
하루 계산	예비초~6학년 각 A·B (14권)	하루 사회	3~6학년 1·2학기 (8권)
하루 도형	예비초 A·B, 1~6학년 6단계 (8권)	하루 과학	3~6학년 1·2학기 (8권)
하루 사고력	1~6학년 각 A·B (12권)	하루 안전	1~2학년 (2권)

정답은
이안에
있어!